普通高等教育“十三五”规划教材

化工原理课程设计及实验

邹丽霞　杨　婥　刘成佐　欧阳金波　黄国林　编著

中国石化出版社

内 容 提 要

本书分两部分：上篇——化工原理课程设计，下篇——化工原理实验。上篇主要包括：工程制图基础知识，换热器设计（列管式换热器与板式换热器设计），塔设备的设计（板式塔和填料塔的设计）。设计环节包括有过程的物料衡算、工艺计算、结构设计和校核，课程设计说明书的编写、图纸绘制的要求等。下篇主要包括：伯努利方程实验、雷诺演示实验、流体流动阻力的测定、离心泵特性曲线测定、恒压过滤参数的测定、空气-水蒸气对流传热系数测定、筛板塔精馏实验、填料吸收塔的操作及吸收传质系数的测定、萃取塔实验，实验内容含实验目的、实验原理、实验操作流程与方法、实验数据记录和数据处理、实验思考题及实验报告编写要求等。

本书是根据化工原理课程设计的教学大纲要求及化工原理实验教学大纲内容及现有的实验设备和操作流程编写的，可作为普通高等院校化工、制药、环境、核化工等专业的教材及参考用书。

图书在版编目(CIP)数据

化工原理课程设计及实验 / 邹丽霞等编著.—北京：中国石化出版社，2018.12(2024.1重印)
普通高等教育"十三五"规划教材
ISBN 978-7-5114-4399-1

Ⅰ.①化… Ⅱ.①邹… Ⅲ.①化工原理-课程设计-高等学校-教材②化工原理-实验-高等学校-教材
Ⅳ.①TQ02

中国版本图书馆 CIP 数据核字(2018)第 325148 号

中国石化出版社出版发行

地址：北京市东城区安定门外大街58号
邮编：100011 电话：(010)57512500
发行部电话：(010)57512575
http://www.sinopec-press.com
E-mail：press@sinopec.com
北京科信印刷有限公司印刷
全国各地新华书店经销

*

787毫米×1092毫米 16开本 12.75印张 306千字
2018年12月第1版 2024年1月第2次印刷
定价：32.00元

前言

PREFACE

本书是化工原理课程相配套的教学用书，是结合该课程的教学要求与学生对知识的掌握情况，同时参考了国内外许多专家学者关于化工原理课程设计、工程制图等著作和教材编写而成的。全书分两部分：上篇——化工原理课程设计，下篇——化工原理实验。课程设计主要包括：工程制图基础知识、换热器设计（管壳式换热器与板式换热器）的设计，塔设备（板式塔和填料塔）的设计。实验部分主要依据相关实验设备、工艺流程及其操作实验方法编写而成，主要有：伯努利方程实验、雷诺演示实验、流体流动阻力的测定、离心泵特性曲线测定、恒压过滤参数的测定、空气-水蒸气对流传热系数测定、筛板塔精馏实验、填料吸收塔的操作及吸收传质系数的测定、萃取塔实验。旨在通过课程的优化整合，使学生掌握化工设计、化工原理实验的基本程序和方法，获得化工工程设计、化工基础操作的初步训练；从而增强学生工程观念，掌握化工工程问题的研究方法；培养、提高学生独立工作能力、设计能力，提高学生的工程实践能力和创新能力。该教材有益于化工工程实践环节的训练，以培养适应化工生产实际需要的专业技术人才。

本书由东华理工大学邹丽霞、杨婥、刘成佐、欧阳金波、黄国林编写，在整个编写过程中还得到其他许多同志的支持和帮助，对此深表感谢。由于编者学术水平、经验有限，书中可能存在一些不妥之处，敬请同仁和读者批评指正。

目录

CONTENTS

上篇　化工原理课程设计

下篇　化工原理实验

上　篇

化工原理课程设计

第1章 化工原理课程设计的要求和内容

化工工程设计是化工工程建设的灵魂，是科研成果转化为生产力的桥梁和纽带；化工工艺设计是化工工程设计的主体；化工原理课程设计是化工工艺设计的主体和重要组成部分，其设计对象是化工单元操作设备的工艺设计。先进的设计思想、科学的设计方法和优秀的设计作品是工程设计人员应坚持的设计方向和追求的目标。本书内容旨在加强培养化工类及其相关专业学生综合应用化工原理课程及其相关先修课程所学知识进行化工典型单元设备工艺设计的实践能力。

1.1 化工原理课程设计的要求

化工原理课程设计是在完成化工原理课程基础上进行的一次综合性训练的教学环节。主要内容包括典型单元操作中某一工艺过程的工艺计算、主设备结构尺寸的设计计算及选择、辅助设备的设计计算及选型、典型单元设备图纸设计及绘制。

课程设计是化工原理课程教学中综合性和实践性较强的教学环节，是理论联系实际的桥梁，是使学生体察工程实际问题复杂性、学习化工设计基本知识的初次尝试。课程设计需要学生自己确定设计方案、选择工艺流程、查取相关数据、收集相关资料、进行过程和设备计算，并要对自己的选择做出论证和核算，经过反复的分析比较，择优选定最理想的方案和合理的设计。所以，课程设计可以使学生掌握化工设计的基本程序和方法，是化工工程设计的初步训练；以此增强学生工程观念，培养、提高学生独立工作能力、设计能力，是一个有益实践的训练环节。通过课程设计，可以训练学生提高如下几个方面的能力：

(1) 熟练查阅文献资料、搜集有关数据、正确选用公式。当缺乏必要数据时，尚需要自己通过实验测定、理论估算或到生产现场进行实际调查。

(2) 在兼顾技术先进性、可行性、经济合理性的前提下，综合分析设计任务要求、确定化工工艺流程、进行设备选型，并提出保证过程正常、安全运行所需的检测和计量参数，同时还要考虑改善劳动条件、操作维修方便和保护环境的有效措施。

(3) 准确而迅速地进行过程计算及主要设备的工艺设计计算。

(4) 用精炼的语言、简洁的文字、清晰的图表，表达自己的设计思想和计算结果。

(5) 典型单元设备的工艺尺寸设计及图纸绘制能力。

1.2 化工原理课程设计的内容

课程设计一般包括如下内容：

(1) 设计方案简介　根据设计任务书所提供的条件和要求，通过对现有生产现场的调查或对现有资料的分析对比，选定适宜的方案和设备类型，初步确定工艺流程。对给定或选定的工艺流程、主要设备的型式进行简要的介绍。

(2) 主要设备的工艺设计计算　包括工艺参数的选定、物料衡算、热量衡算、设备的工艺尺寸计算。

(3) 典型辅助设备的选型和计算　包括典型辅助设备的主要工艺尺寸计算和设备型号、规格的选定。

(4) 带控制点的工艺流程简图　以单线图的形式绘制，标出主体设备和辅助设备的物料流向以及主要化工参数测量点。

(5) 主体设备设计条件图　图面上应包括设备的主要工艺尺寸、技术特性表和管口表。

完整的课程设计报告由设计说明书和图纸两部分组成。设计说明书中应包括所有论述、原始数据、计算过程、图表等，编排顺序如下：

① 封面，包括设计题目、设计者(班级、学号、名字)、设计时间；

② 设计任务；

③ 设计说明书摘要；

④ 目录；

⑤ 设计方案简介；

⑥ 工艺流程草图及说明；

⑦ 工艺计算及主体设备工艺设计；

⑧ 辅助设备的计算及选型；

⑨ 设计结果概要与设计一览表；

⑩ 对本设计的评述；

⑪ 附图；

⑫ 参考文献；

⑬ 主要符号说明。

参考文献

[1] 柴诚敬，刘国维．化工原理课程设计[M]．天津：天津科学技术出版社，1994.

[2] 黄璐，王保国．化工设计[M]．北京：化学工业出版社，2001.

[3] 匡国柱，史启才．化工单元过程及设备课程设计[M]．北京：化学工业出版社，2002.

[4] 柴诚敬，张国亮．化工流体流动与传热：第 2 版[M]．北京：化学工业出版社，2007.

[5] 王静康．化工设计[M]．北京：化学工业出版社，2001.

第2章　工程制图基础知识

工程图样作为工程界的共同语言，是产品设计、制造、安装、检测等过程中的重要技术资料，是技术交流的重要工具。为便于绘制、阅读、管理和交流，必须对图样的画法、尺寸标注等方面作出统一规定，这个规定就是制图标准。工程技术人员必须熟悉并遵守有关制图标准，才能保证绘图及读图的顺利进行。

制图一般采用国家标准，简称“国标”，代号“GB”。如《技术制图　图线》(GB/T 17450—1998)、《机械制图　尺寸注法》(GB/T 4458.4—2003)等。其中，代号“GB/T”为推荐性国标，代号后面的第一组数字表示标准的编号，第二组数字表示标准发布的年份。

本章主要介绍《化工制图》和《机械制图》国家标准中对图纸幅面格式、比例、字体、图线和尺寸标注的基本规定，介绍常见的绘图方式。

2.1　工程制图的基本规定

2.1.1　图纸幅面和格式、标题栏

1）图纸幅面及化工设备图样基本内容及其布局

表2-1为图纸基本幅面和图框的尺寸。绘图时应优先采用基本幅面，必要时图纸幅面可按GB/T 14689—2008规定加长加宽。化工设备图样也有多种，不同的图样有不同的布局格式，一张图样中到底该画几个零件，没有具体的规定，但每一分区只能画一个零件。图纸幅面大小应根据设备总体尺寸结合绘图比例相互调整选定，并考虑视图数量、尺寸配置、明细栏大小、技术要求等各项内容所占的范围及其间隔等来确定，力求使全部内容在幅面上布置得均匀合理(图2-1)。图2-2、图2-3分别为不留装订边图纸的图框格式、尺寸代号与留有装订边图纸的图框格式、尺寸代号，其边框数据如表2-1所示。

表2-1　图纸幅面和边框尺寸　　mm

幅面代号	A0	A1	A2	A3	A4
$B\times L$	841×1189	594×841	420×594	297×420	210×297
e	20		10		
c	10			5	
a	25				

2）标题栏

(1) 标题栏位置

化工设备图样中的标题栏、明细栏、设计数据表等，不同行业、不同单位使用的图表格式不尽相同，但所包含的内容基本一致。标题栏的位置一般在图框的右下角，如图2-2、图2-3所示，标题栏中的文字方向为看图方向。图样名称用10号字书写，校名、图样代号用7号字书写，其余用5号字书写。

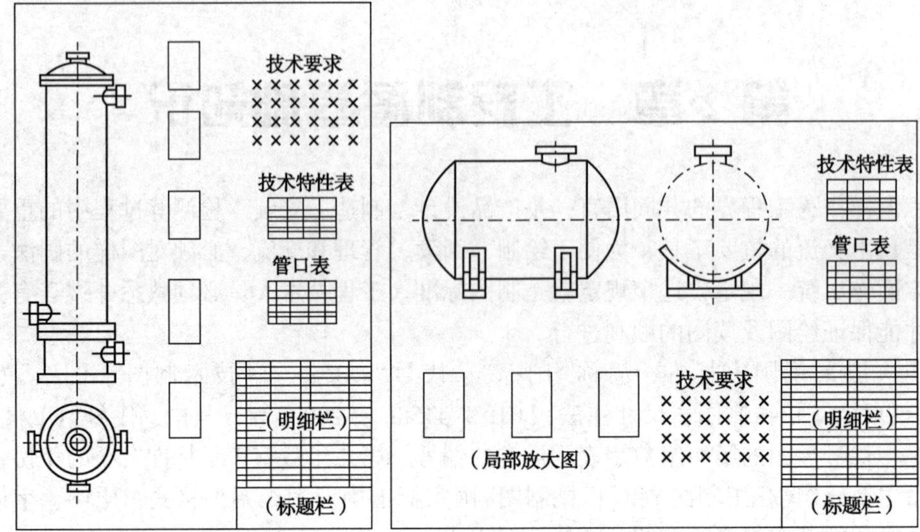

（a）立式化工设备图的图面布置　　（b）卧式化工设备图的图面布置

图 2-1　化工设备图的图面布置

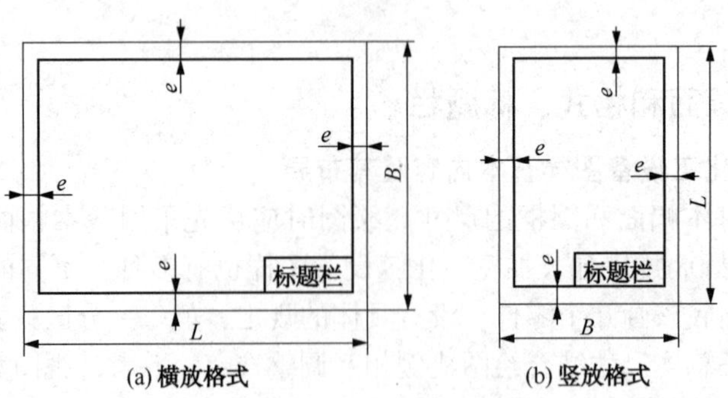

(a) 横放格式　　(b) 竖放格式

图 2-2　不留装订边的图框格式

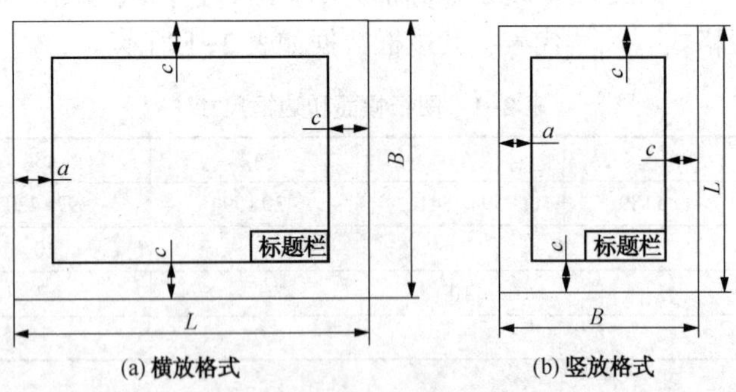

(a) 横放格式　　(b) 竖放格式

图 2-3　留有装订边的图框格式

（2）标题栏格式

化工设备图样的标题栏有主标题栏和简单标题栏之分。每一张图纸的右下角都必须有主标题栏，每一个部件图、零件图都必须有一个简单标题栏。标题栏的格式如图 2-4 所示，边框线型均为粗实线，其余线型均为细实线。

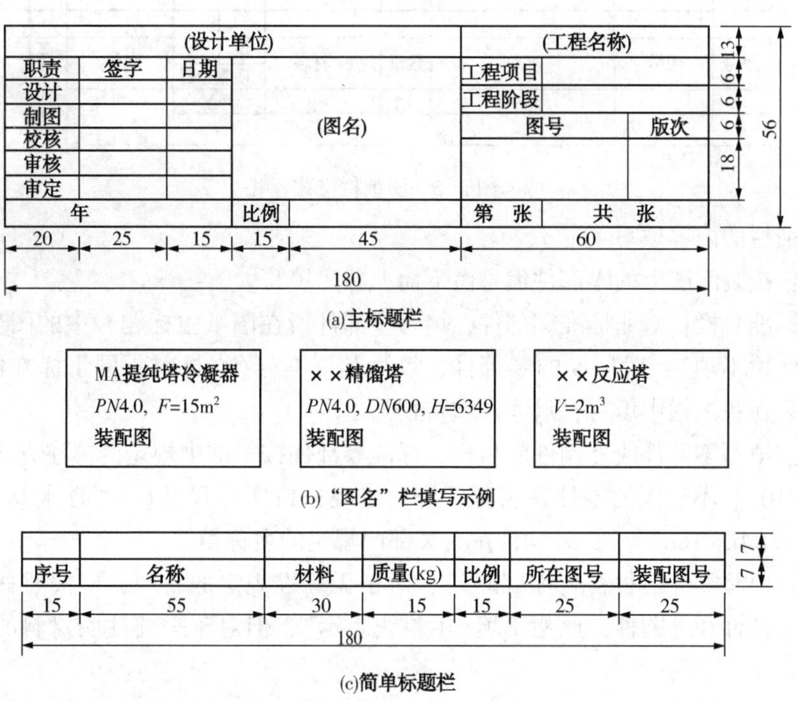

图 2-4 标题栏尺寸和格式

(3) 标题栏的填写

标题栏的填写要求如下：

①“设计单位”栏 填写设计单位名称，推荐采用 7 号字。

②“图名”栏 填写图样名称，推荐采用 5 号字。该栏一般分三行填写，第一行为设备名称，第二行为设备的主要规格尺寸，第三行为图样或技术文件的名称，如图 2-4(b)所示。

③“图号”栏 填写图样代号(图号)，推荐采用 5 号字，图号编写的格式是“××××××-××”。

第一部分“××”是设备的分类代号，化工设备设计文件中，将化工设备及其他机械设备和专用设备分为 0~9 共 10 大类，常见的有 3 大类，每大类中又分为 0~9 种不同的规格，均有不同的代号。

第二部分“××××”是设计文件的顺序号，即本单位同类设备文件的顺序号。

第三部分“××”是图纸的顺序号，可按“设备总图、装配图、部件图、零件图”的顺序编排，如：设备总图 01、装配图 02、部件图 03、零件 04 等。如果只有一张图纸时，则不加尾号，只保留设计文件的顺序号即可。

3）明细栏

(1) 明细栏的格式(GB/T 10609. 2—2009)

化工设备图样中明细栏的格式如图 2-5 所示。明细栏在图样中的位置如图 2-1 所示，当零部件的数量很多，可以将明细栏的一部分移到标题栏的左边，并按顺序依次由下向上排列。明细栏的边框线型为粗实线，其余线型为细实线。

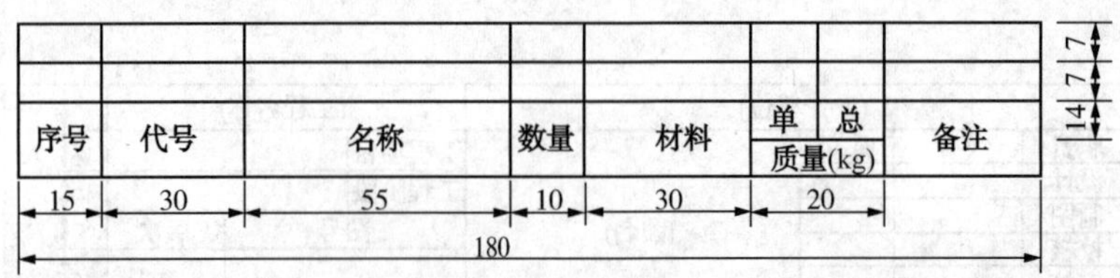

序号	代号	名称	数量	材料	单	总	备注
					质量(kg)		
15	30	55	10	30	20		

图 2-5 明细栏格式

(2) 明细栏的内容填写

序号栏：按装配图上的零部件编号由下而上顺序填写。

图号或标准号栏：对非标准零部件，填写零部件所在图纸主标题栏中的图号(不绘制图样的零件，此栏不填)；对标准的零部件，填写其标准号(当材料不同于标准件的零件时，此栏不填，只在备注栏中填写，尺寸按“标准号”)。

名称栏：填写零部件或外购件的名称。标准零部件按标准中规定的标注方法填写，如封头“$DN1000\times10$”；不绘图的零件在名称后应列出规格或实际尺寸(如“筒体 $DN1000\times10H=2000$ 接管 $\phi57\times4L=180$”等)；外购件按有关部门规定的名称填写。

材料栏：填写零件的材料名称(牌号)；对于无标准规定的材料，应按照材料的习惯名称标出；对于部件和外购件，此栏不填(用斜线表示)，但对于需要注明材料的外购件，此栏仍需填写。

数量栏：装配图或部件图中填写所属零部件及外购件的件数；大量的填充物(如填料、耐火砖等)以 m^3 计；大面积的衬里、金属网等以 m^2 计。

质量栏：应分别填写零部件的单个质量和总质量，一般准确到小数点后一位，特殊贵金属材料保留小数点后数字的位数，视材料价格而定，当零部件只有一件时，“单栏”不填；质量小、数量少、不足以影响设备造价的普通材料的小零件的质量可不填写，以斜细实线表示。

备注栏：填写其他要说明的内容，如当“名称”栏内填写的内容较多时，可能填不下，这时可在备注栏内填写。

4）管口表

(1) 管口表的格式

管口表的格式如图 2-6 所示，边框线型为粗实线，其余为细实线。

符号	公称尺寸	连接尺寸与标准	连接面形式	用途或名称
10	20	（50）	15	25

120

12

8

图 2-6 管口表的格式和尺寸

(2) 管口表的填写

符号栏：填写装配图上接管的管口标注符号，按英文字母的顺序由上而下填写，当管口

公称尺寸、公称压力、连接标准、法兰类型、密封面形式及用途完全相同时，可合并成一项填写，如 b_{1-4}、$d_{1、2}$。

连接尺寸与标准栏：填写连接法兰的标准号；当对外不连接时(如人孔、手孔)，用斜细实线表示；螺纹连接的管口，填写螺纹规格，如“M20”。

连接面形式栏：填写法兰的密封面形式；当为螺纹连接时填写“内螺纹”或“外螺纹”；不对外连接的管口，此栏用斜细实线表示。

用途或名称栏：填写管口的具体用途或名称，如“物料进口”、“人孔”等。

5）设备用设计数据表

(1) 换热设备用设计数据表

换热设备用设计数据表如图 2-7 所示。边框线型为粗实线，其余细实线。

设计数据表的填写要求如下：

程数栏：要分别填写壳程和管程的流道数(即程数)。

<table>
<tr><td colspan="9">设计数据表</td></tr>
<tr><td>规范</td><td colspan="8"></td></tr>
<tr><td></td><td>壳程</td><td>管程</td><td colspan="4">压力容器类别</td><td colspan="2"></td></tr>
<tr><td>介质</td><td></td><td></td><td colspan="4">焊条型号</td><td colspan="2">按JB/T 4709规定</td></tr>
<tr><td>介质特性</td><td></td><td></td><td colspan="4">焊接规程</td><td colspan="2">按JB/T 4709规定</td></tr>
<tr><td>工作温度/℃</td><td></td><td></td><td colspan="4">焊缝结构</td><td colspan="2"></td></tr>
<tr><td>工作压力/MPaG</td><td></td><td></td><td colspan="4">除注明外角焊缝腰高</td><td colspan="2">按较薄板厚度</td></tr>
<tr><td>设计温度/℃</td><td></td><td></td><td colspan="4">法兰与接管或壳体焊接标准</td><td colspan="2">按相应法兰标准</td></tr>
<tr><td>设计压力/MPaG</td><td></td><td></td><td rowspan="5">无损检测</td><td colspan="3">焊接接头类别</td><td>方法-检测率</td><td>标准-级别</td></tr>
<tr><td>腐蚀裕量/mm</td><td></td><td></td><td rowspan="2">A,B</td><td colspan="2">壳程</td><td></td><td></td></tr>
<tr><td>金属温度/℃</td><td></td><td></td><td colspan="2">管程(筒体/封头)</td><td></td><td></td></tr>
<tr><td>热处理</td><td></td><td></td><td rowspan="2">C,D</td><td colspan="2">壳程</td><td colspan="2">按规范</td></tr>
<tr><td>水压试验压力(卧式、立式)/MPaG</td><td></td><td></td><td colspan="2">管程</td><td colspan="2">按规范</td></tr>
<tr><td>气密性试验压力/MPaG</td><td></td><td></td><td colspan="4">管板密封面与流体轴线垂直度公差/mm</td><td colspan="2">按规范</td></tr>
<tr><td>程数</td><td></td><td></td><td colspan="4">保温层厚度/防火层厚度</td><td colspan="2"></td></tr>
<tr><td>换热面积/m²</td><td></td><td></td><td colspan="4">表面防腐要求</td><td colspan="2">按JB/T 4711—2003</td></tr>
<tr><td>管口方位</td><td></td><td></td><td colspan="4"></td><td colspan="2"></td></tr>
<tr><td>其他</td><td colspan="8"></td></tr>
</table>

8　20　8×16=128　按需要

15　50　20　20　15　10　50　20　20　180

图 2-7　换热设备用设计数据表

换热面积栏：填写换热管外径和有效换热长度(扣除插入管板长度后的换热管长度)计算出来的换热面积值，一般要圆整到整数值。

管子与管板的连接栏：填写管子与管板的连接方式，如焊接、胀接或胀焊结合。

其他内容同容器用设计数据表的填写。

(2) 塔设备用设计数据表

塔设备用设计数据表如图 2-8 所示。边框线型为粗实线，其余细实线。

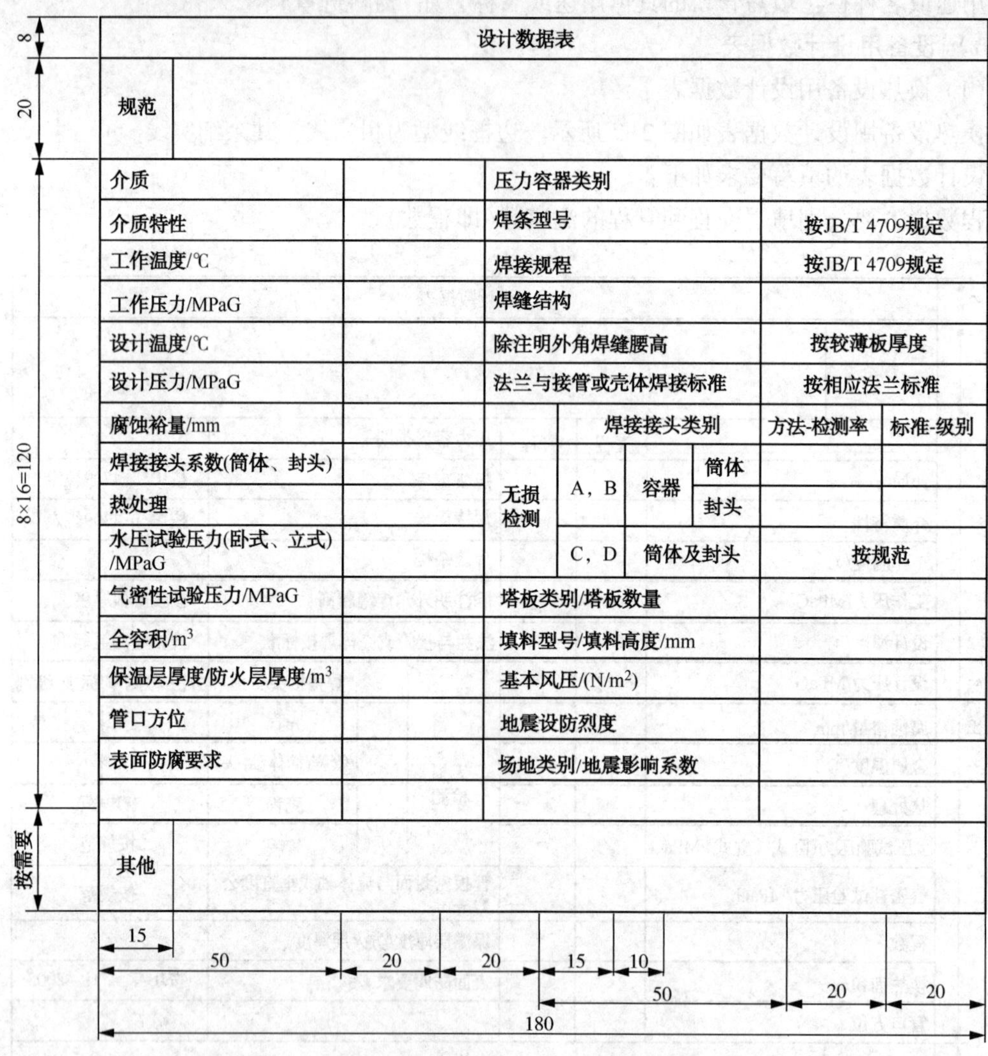

图 2-8　塔设备用设计数据表

2.1.2　比例

比例是指图中图形与其实物相应要素的线性尺寸之比。GB/T 14690—1993 中规定了适用于技术图样和技术文件中绘图的比例和标注方法。绘图时应按表 2-2 规定的系列，在其中选取适当的比例。优先选择第一系列，必要时也允许选取第二系列。

表 2-2　比例

种类	第一系列	第二系列
原值比例	1∶1	
放大比例	5∶1　2∶1　5×10^n∶1　2×10^n∶1　1×10^n∶1	4∶1　2.5∶1　4×10^n∶1　2.5$\times10^n$∶1
缩小比例	1∶2　1∶5　1∶2×10^n　1∶5×10^n　1∶1×10^n	1∶1.5　1∶2.5　1∶3　1∶4　1∶6　1∶1.5$\times10^n$ 1∶2.5$\times10^n$　1∶3×10^n　1∶4×10^n　1∶6×10^n

注：n 为正整数。

比例一般标注在标题栏中的比例栏内。必要时，可在视图下方或右侧标注比例，如：

$$\frac{\mathrm{I}}{1:2}\quad\frac{A}{1:100}\quad\frac{B—B}{2.5:1}$$

2.1.3　字体

GB/T14691—1993 中规定了图样中字体(汉字、字母和数字)的结构形式及基本尺寸。国标规定书写字体必须做到：字体工整、笔画清楚、间隔均匀、排列整齐。字体高度 h，公称尺寸系列为 1.8mm、2.5mm、3.5mm、5mm、7mm、10mm、14mm、20mm，若需书写更大的字，其字体高度应按$\sqrt{2}$的比率递增。

汉字应写成长仿宋体字，并采用我国正式公布推行的《汉字简化方案》中规定的简化字。汉字的高度 h 不应小于 3.5mm，宽一般为$\frac{h}{\sqrt{2}}$。

字母和数字分为 A 型和 B 型两类。A 型字体的笔画宽度 $d=h/14$，B 型字体的笔画宽度 $d=h/10$。在同一张图样中只允许选用同一种型式的字体。

字母和数字可以写成斜体或直体。斜体字字头向右倾斜，与水平基准线成 75°。数字和字母不应小于 3.5mm。字母和数字的书写字例如图 2-9 所示。

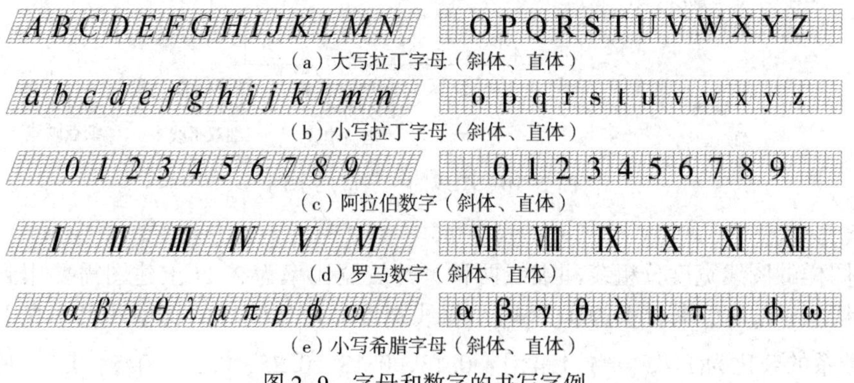

图 2-9　字母和数字的书写字例

2.1.4　图线

1）线性

GB/T 4457.4—2002 中规定了 15 种基本线型及其变形，供工程各专业选用。表 2-3 为机械制图中经常使用的图线，图 2-10 所示为图线的一般应用示例。序号数字 5 号字体，序号线长度一般为 10~15mm。

表 2-3　机械制图常用图线

名称	线型	线宽	一般用途
粗实线	————————	d	可见轮廓线
细实线	————————	$d/2$	尺寸线、尺寸界线、通用剖面线、引出线等
细双折线	——\/\——\/\——		断裂处的边界线
细波浪线	～～～～		断裂处的边界线
细虚线	— — — —（12d，3d）		不可见轮廓线
细点画线	—·—·—（24d，3d，0.5d）		轴线、中心线、对称线等
细双点画线	—··—··—		假想轮廓线、极限位置轮廓线等
粗点画线	—·—·—	d	有特殊要求的线或表面的表示线

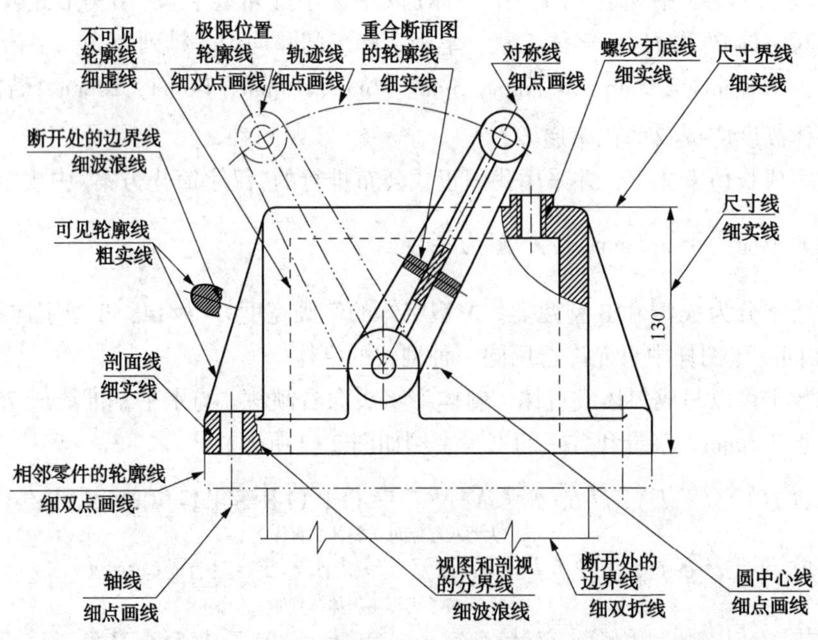

图 2-10　图线的一般应用示例

2）**线宽**

机械图样的图线宽度分粗线和细线两种，其线宽比率为 2∶1（土建图需要用到粗线、中粗线、细线三种线宽，其比率为 4∶2∶1）。粗线宽度 d 应按图样的类型及大小在下列数系中选择［该数系的公比为 $1:\sqrt{2}$（≈1∶1.4）］：0.13、0.18、0.25、0.35、0.5、0.7、1、1.4、2。

此外，制图标准对构成不连续性线条的各线素（点、短间隔、短画等）的长度也有规定，如表 2-3 所示。

3）**图线的画法**

画图线时应注意以下几点（图 2-11）：

（1）在同一图样中，图类图线的宽度应基本一致；细虚线、细点画线、细双点画线的画线长度和间隔长度各自大致相等。

(2) 两条平行线之间的最小间隙一般不得小于0.7mm。

(3) 图线相交时应交于画线处，而不能交于点或间隔处。

(4) 细点画线、细双点画线的首、末两端应是画线而不是点；细点画线作为轴线、对称中心线及细双点画线作为中断线时，它们应超出轮廓线2~5mm。

(5) 当图形较小，绘制细点画线、细双点画线有困难时，可用细实线代替。

(6) 当细虚线为粗实线的延长线时，细虚线与粗实线的连接处应留有空隙；细虚直线与细虚圆弧相切时，细虚直线应画到切点处。

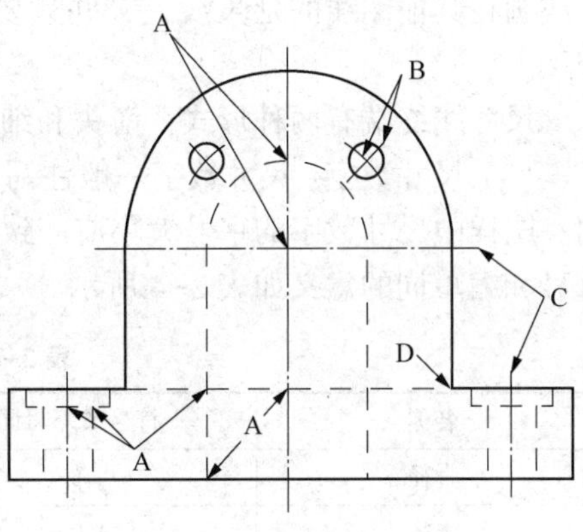

图2-11　图线的交接

(7) 当图中线段重合时，绘制图线的优先顺序为实线、细虚线、细点画线。

2.1.5　尺寸注法

在图样中，除需要表达形体的结构形状外，还需要标注尺寸，以确定形体的大小。制图标准中对尺寸标注作了一系列规定，如GB/T 4458.4—2003标准，应严格遵守。

1）基本规定

(1) 图样中的尺寸，以mm为单位时，不需注明计量单位代号或名称；否则，必须注明相应计量单位的代号或名称。

(2) 图样中所注的尺寸数值是形体的真实大小，与绘图比例及准确度无关。

(3) 每一尺寸在图样中一般只标注一次，并应标注在反映该结构最清晰的图样上。

(4) 图样中所注的尺寸为形体的最终尺寸；否则，应加以说明。

2）尺寸要素

一个完整的尺寸，包含下列3个尺寸要素，即尺寸数字、尺寸界线、尺寸线与终端，如图2-12(a)所示。

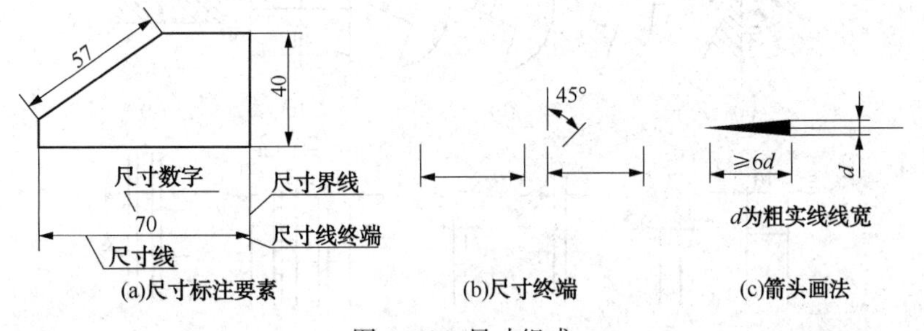

图2-12　尺寸组成

(1)尺寸界线：尺寸界线表示尺寸的起止范围。尺寸界线用细实线绘制，一般由图形的轮廓线、轴线、对称中心线引出，也可直接用轮廓线、轴线、对称中心线作尺寸界线。尺寸界线一般与尺寸线垂直，并超出尺寸线约2~3mm，必要时也允许倾斜。

(2) 尺寸线与终端：尺寸线用细实线绘制，不能用其他图线代替，也不能与其他图线重合或画在其他图线的延长线上，并且要尽量避免尺寸线之间及尺寸线与尺寸界线之间相互交叉。

尺寸线终端有两种形式：箭头和细斜短线，如图 2-12(b)所示。

(3) 尺寸数字：尺寸数字一般注写在尺寸线上方或左方，也允许注写在尺寸线中断处。同一图样中尺寸数字的字号大小应一致，位置不够时可引出标注。在注写尺寸数字时，常用符号和缩写词的意义如表 2-4 所示。

表 2-4　常用符号和缩写词

名称	符号或缩写词	名称	符号或缩写词
直径	ϕ	弧长	⌒
半径	R	深度	↧
球直径	$S\phi$	锥度	◁
球半径	SR	斜度	∠
厚度	t	沉孔或锪平	⌴
45°倒角	C	埋头孔	⌵
均布	EQS	正方形	□

3）线性尺寸的注法

标注线性尺寸时，尺寸线应与被标注的线段平行。尺寸线一般应与尺寸界线垂直(必要时才允许倾斜)，尺寸界线超出尺寸线 2~3mm。相同方向的各尺寸线的间距要均匀，间隔应大于 5~7mm，以便注写尺寸数字和有关符号。

尺寸数字的书写位置及字头方向应按图 2-13 所示的规定注写。图示 30°区域内注写如图 2-13(a)，不可避免时，应按图 2-13(b)所示的方式注写。任何图线不得穿过尺寸数字，不可避免时，应将图线断开，如图 2-13(c)、(d)所示。如果尺分界线之间间隔较小，注写尺寸数字的间隙不够时，可按图 2-13(e)所示方式注写。

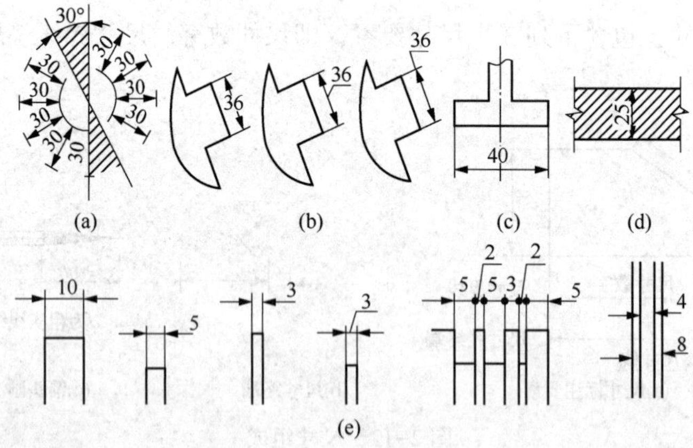

图 2-13　尺寸数字的注写

4）直径、半径的注法

大于半圆的圆弧或整圆应标注直径，标注时在尺寸数字前加注符号“ϕ”，如图 2-14(a)所示；半圆或小于半圆的圆弧标注半径，标注时在尺寸数字前加注符号“R”，如图 2-14(b)

所示；标注球面的直径或半径时，应在尺寸数字前分别加注符号“$S\phi$”或“SR”，如图 2-14(c)所示。若圆弧半径过大，或在图纸内无法标出其圆心位置，或者不需要标出圆心位置时，可按图 2-14(d)所示的形式标注半径。

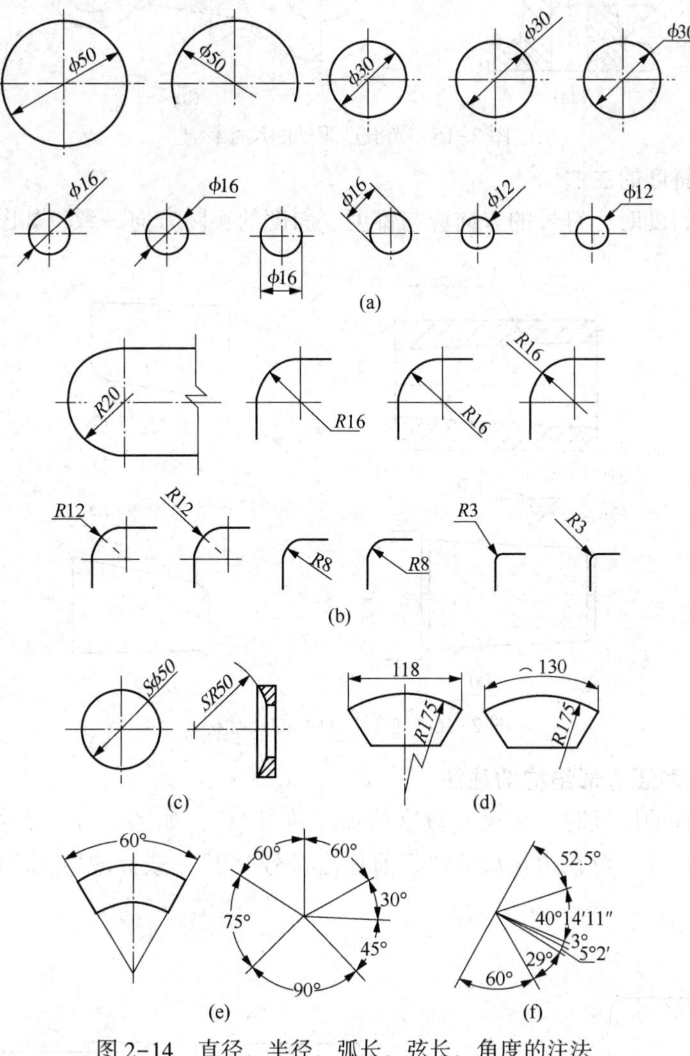

图 2-14　直径、半径、弧长、弦长、角度的注法

5）弦长、弧长的注法

标注弦长和弧长时，尺寸界线应平行于弦的垂直平分线。弦长的尺寸线为直线；弧长的尺寸线为所注圆弧的同心弧，并在尺寸数字前加注符号“⌒”，如图 2-14(d)所示。

6）角度的注法

标注角度时，尺寸界线应沿径向引出，尺寸线画成圆弧，圆心是角的顶点；尺寸数字必须水平书写，一般注写在尺寸线的中断处，如图 2-14(e)所示；必要时也可按图 2-14(f)所示的形式标注。

7）光滑过渡处的尺寸注法

标注时，必须用细实线将轮廓线延长，从它们的交点处引出尺寸界线。尺寸界线一般应与尺寸线垂直，若尺寸界线过于贴近轮廓线，也允许将尺寸界线倾斜，但尺寸线仍与被标注的线段平行，如图 2-15 所示。

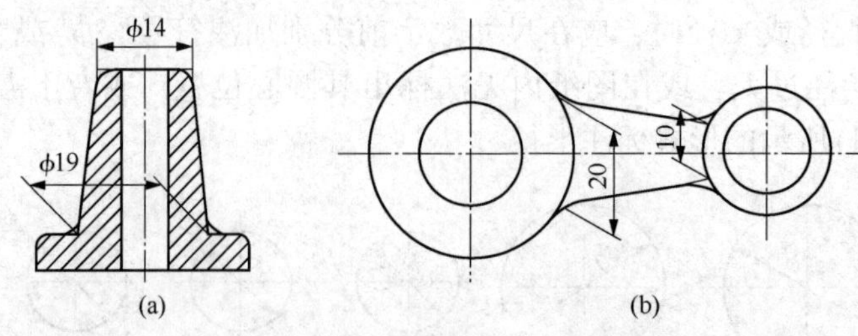

图 2-15　光滑过渡处的尺寸标注

8）锥度、 斜度的注法

标注锥度、斜度时，符号的方向应与锥度、斜度的实际方向一致，如图 2-16 所示。

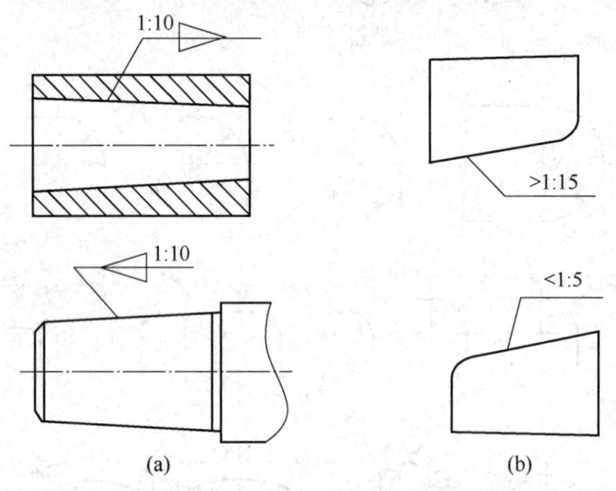

图 2-16　锥度、斜度的尺寸标注

9）板状零件和正方形结构的注法

标注板状零件的厚度时，在尺寸数字前加注符号“t”，如图 2-17 所示。标注机件断面为正方形结构的尺寸，可在边长尺寸数字前加注符号“□”，或标成“n×n”的形式，如图 2-18 所示。

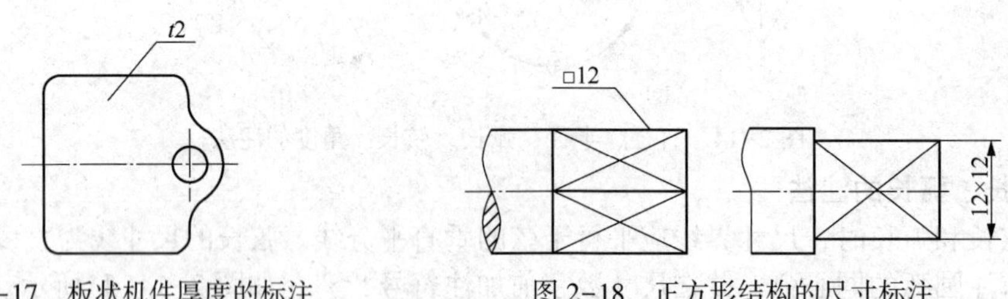

图 2-17　板状机件厚度的标注　　　图 2-18　正方形结构的尺寸标注

2.2　工艺流程

2.2.1　工艺流程图中常见的图形符号

1）常见的设备图形符号

设备示意图用实线画出设备外形和主要内部特征。目前，设备的图形符号已在《化工工

艺设计施工图内容和深度统一规定 第2部分 工艺系统》(HG/T 20519.2—2009)中有统一规定，如表2-5所示。

表2-5 工艺流程图中装备、机器图例

类别	代号	图例
塔	T	填料塔 板式塔 喷洒塔
塔内件		降液管 受液盘 浮阀塔塔板 泡罩塔塔板 格栅板 升气管 湍球塔 筛板塔塔板 分配（分布）器、喷淋器 （丝网）涂沫层 填料涂沫层

续表

类别	代号	图例
反应器	R	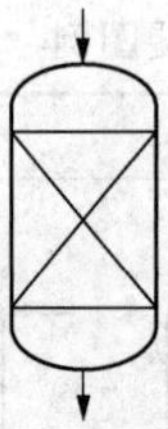 固定床反应器 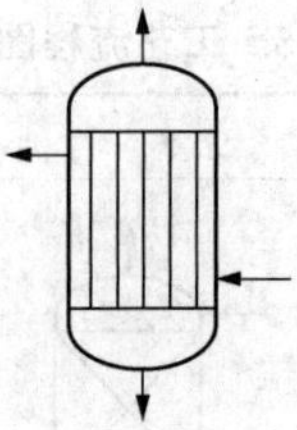　列管式反应器 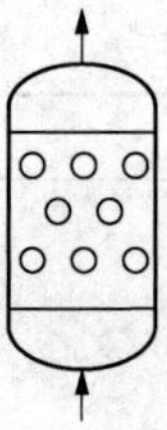　流化床反应器 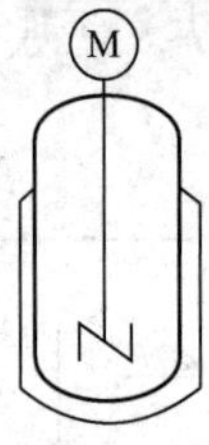 反应釜（闭式、带搅拌、夹套） 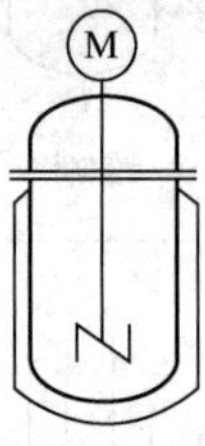　反应釜（环式、带搅拌、夹套） 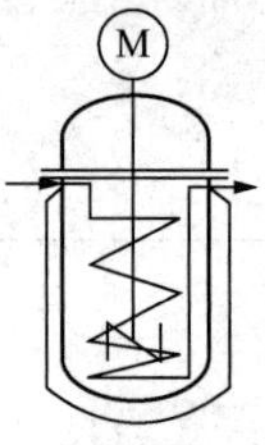　反应釜（开式、带搅拌、夹套、内盘管）
工业炉	F	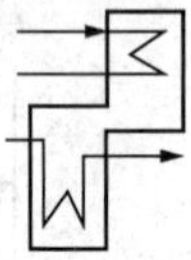 箱式炉 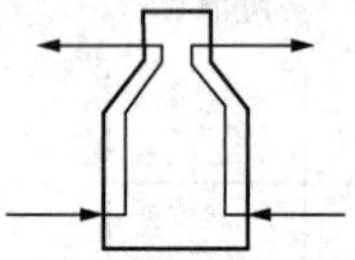　圆筒炉 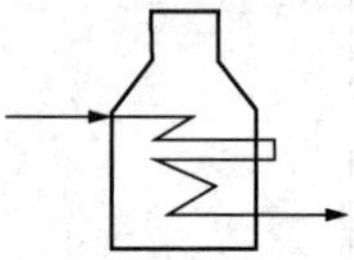　圆筒炉
换热器	E	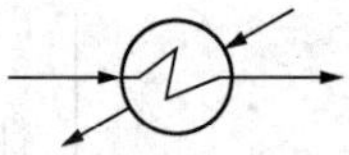 换热器（简图） 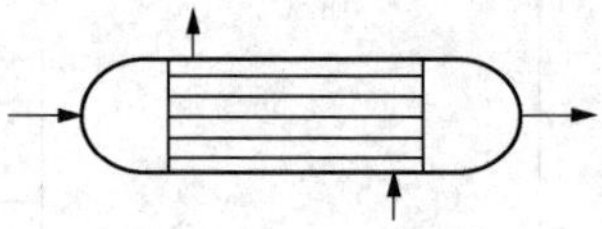　固定管板式列管换热器 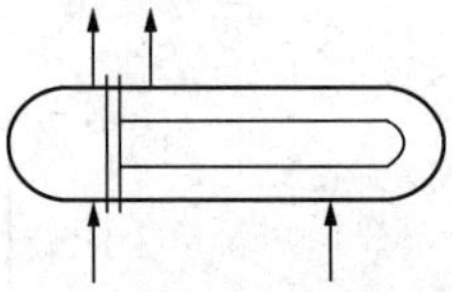 U形管式换热器 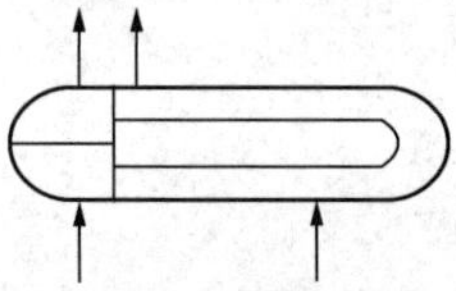　浮头式列管换热器 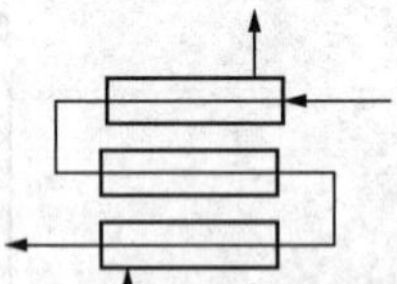 套管式换热器 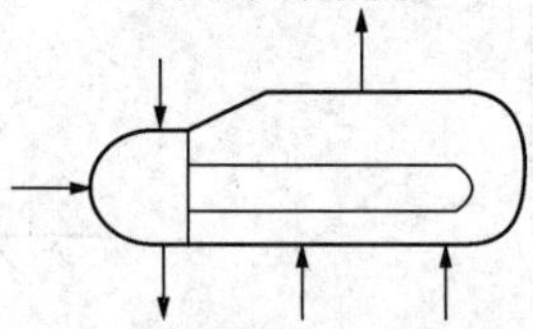　釜式换热器 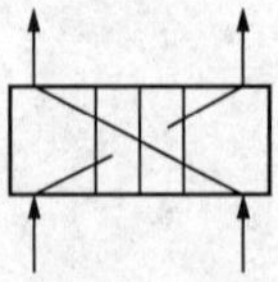 板式换热器 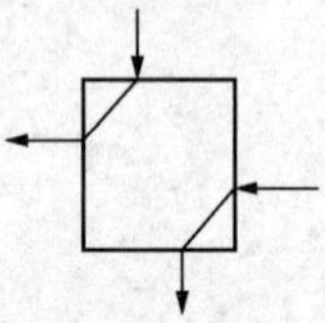　螺旋板式换热器

续表

类别	代号	图例
换热器	E	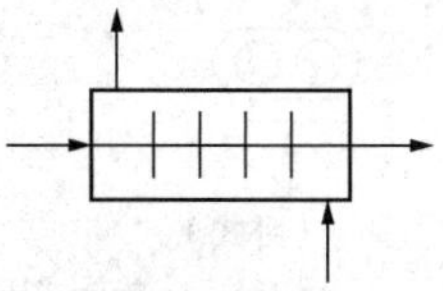 翅片管换热器 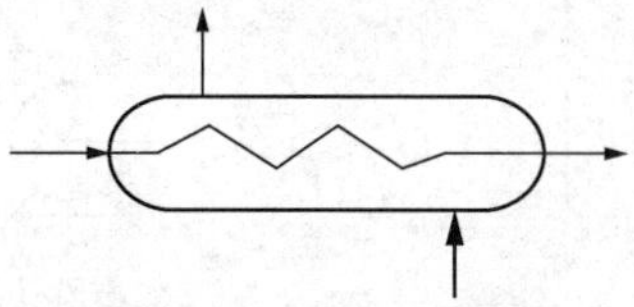 蛇管式（盘管式）换热器 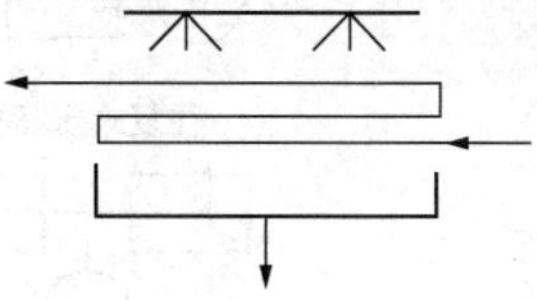 喷淋式冷却器 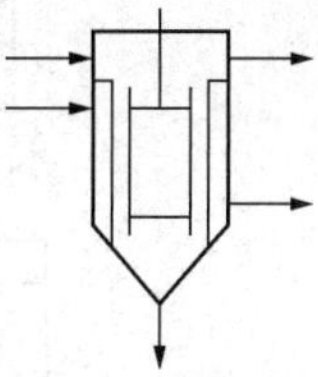 刮板式薄膜蒸发器 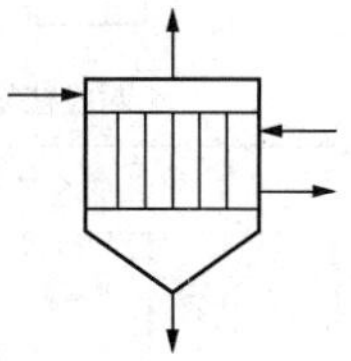 列管式（薄膜）蒸发器 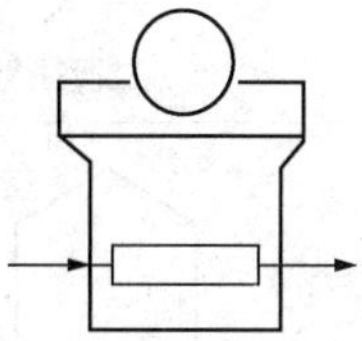 抽风式空冷器 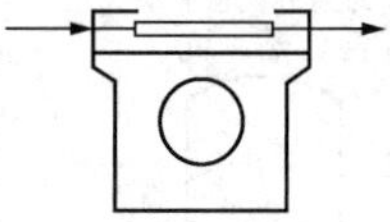 送风式空冷器 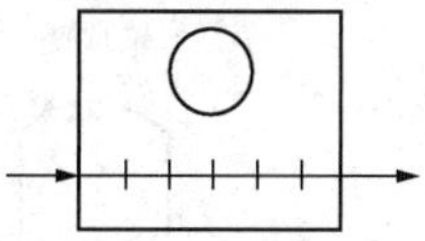 带风扇的翅片管式换热器
泵	P	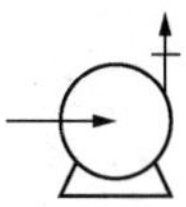 离心泵 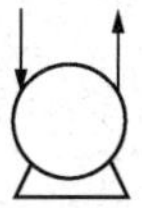 水环式真空泵 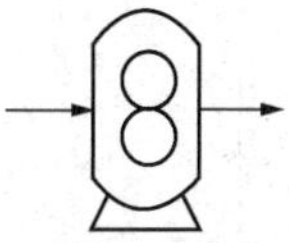 旋转泵、齿轮泵 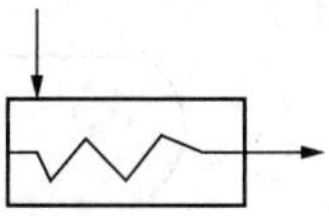 螺杆泵 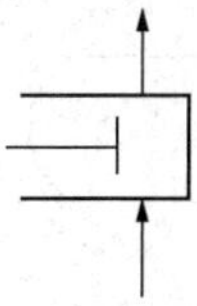 螺杆泵 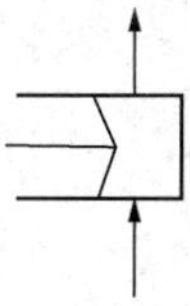 隔膜泵 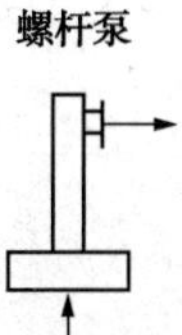 液下泵 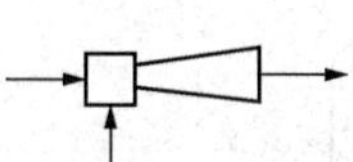 喷射泵 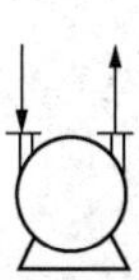 旋涡泵

续表

类别	代号	图例
压缩机	C	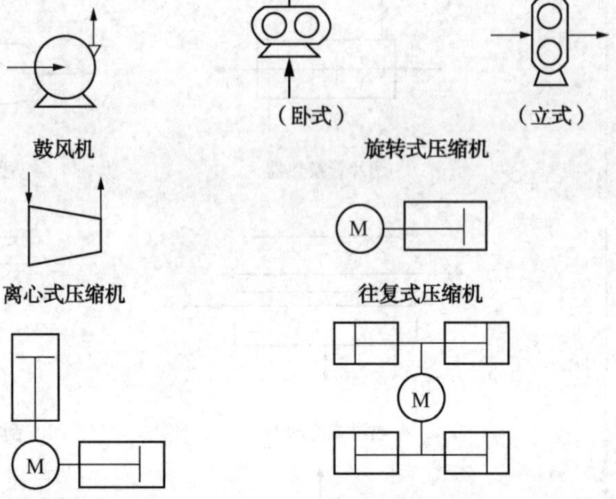 （卧式） （立式） 鼓风机 旋转式压缩机 离心式压缩机 往复式压缩机 二段往复式压缩机（L形） 四段往复式压缩机
容器	V	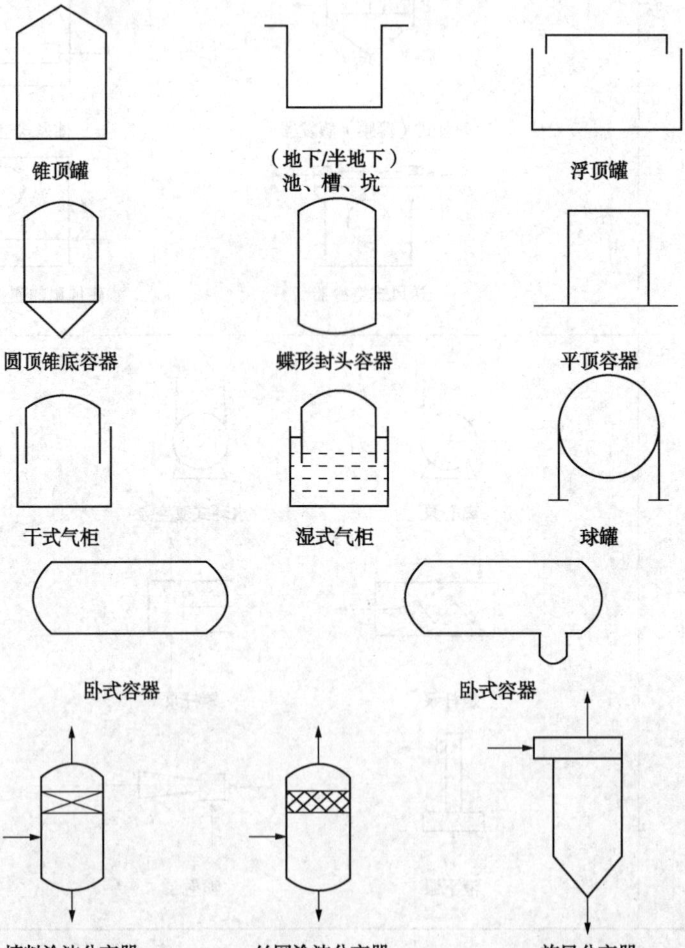 锥顶罐 （地下/半地下）池、槽、坑 浮顶罐 圆顶锥底容器 蝶形封头容器 平顶容器 干式气柜 湿式气柜 球罐 卧式容器 卧式容器 填料涂沫分离器 丝网涂沫分离器 旋风分离器

续表

类别	代号	图例
容器	V	干式电除尘器　湿式电除尘器 固定床过滤器　带滤筒的过滤器
其他机械	M	压滤机　转鼓式（转盘式）过滤机 有孔壳体离心机　无孔壳体离心机 螺杆压滤机　挤压机 揉合机　混合机

续表

类别	代号	图例
动力机	MESD	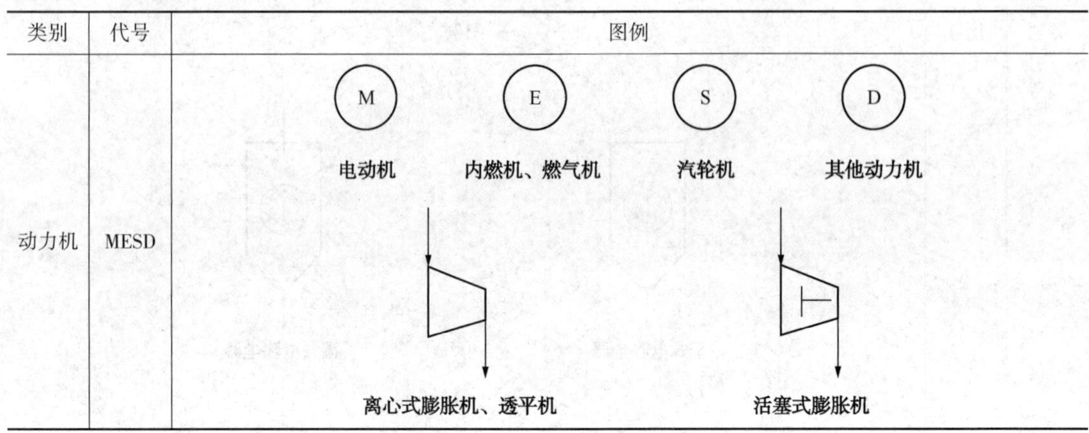

图上应标注设备的位号及名称。设备分类代号见表 2-6。

表 2-6　设备分类代号

设备类别	代 号	设备类别	代 号
塔	T	火炬、烟囱	S
泵	P	容器(槽、罐)	V
压缩机、风机	C	起重运输设备	L
换热器	E	计量设备	W
反应器	R	其他机械	M
工业炉	F	其他设备	X

2）工艺流程图中管件、 阀门的图形符号

常用管件、阀门的图形符号见表 2-7。

表 2-7　常用的管件和阀门符号(HG/T 20519. 2—2009)(摘录)

名　称	图　例	备　注
取样、特殊管(阀)件的编号框	A　SV　SP	A：取样；SV：特殊阀门 SP：特殊管件；圆直径：10mm
闸阀		
截止阀		
节流阀		
球阀		圆直径：4mm
旋塞阀		圆黑点直径：2mm
隔膜阀		
角式截止阀		

续表

名　称	图　例	备　注
角式节流阀		
角式球阀		
三通截止阀		
三通球阀		
三通旋塞阀		
四通截止阀		
四通球阀		
四通旋塞阀		
止回阀		
柱塞阀		
蝶阀		
减压阀		
角式弹簧安全阀		阀出口管为水平方向
角式重锤安全阀		阀出口管为水平方向
直流截止阀		
疏水阀		
插板阀		
底阀		

续表

名 称	图 例	备 注
针形阀		
呼吸阀		
带阻火器呼吸阀		
阻火器		
视镜、视钟	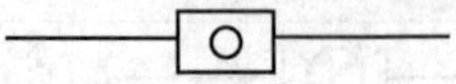	
消声器	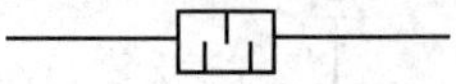	在管道中
消声器		放大气
爆破片		 真空式 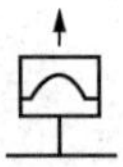　压力式
限流孔板	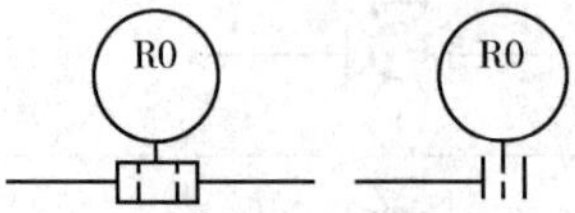 R0（多板）　R0（单板）	圆直径：10mm
喷射器	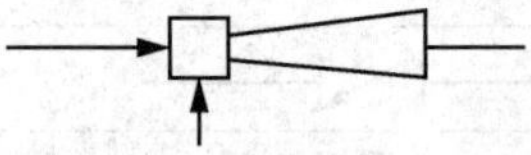	
文氏管	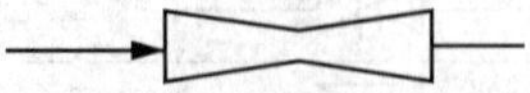	
Y 形过滤器	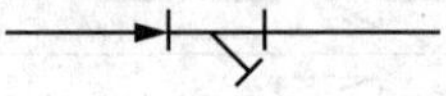	
锥形过滤器	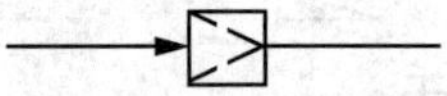	方框 5mm×5mm
T 形过滤器	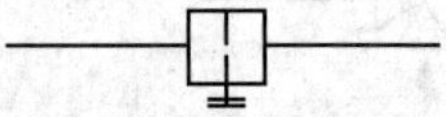	方框 5mm×5mm
罐式(篮式)过滤器	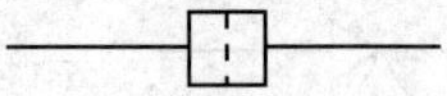	方框 5mm×5mm
管道混合器	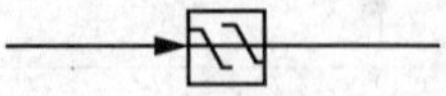	
膨胀节	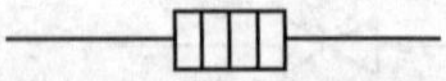	
喷淋管		
焊接连接		仅用于表示设备管口与管道为焊接连接
螺纹管帽		
法兰连接	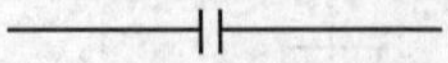	
软管接头		

续表

名　称	图　例	备　注
管端盲板		
管端法兰(盖)		
阀端法兰(盖)		
管帽		
阀端丝堵	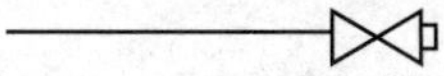	
管端丝堵		
同心异径管	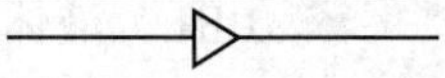	
偏心异径管	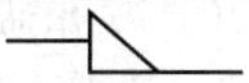 （底平） 　（顶平）	
圆形盲板	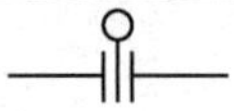 （正常开启） 　（正常关闭）	

3）**流程图中的物料代号**

按物料的名称和状态取其英文名词的字头组成物料代号。一般采用 2~3 个大写英文字母表示。

(1) 工艺物料代号

PA　工艺空气　　PL　工艺液体

PG　工艺气体　　PLS　液固两相流工艺物料

PGL　气液两相流工艺物料　　PS　工艺固体

PGS　气固两相流工艺物料　　PW　工艺水

(2) 辅助、公用工程物料代号

① 空气

AR　空气　　IA　仪表空气

CA　压缩空气

② 蒸汽、冷凝水

HS　高压蒸汽　　MS　中压蒸汽

LS　低压蒸汽　　SC　蒸汽冷凝水

TS　伴热蒸汽

③ 水

BW　锅炉给水　　FW　消防水

CSW　化学污水　　HWR　热水回水

CWR　循环冷却水回水　　HWS　热水上水

CWS　循环冷却水上水　　RW　原水、新鲜水

DNW　脱盐水　　SW　软水

DW　自来水、生活用水　　WW　生产废水

④ 燃料

FG　燃料气　　FS　固体燃料

FL　液体燃料　　NG　天然气

LPG　液化石油气　　LNG　液化天然气

⑤ 油

DO　污油　　RO　原油

FO　燃料油　　SO　密封油

GO　填料油　　HO　导热油

LO　润滑油

⑥ 制冷剂

AG　气氨　　PRG　气体丙烯或丙烷

AL　液氨　　PRL　液体丙烯或丙烷

ERG　气体乙烯或乙烷　　RWR　冷冻盐水回水

ERL　液体乙烯或乙烷　　RWS　冷冻盐水上水

FRG　氟里昂气体

⑦ 其他

H　氢　　VE　真空排放气

N　氮　　VT　放空

O　氧　　WG　废气

DR　排液、导淋　　WS　废渣

FSL　熔盐　　WO　废油

FV　火炬排放气　　FLG　烟道气

IG　惰性气　　CAT　催化剂

SL　泥浆　　AD　添加剂

(3) 物料代号使用和增补规定

根据工程项目具体情况，可以将辅助、公用工程系统物料代号作为工艺物料代号使用；也可以适当增补新的物料代号，但应尽可能与前述规定的物料代号相同。

例如，以天然气为原料制取合成氨的装置中，其工艺物料代号补充规定如下：

AG　气氨　　NG　天然气

AL　液氨　　SG　合成气

AW　氨水　　TG　尾气

CG　转化气

4）仪表参量代号、 仪表功能代号和仪表图形符号

仪表参量代号见表 2-8，仪表功能代号见表 2-9，仪表图形符号见表 2-10。

表 2-8　仪表参量代号

参量	代号	参量	代号	参量	代号
温度	T	质量(重量)	m(W)	厚度	δ
温差	ΔT	转速	N	频率	f
压力(或真空)	P	浓度	C	位移	S
压差	ΔP	密度(相对密度)	γ	长度	L
质量(或体积)流量	G	分析	A	热量	Q
液位(或料位)	H	湿度	Φ	氢离子浓度	pH

表 2-9　仪表功能代号

功能	代号	功能	代号	功能	代号
指示	Z	积算	S	联锁	L
记录	J	信号	X	变送	B
调节	T	手动控制	K		

表 2-10　仪表图形符号

符号												
意义	就地安装	集中安装	通用执行机构	无弹簧气动阀	有弹簧气动阀	带定器气动阀	活塞执行机构	电磁执行机构	电动执行机构	变送器	转子流量计	孔板流量计

5）流程图中图线的画法

图线宽度的规定画法见表 2-11。

表 2-11　工艺流程图中图线的画法

类别	图线宽度/mm		
	0.9~1.2	0.5~0.7	0.15~0.3
带控制点工艺流程图	主物料管道	辅助物料管道总管	其他
辅助物料管道系统图	辅助物料管道总管	支管	其他

2.2.2　工艺流程设计

按照设计阶段的不同，先后设计方框流程图与工艺流程草图、工艺物料流程图、带控制点的工艺流程图。后者列入施工图设计阶段的设计文件中。

1）方框流程图与工艺流程简图

为了便于进行物料衡算、能量衡算及有关设备的工艺计算，在设计的最初阶段，首先要绘制方框流程图，定性地标出物料由原料转化为产品的过程、流向以及所采用的各种化工过程及设备。

工艺流程简图是一个半图解式的工艺流程图，为方框流程图的一种变体或深入，带有示意的性质，仅供工艺计算时使用，不列入设计文件。

2）工艺物料流程图

在完成物料计算后便可绘制工艺物料流程图，它以图形与表格相结合的形式来表达物料计算结果，设计流程定量化，为初步设计阶段的主要设计成品，其作用如下：

① 为下一步设计的依据；

② 为接受审查提供资料；

③ 可供日后操作参考。

工艺物料流程图中的设备应采用标准的设备图形符号表示，不必严格按比例绘制，但图上需标注设备的位号及名称。

设备位号的第一节字母是设备代号，其后是设备编号，一般由 3 位数字组成，第 1 位数字是设备所在的工段(或车间)代号，第2、3位数字是设备的顺序编号。例如，设备位号T218表示第二车间(或工段)的第18号塔器。

工艺物料流程图中需附上物料平衡表，包括物料代号、物料名称、组成、流量(质量流量和摩尔流量)等。有时还列出物料的某些参数，如温度、密度、压力、状态、来源或去向等。

3）带控制点的工艺流程图

在设备设计结束、控制方案确定之后，便可绘制带控制点的工艺流程图(此后，在进行车间布置的设计过程中，可能会对流程图作一些修改)。图中应包括如下内容：

(1) 物料流程

① 设备示意图，其大致依设备外形尺寸比例画出，标明设备的主要管口，适当考虑设备合理的相对位置；

② 设备流程号；

③ 物料及动力(水、汽、真空、压缩机、冷冻盐水等)管线及流向箭头；

④ 管线上的主要阀门、设备及管道的必要附件，如疏水器、管道过滤器、阻火器等；

⑤ 必要的计量、控制仪表，如流量计、液位计、压力表、真空表及其他测量仪表等；

⑥ 简要的文字注释，如冷却水、加热蒸汽来源，热水及半成品去向等。

(2) 图例

图例是将工艺物料流程图中画的有关管线、阀门、设备附件、计量-控制仪表等图形用文字予以说明。

(3) 图签

图签是包括图名、设计单位、设计人员、制图人员、审核人员(签名)、图纸比例尺、图号等项内容的一份表格，其位置在流程图的右下角。

带控制点的工艺流程图一般是由工艺专业和自控专业人员合作绘制出来的。作为课程设计只要求能标绘出测量点位置即可。

2.2.3 工艺流程设计的基本原则

工程设计本身存在一个多目标优化问题，同时又是政策性很强的工作，设计人员必须有优化意识，必须严格遵守国家的有关政策、法律规定及行业规范，特别是国家的工业经济法规、环境保护法规、安全法规等。一般地说，设计者应遵守如下一些基本原则。

(1) 技术的先进性和可靠性

掌握先进的设计工具和方法，尽量采用当前的先进技术，实现生产装置的优化集成，使其具有较强的市场竞争能力。同时，对所采用的新技术要进行充分的论证，以保证设计的科学性和可靠性。

(2) 装置系统的经济性

在各种可采用方案的分析比较中，技术经济评价指标往往是关键要素之一，力求以最小的投资获得最大的经济效益。

(3) 可持续及清洁(低碳)生产

树立可持续及清洁(低碳)生产意识，在所选定的方案中，应尽可能利用生产装置产生的废弃物，减少废弃物的排放，乃至达到废弃物的零排放，实现绿色生产。

(4) 过程的安全性

在设计中要充分考虑到各个生产环节可能出现的危险事故(燃烧、爆炸、毒物排放等),采取有效的安全措施,确保生产装置的可靠运行及人员健康和人身安全。

(5) 过程的可操作性及可控制性

生产装置应便于稳定可靠操作。当生产负荷或一些操作参数在一定范围内波动时,应能有效快速地进行调节控制。

(6) 行业性法规

例如,药品生产装置的设计,要符合《药品生产质量管理规范》(即GMP)。

2.3 主体设备设计条件图

主体设备是指在每个单元操作中处于核心地位的关键设备,如传热中的换热器,蒸发中的蒸发器,蒸馏和吸收中的塔设备(板式塔和填料塔),干燥中的干燥器等。一般,主体设备在不同单元操作中是不同的,即使同一设备在不同单元操作中其作用也不相同。例如,换热器在传热中为主体设备,而在精馏或干燥操作中就变为辅助设备。泵、压缩机等也有类似情况。

主体设备设计条件图是将设备的结构设计和工艺尺寸的计算结果用一张总图表示出来,通常由负责工艺的人员完成,它是进行装置施工图设计的依据。图面上应包括如下内容:

(1) 设备图形:指主要尺寸(外形尺寸、结构尺寸、连接尺寸)、接管、人孔等。

(2) 技术特性:指装置设计和制造检验的主要性能参数。通常包括设计压力、设计温度、工作压力、工作温度、介质名称、腐蚀裕度、焊接接头系数、容器类别(指压力等级,分为类外、一类、二类、三类4个等级)及装置的尺度(如罐类为全容积、换热器类为换热面积等)。

(3) 管接口表:注明各个管口的符号、公称尺寸、连接尺寸、密封面形式和用途等。

(4) 设备组成一览表:注明组成设备的各部件的名称等。

应予指出,以上设计全过程统称为设备的工艺设计。完整的设备设计,应在上述工艺设计基础上再进行机械强度设计,最后提供可供加工制造的加工工艺图。这一环节在普通高等院校的教学中,属于化工机械专业的专业课程,在设计部门则属于机械设计组的职责。

2.4 化工过程技术经济评价

在化工、制药、轻工和食品等工业中,为达到同一工程的目的,可以采取多种方案和手段。不同的技术方案往往各具独特的技术、经济或其他特性。技术经济评价是化工规划、设计、施工和生产管理中的重要手段和方法,经过反复修改和多次重新评价,最终可确定最佳方案,达到化工过程最优化的目的。在现代过程设计中,经济分析和评价就像一条主线贯穿在各个步骤中。每个化工工作者都应掌握最基本的技术经济概念与分析评价方法,了解化工过程技术评价、经济评价、工程项目投资估算的基本概念和方法。

参考文献

[1] 吕安吉,郝珅孝. 化工制图[M]. 北京:化学工业出版社,2011.

[2] 何铭心，钱可强．机械制图[M]．北京：高等教育出版社，1997.
[3] 金玲，张红．现代工程制图[M]．上海：华东理工大学出版社，2005.
[4] 刘朝儒．机械制图：第4版[M]．北京：高等教育出版社，2001.
[5] 侯洪生．机械工程图学[M]．北京：科学技术出版社，2003.
[6] 王宗荣．工程图学[M]．北京：机械工业出版社，2001.
[7] 方书起，魏新利．化工设备课程设计指导[M]．北京：化学工业出版社，2010.

第3章　换热器的设计

本章符号说明

英文字母

B——折流挡板间距，m；
C——系数，量纲为1；
d——管径，m；
D——换热器外壳内径，m；
f——摩擦系数；
F——系数；
h——圆缺高度，m；
K——总传热系数，W/(m^2·℃)；
L——管长，m；
m——程数；
n——指数；
　　管数；
　　程数；
N——管程数；
　　壳程数；
N_B——折流挡板数；
Nu——努塞尔数，量纲为1；
p——压力，Pa；
P——因数；
Pr——普兰特数，量纲为1；
q——热通量，W/m^2；
Q——传热速率，W；
r——半径，m；
　　汽化潜热，kJ/kg；
R——热阻，m^2·℃/W；
　　因数；
Re——雷诺数，量纲为1；
S——传热面积，m^2；
t——冷流体温度，℃；
　　管心距，m；
T——热流体温度，℃；
u——流速，m/s；
W——质量流量，kg/s。

希腊字母

α——对流传热系数，W/(m^2·℃)；
Δ——有限差值；
λ——导热系数，W/(m^2·℃)；
μ——黏度，Pa·s；
ρ——密度，kg/m^3；
ϕ——校正系数。

下标

c——冷流体；
h——热流体；
i——管内；
m——平均；
o——管外；
s——污垢。

3.1　换热器概述

3.1.1　换热器的发展

换热器又称热交热器，是进行热量传递的通用工艺设备，是化工及相关工业重要的单元操作设备。换热器的费用，在化工厂约占设备总费用的10%~20%，在炼油厂约占总费用的

35%~40%，因此换热器的研究和开发备受重视。20 世纪 30 年代初，瑞典首次制成螺旋板换热器，以板代管制成的换热器，结构紧凑，传热效果好。随后，英国用钎焊法制造出一种由铜及其合金材料制成的板翅式换热器，用于飞机发动机的散热。30 年代末，瑞典又制造出第一台板壳式换热器，用于纸浆工厂。在此期间，为了解决强腐蚀性介质的换热问题，人们开始注意新型材料制成的换热器。60 年代左右，由于空间技术和尖端科学的迅速发展，迫切需要各种高效能紧凑型的换热器，再加上冲压、钎焊和密封等技术的发展，换热器制造工艺得到进一步完善，从而推动了紧凑型板面式换热器的蓬勃发展和广泛应用。为了适应高温和高压条件下的换热和节能的需要，典型的管壳式换热器得到了进一步的发展。70 年代中期，为了强化传热，在研究和发展热管的基础上又创制出热管式换热器。

但是换热器设计还远没有达到成熟的程度。这主要是因为：缺少精度较高的传热计算关联式；介质的污垢问题尚未较好地解决，在选取污垢系数时还有一定的偶然性；传热过程往往不是单一的过程，它与流体流动、物质传递、流体性质等密切相关，增加了问题的复杂性。因此，工程上允许有一定的设计偏差。电子计算机在换热器设计中的应用也与日俱增。但是，使用计算机并不能从本质上提高计算的精度，因为计算方法本身的误差影响了结果的正确性，污垢系数问题并不因为使用了计算机而得到解决。本章介绍的设计方法，偏重于工程应用，以手算为主，结合算图，用于换热器的基本工艺设计。

3.1.2 换热器传热研究的动态

当前换热器发展的基本动向是继续提高设备的热效率，促进设备结构的紧凑性，加强生产制造的标准化、系列化和专业化，并在广泛的范围内继续向大型化的方向发展，采用 CFD (Computational Fluid Dynamics)模型化技术、强化传热技术及新型换热器开发技术等形成一个高技术体系；同时仍然注意基础理论及测试方法的研究，研究各种形式的能量转换理论，各种形式的能量转化技术，有效地利用能源。在世界范围内对新能源换热器的研究，目前急需要解决的问题，如：

（1）余热回收装置研究：工业余热的利用潜力很大，对生产影响显著，主要是 1000℃左右的高温热量及高压能量的合理利用，这是石油化学工业的关键技术之一。从换热器的整体结构，到各类管板的结构设计、热膨胀补偿方法、高温侧热通量的控制，都有许多课题亟待解决。100~200℃的低温余热回收，对一般企业有普遍的意义。企业的热利用率低的原因大多是低温位热能没有很好地利用起来。这种热能量大而广，合理利用有着巨大的现实意义。

（2）强化传热管的研究：近年来，国内外在采用强化传热管改进换热器性能提高、传热效率、减少传热面积、降低设备投资等方面，取得了显著的成绩。强化传热管同时也是利用低温位热量的关键部件。表面多孔管可以在非常小的温差下产生很多的泡核，使汽化核心增加许多倍，但是其制造工艺要求比较严格，且生产成本也高，这些都是今后有待解决的问题。

（3）换热器基础技术理论及测试技术的研究：发展基础理论是指导推进设计研究的必要前提。例如：小温差传热的强化是解决低位新能源开发的关键；污垢和防浊的研究对换热器的设计、运行有着巨大的影响；有相变传热的研究关系到能量的转化及传质技术。传热和换热器测试技术的研究，可以使试验分析工作进行得更加准确、迅速。高效换热设备的研究，

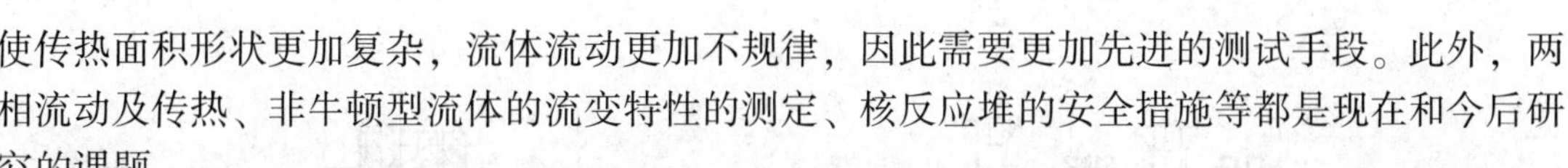

使传热面积形状更加复杂，流体流动更加不规律，因此需要更加先进的测试手段。此外，两相流动及传热、非牛顿型流体的流变特性的测定、核反应堆的安全措施等都是现在和今后研究的课题。

3.1.3　换热器的分类

按换热方式：表面式换热器，蓄热式换热器，直接接触式换热器等。

按用途：加热器，预热器，过热器，蒸发器，再沸器，冷却器，冷凝器，深冷器，冷却冷凝器。

按结构形式：列管式(管壳式)换热器，套管式换热器，螺旋板换热器，伞板换热器，板式换热器，板翅式换热器(俗称冷箱)，蛇管式换热器，夹套式换热器，淋洒式换热器，空气冷却器等。

按传热过程：直接接触式和间接接触式。

有代表性的换热器主要有：

(1) 套管式换热器

典型的套管式换热器如图3-1所示，从本质上说，它是由一根管同心地套在另一根直径略大的管内所组成的，每根管都带有相应的端头配件，以使流体从一部分流到另一部分。

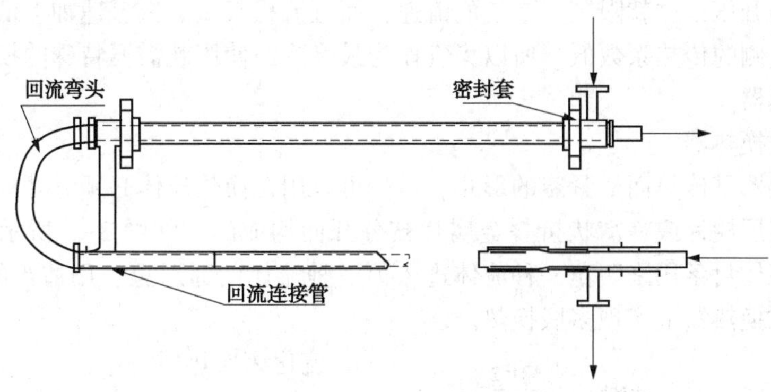

图3-1　套管式换热器

(2) 管壳式换热器

典型的管壳式换热器如图3-2所示，它是加工工业中最常用的基本换热器的形式。管壳式换热器可以提供相当大的传热面积。管式换热器的换热管通常为圆管，在一些场合下也使用椭圆管、矩形管或圆、扁平扭曲管。通过改变管子的直径、长度、排列方式等可方便地改变其几何特征，因此设计上灵活性很大。管式换热器可以应用在相对于环境压力较高、温度很高，以及两流体压差较大，或者一侧流体积垢很严重导致其他类型换热器无法工作时的场合。如液-液及液-相变(冷凝或蒸发)下的传热过程。对于气-液和气-气换热情况，有时也采用管式换热器。这类换热器可分为管壳式、双管式和螺旋管式换热器。除管内外加入翅片的情况，它们均是一次表面换热器。这种换热器换热面积，在形式上很容易做成很宽的尺寸范围，并且机械强度足以经受住正常的工业制造过程所受的力，受得住航运和现场安装，以及在经常运行条件下所遇到的外部和内部应力。

(3) 板式换热器

板式换热器通常的结构是每个传热面都由薄的金属板制成，这些板一般都是互相平行

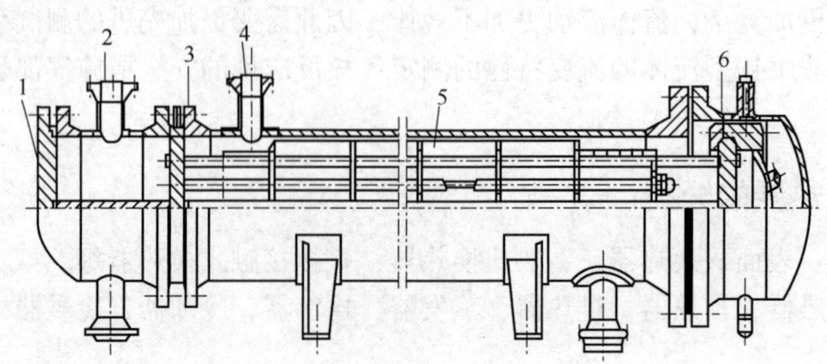

图 3-2　管壳式换热器结构示意图

1—管箱；2—管程接管；3—管板；4—壳程接管；5—管束；6—浮头

的。有些情况需要防止外部压力损坏流道，结构形式有些变化。一种流体流过规定的通道，而另一种流体流过与其相邻的通道。板式换热器可以分为三种不同的结构形式：板框式、板片式、螺旋板式。

(4) 高效翅片式换热器(空气冷却器)

周围的大气作为最终冷源日益被人们利用，但是，空气的热流体力学性质很差，空气的密度很小，必须一直有大量的空气运动才能满足热平衡的需要，而使大量空气运动的轴流风机，只有很小的升压，这就限制了空气的流速，而且流程很短。低流速加上低密度及导热系数小，致使空气侧的传热系数低。所以大气作为最终冷源使用就需要特殊的换热器结构——高效翅片式换热器。

(5) 翅片式换热器

翅片式换热器是传热面最紧凑的形式，至少可以用在换热流体必须分开的常见情况。这种换热器是由多层翅片或蜂窝状折叠金属片被分开而构成的。如图 3-3 所示，流体进出由集流管控制，固体封条用来防止一种流体进入另一种流体的通道里。用适当的急流管排列，可以在一台板式换热器上实现多股换热。

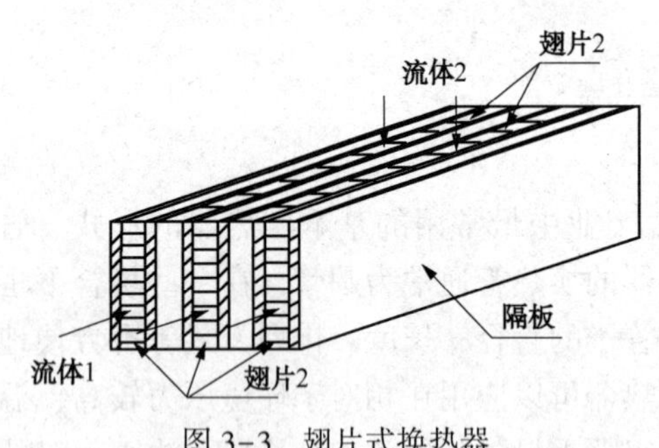

图 3-3　翅片式换热器

(6)流化床换热器

流化床换热器中，两流体换热器的一侧浸在细微固态材料的填料床中，例如管束浸在砂粒或煤颗粒床中，如图 3-4 所示。如果床侧上升流体的流速较低，那么固态粒子会保持在床内的一定位置，上升流体自固态粒子的间隙流过。如果床侧上升流体的流速很高，固态粒子将随流体流动。在适当的流速下，粒子的浮升力略大于其自身重力，于是，固态粒子将随床体积的增大而浮起，此时该床具有流体的特性，床的这一特性称为流化床。在该条件下，流体流经流化床的压力与流速无关，几乎恒定，固态粒子发生强烈的混合。由于固态粒子具有较大的热导率，使得流体温度沿整个床(气体和粒子)几乎均匀分布。相比自由粒子或稀释相粒子流，流化侧可以获得很高的传热系数。在很多应用过程中，流化侧常发生化学反应，在燃煤流化床中还伴有燃烧现象。流化床换热器常用于干燥、混合、吸附、反应器工程、煤燃烧以及废热回收。

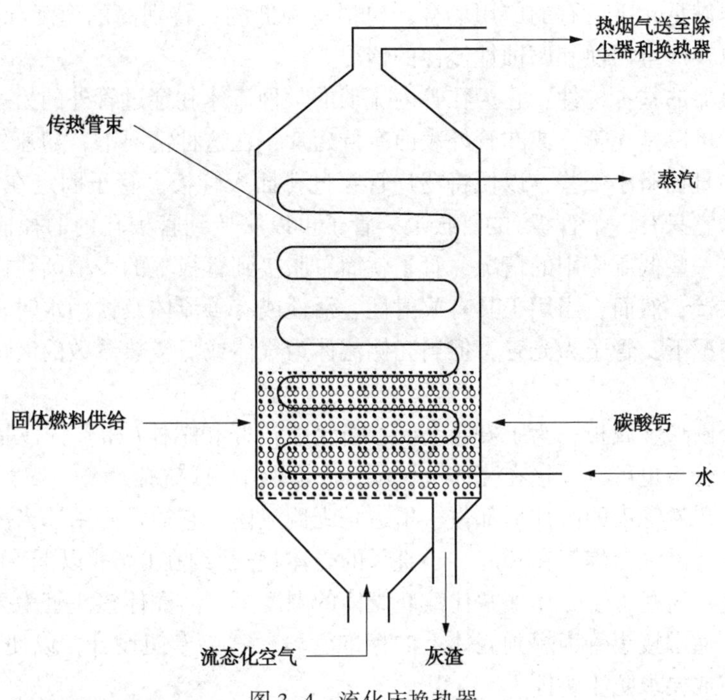

图 3-4 流化床换热器

(7) 机械辅助式换热器

为了提高传热面处相应的传热量需要借助于机械的作用。这种机械作用可以用两种不同的方式来达到，按设备分为搅拌式(图 3-5)和刮片式，可以起到换热器的效果。

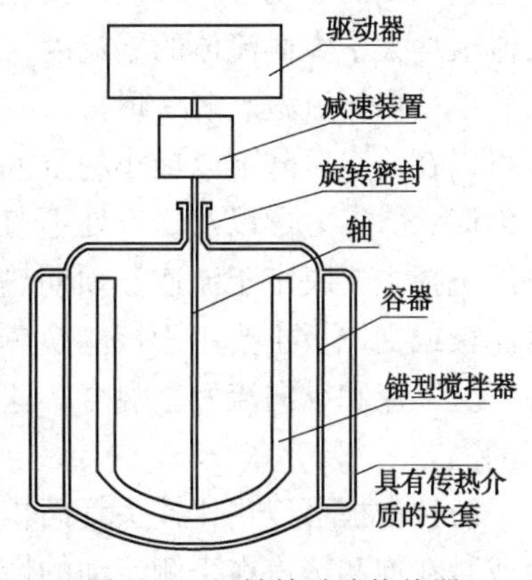

图 3-5 机械辅助式换热器

尽管换热器结构多样，但目前应用最多的是管壳式换热器。虽然管壳式换热器在结构紧凑性、传热强度和单位传热面积的金属消耗量方面无法与板式或板翅式等紧凑式换热器相比。但管壳式换热器适用的操作温度与压力范围较大，制造成本低、结构简单、清洗方便、处理量大、工作可靠、操作弹性大，使其成为工业中应用最广泛的换热设备。长期以来，人们已在其设计和加工制造方面积累了许多经验，建立了一整套程序，可以容易地查找到其可靠的设计及制造标准，并且能使用众多材料制造，设计成各种尺寸及形式。管壳式换热器又称列管式换热器，被当作一种传统的标准换热器。在换热器向高温、高压、大型化发展的今天，随着新型高效传热管的不断出现，使得管壳式换热器的应用范围不断扩大，为管壳式换热器增添了新的生命力。

3.2 管壳式换热器的结构和分类

3.2.1 管壳式换热器的结构

管壳式换热器比较容易进行清洗，易损件(如垫圈、管子)容易更换。特别的结构形式允许这种换热器满足几乎所有的应用场合，包括特别低的、特别高的温度和压力大的传热、蒸发和凝结，以及严重污浊和腐蚀性流体的情况。

管子是换热器的基本构件，它为在管内流动的一种流体和穿过管外的另一种流体之间提供传热面。管子可以是光管，或在管外表面有低翅片；在这种情况下，翅片外径比管子的没有翅片的端头的直径略小一些，以便将翅片管穿过孔插入管板。管子固定在每端(U 形管的设计除外，因为它只有一个管板)的管板上。管子可以胀接到管板孔内的径向槽道内或焊到管板的外侧。在一些低压应用的情况，管子就简单胀接到管板上的无槽圆孔内。大多数情况下，管子为单层壁，然而，当用于具有放射性、活性或有毒流体及饮用水时，则需要采用双层壁。大多数情况下，管子为光管，但当壳侧流体为气体或低传热系数的液体时，常采用低翅片。

管板是一个圆形金属板，为了安装垫圈、折流板拉杆和螺栓(如果管板是螺栓连接到壳体法兰上的话，管板也可以焊接在壳体上)，管板也要钻孔或铣孔。

壳体是一个包着管束的圆柱形部件，里边是壳侧流体。它通常是由适当厚度的金属板滚轧成圆柱体，并且沿纵向焊接在一起。小直径的壳体(直径约在 0.6m 以下)可以用管子直接切出所需的长度；这些管子壳体通常比滚轧壳体的圆度更高。壳体接头管为壳侧流体提供了进、出口通道，通常接头管为焊到壳体上的标准管段，需要专门设计，以便得到小的压降、均匀的流动分布或要求防止腐蚀。

折流板的主要作用是：支撑住管子，使它们不致弯曲，而且不振动，以便保证整个管束的刚性。引导流体来回横掠管束，改善传热以获得高的传热系数(同时增加了压降)。折流板可以分为纵向和横向折流板。纵向折流板的作用是控制壳程流体的总流向，从而使两种流体达到预期的流动方式。横向折流板可以分为折流板和折流杆(杆、条或其他轴向结构件)。折流板增大了壳侧流体的湍流度，降低了管与管之间由于交叉流造成的温差及热应力。折流板有单弓形折流板、多弓形折流板，以及盘形、环形折流板等。单弓形折流板、双弓形折流板可以在给定压降下以最小的空间提供最大的传热量(由于高的壳侧传热系数)，它们应用最为广泛。三弓形以及缺口处不布管的折流板用于低压降下的工况。折流板类型、间距、缺口的选择主要决定于流速、预期热负荷、允许压降、管支撑，以及流体诱导振动。盘-环形折流板或支撑板主要用于核能换热器中，这些核能换热器折流板间都有小孔，使得壳侧低压降下交叉流和纵向流发生混合。这种混合流比纯纵向流的传热系数要高，同时降低了管、管间的温差。

防冲击板可以用比接头管面积略大些的板，放在壳内入口接头管的下边，特别是在两相流或是在饱和蒸汽在壳侧流动的情况，需要安装防冲击板。管侧流道和接头管引导管侧流体进出管束，因为管侧流体往往腐蚀性比较大，所以这些部件可以用合金材料或用包裹一层合金(用焊接沉积或爆炸连接)材料的低碳钢制造。

流道封头螺栓连接到流道部件上，这样便于检查管板和管子，对管侧可以用带法兰的接头管或螺纹连接。

3.2.2 管壳式换热器的分类

在管壳式换热器中，由于管内、外流体温度不同，使管束和壳体的温度也不同，因此两者的热膨胀程度也有差别。若两流体温度差较大，由于热应力而可能引起管子的弯曲、设备

变形甚至破裂。一般当两流体的温度差超过 50℃时，就应考虑这种热膨胀的影响。通常热补偿方法有补偿圈、U 形管及浮头式三种，相应的管壳式换热器主要有以下几种。

（1）固定管板式换热器

固定管板式换热器如图 3-6(a)所示，这种换热器的两端管板和壳体制成一体，管子则固定于管板上，因此具有结构简单和造价低廉的优点，在相同的壳体直径内，排管最多，比较紧凑；但这种结构壳侧清洗困难，壳程宜采用不易结垢、较易清洁的流体。当管束和壳体之间的温差太大而产生不同的热膨胀时，常会使管子与管板的接口脱开，从而发生介质的泄漏。为此常在外壳上焊一膨胀节(又称补偿圈)，图 3-6(b)所示的为具有膨胀节 的固定管板式换热器。它是在外壳的适当部位上焊有一个膨胀节，膨胀节发生弹性形变(压缩或拉伸)，以适应壳体和管束不同的膨胀程度。这种热补偿方法简单，它能减小但不能消除由于温差而产生的热应力。但在多程换热器中，这种方法不能照顾到管子的相对移动。因此，这种换热器比较适合用于温差不大或温差较大但壳程压力不高的场合。不适用于两流体温差过大(小于 70℃)和壳程流体压强过高(小于 600kPa)的场合。固定管板式的优点是结构简单、造价低。

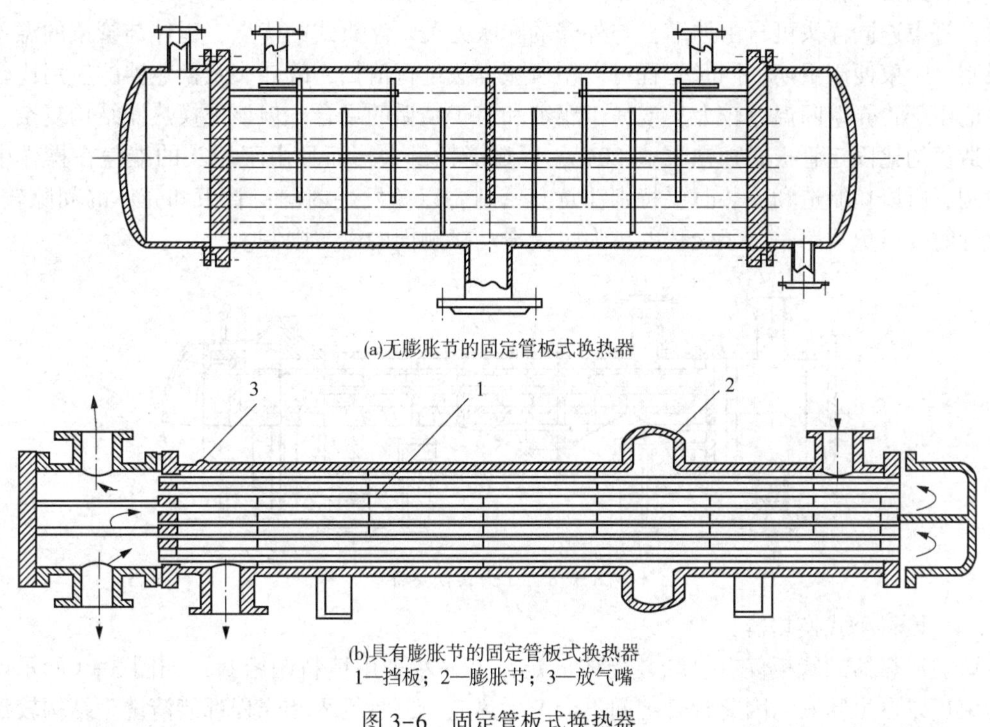

(a)无膨胀节的固定管板式换热器

(b)具有膨胀节的固定管板式换热器
1—挡板；2—膨胀节；3—放气嘴

图 3-6　固定管板式换热器

（2）U 形管式换热器

U 形管式换热器如图 3-7 所示。U 形管式换热器仅有一个管板，管子两端均固定于同一管板上，因此受热时可自由伸缩，不会因管壳之间的温差而产生热应力。这类换热器的特点是：热补偿性能好；管程为双管程，流程较长，流速较高，传热性能较好；承压能力强；管束可以从壳体内抽出，便于检修和清洗；结构简单，造价便宜。但管内清洗不便，要求管内流体是洁净不易结垢的物料；此外，因管子需要一定弯度，故管板的利用率较低。管束中间部分的管子可以更换，但最内层管子弯曲半径不能太小，在管板中心部分布管不紧凑，管子数不能太多，且管束中心部分存在间隙，使壳程流体易于短路而影响壳程换热。此外，为了弥补弯管后管壁的减薄，直管部分必须用管壁较厚的管子。这就影响它的适用场合，仅宜用于管壳壁温相差较大，或壳程介质易结垢而管程介质不易结垢，高温、高压、腐蚀性强的情形。

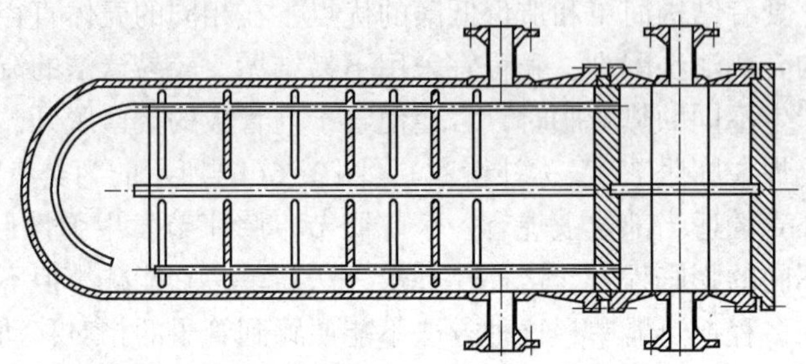

图 3-7　U 形管式换热器

(3) 浮头式换热器

浮头式换热器如图 3-8 所示。其一端管板与外壳固定连接，该端称为浮头。当管子受热时，管束连同浮头可自由伸缩，与外壳的膨胀无关。浮头式的优点：壳体与管束的温差不受限制，管束便于更换，同时壳程可以用机械方法进行清扫，故浮头式换热器的应用比较普遍。适用于管壳壁间温差较大，或易于腐蚀和易于结垢的场合。但该类换热器结构复杂、笨重，造价约比固定管板式换热器高 20%，材料消耗量大，而且由于浮头的端盖在操作中无法检测，所以在制造和安装时要特别注意其密封，以免发生内漏；管束和壳体的间隙较大，在设计时要避免短路；至于壳程的压力也受滑动接触面的密封限制。

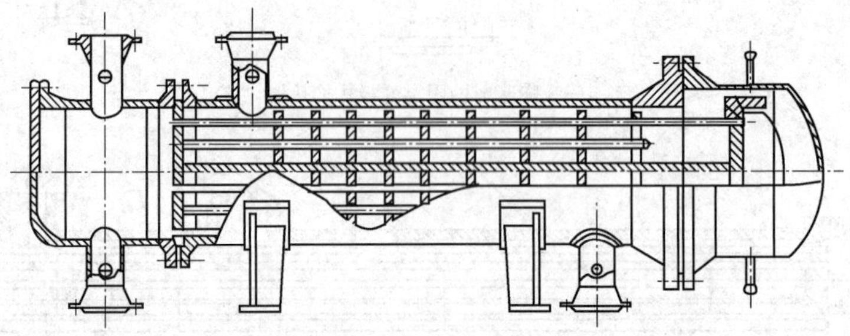

图 3-8　浮头式换热器

(4) 填料函式换热器

该类换热器的管板仅有一端与壳体固定，另一端采用填料函密封，如图 3-9 所示。它的管束可以自由膨胀，因此管壳之间不会产生热应力，且管程和壳程都能清洗。结构较浮头式简单，造价较低，加工制造方便，材料消耗较少。但由于填料密封处易于泄漏，故壳程压力不能过高，也不宜用于易挥发、易燃、易爆、有毒的场合。

换热设备的类型很多，对每种特定的传热工况，通过优化选型都会有一种最适合的设备型号。因此，针对具体工况选择换热器类型，是很重要和复杂的工作。

3.2.3　管壳式换热器设计方案的确定

管壳式换热器的设计，包括热力设计(根据传热学知识进行传热计算)、流动设计(计算压降，为换热器辅助设备作准备)、结构设计(传热面积大小与主要零部件尺寸)和强度设计

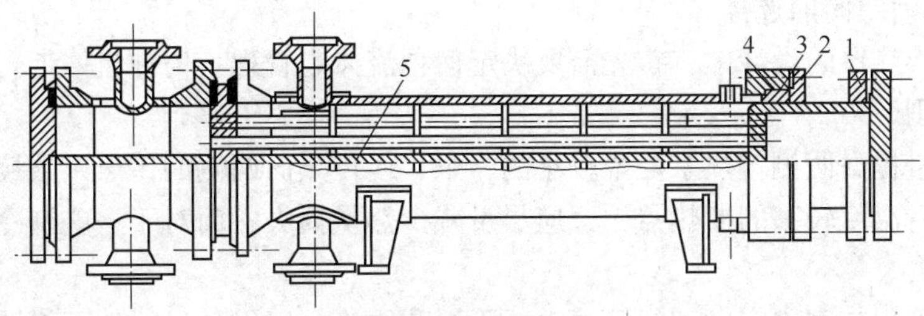

图 3-9　填料函式换热器

(应力计算并校核其强度)。管壳式换热器的工艺设计主要内容为：①根据换热任务确定设计方案；②初步确定换热器的结构和尺寸；③核算换热器传热面积和流动阻力；④确定换热器的工艺结构。

1）选择管壳式换热器类型

设计一个传热设备最重要的决定是选择设备的基本形式，以满足给定应用场合的特定需要。在设计过程的最初阶段，设计者的任务是调查现有各种基本设备类型，并选择一个对整个流程最适用的类型。如果不能做出明确的决定，就要大致证明，对每种合乎使用要求的设备形式，至少在进行初步设计时经济上是合算的。

完善换热器在设计或选型时应满足以下基本要求：

(1) 合理地实现所规定的工艺条件

传热量、流体热力学参数(温度、压力、流量、相态等)与物理化学性质是工艺过程所规定的条件。根据这些条件进行计算，经过反复比较，使所设计的换热器具有尽可能小的传热面积，在单位时间内传递尽可能多的热量。

① 增大传热系数 K：在综合考虑流体阻力及不发生流体诱发振动的前提下，尽量选择高的流速。

② 提高平均温差：对于无相变的流体，尽量采用接近逆流的传热方式。既可提高平均温差，还有助于减少结构中的温差应力。在允许的条件下，可提高热流体的进口温度或降低冷流体的进口温度。

③ 妥善布置传热面：例如在管壳式换热器中，采用合适的管间距或排列方式，加大单位空间内的传热面积，改善流体的流动特性。错列管束的传热方式比并列管束的好。如果换热器中的一侧有相变，另一侧流体为气相，可在气相一侧的传热面上加翅片以增大传热面积，更有利于热量的传递。

(2) 安全可靠性

计算时，应遵照《热交换器》(GB/T 151—2014)，这对保证设备的安全可靠起着重要的作用。

(3) 有利于安装、操作与维修

直立设备的安装费往往低于水平或倾斜的设备。设备与部件应便于运输与装拆，根据需要可添置气、液排放口，检查孔与敷设保温层。

(4) 经济合理性

在设计或选型时，如果有几种换热器都能完成生产任务的需要，评价换热器的最终指标尤为重要：在一定的时间内(通常为 1 年)固定费用(设备的购置费、安装费等)与操作费(动力费、维修费等)的总和为最小。

2）流体流动空间的选择

在管壳式换热器的设计中，首先需要决定何种流体走管程、何种流体走壳程，这需要遵循一些基本原则。

(1) 应尽量提高两侧传热系数中较小的一个，使传热面两侧的传热系数接近。

(2) 在运行温度较高的换热器中，应尽量减少热量损失，而对于一些制冷装置，应尽量减少其冷量损失。

(3) 确定管程与壳程应做到便于清洗、除垢和维修，以保证运行的可靠性。

(4) 应减小管子和壳体因受热不同而产生的热应力。从这个角度来说，顺流式就优于逆流式，因为顺流式进出口端的温度比较平均，不像逆流式那样，热、冷流体的高温部分均集中于一端，低温部分集中于另一端，易于因两端胀缩不同而产生热应力。

(5) 对于有毒的介质或气相介质，必须使其不泄露，应特别注意其密封，密封不仅要可靠，而且还应该要求方便及简单。

(6) 应尽量避免采用贵金属，以降低成本。

以上这些原则有些是相互矛盾的，所以在具体设计时应综合考虑决定走管程与壳程的流体。以下流动空间的选择作为参考：

① 宜于通入管程的流体

(a)不清洁的流体。在管程中易于得到较高流速，使悬浮物不易沉积，且管程便于清洗。

(b)体积小的流体。管程的流动截面比壳程截面小，流体易于获得必要的理想流速，且便于做成多程流动。

(c)有压力的流体。管子承受能力强，而且还简化了壳体密封的要求。

(d)腐蚀性强的流体。只有管子及管箱才需要耐腐蚀材料，而壳体及壳程的所有零件均可用普通材料制造，这样可以降低造价。此外，在管程装保护用的衬里或覆盖层也比较方便，并容易检查。

(e)与外界温差大的流体。可以减少热量的逸散。

(f)泄漏后危险性大的流体。通入管程的流体可以减少泄漏机会，以保安全。

② 宜于通入壳程的流体

(a)当两流体温度相差较大时，对流传热系数 α 值大的流体走壳程。这样可以减小管壁与壳壁间的温度差，温差应力可以降低。

(b)若两流体传热性能相差较大时，α 值小的流体走壳程。此时可以用翅片管来平衡传热面两侧的给热条件，使之相互接近。

(c)饱和蒸汽。饱和蒸汽对流速和清理无过多要求，并易于排出冷凝液。

(d)黏度大的流体。壳程中流体的流动截面和方向在不断变化，在低雷诺数时，管外对流传热系数比管内的大。

此外，易析出结晶、沉渣、淤泥以及其他沉淀物的流体，最好通入比较容易进行机械清洗的空间。在管壳式换热器中，一般易清洗的是管程。但在U形管式、浮头式换热器中易清洗的都是壳程。

3）流速的确定

流速是换热器设计的重要变量，流体流速的选择涉及到对流传热系数、流动阻力及换热

器结构等方面。增大流速，可增大对流传热系数，减少污垢的形成，使总传热系数提高，从而减少传热面积；但同时流动阻力加大，动力消耗增多。一般，对传热阻力大的一侧需要提高流速，用以增大对流传热系数。因此，提高壳程流速对总传热系数的提高有决定性的影响，而提高管程流速则作用不大。此外在选择流速时，还必须考虑结构上的要求，为了避免设备的严重磨损，所算出的流速不应超过允许的最大经验流速。另外，选择高流速，使管子的数目减小，当换热面积一定时，不得不采用较长的管子或增加程数，管子太长不利于清洗，单程变为多程使平均传热温差下降。选择流速时，还应尽可能避免流体在层流下流动。所以，需要进行经济优化才能最后确定适宜的流速。

换热器常用的流速范围见表3-1，管式换热器易燃、易爆液体和气体允许的安全流速见表3-2。

表3-1 换热器常用流速的范围

介质 流速	循环水	新鲜水	一般液体	易结垢液体	低黏度油	高黏度油	气体
管程流速/(m/s)	1.0~2.0	0.8~1.5	0.5~3	>1.0	0.8~1.8	0.5~1.5	5~30
壳程流速/(m/s)	0.5~1.5	0.5~1.5	0.2~1.5	>0.5	0.4~1.0	0.3~0.8	2~15

表3-2 管式换热器易燃、易爆液体和气体允许的安全流速

流体名称	乙醚、二硫化碳、苯	甲醇、乙醇、汽油	丙酮	氢气
安全流速/(m/s)	<1	<2~3	<10	≤8

4）加热剂、冷却剂的选择

在换热过程中加热剂(冷却介质)除应满足加热(冷却)温度外，还应考虑来源方便、价格低廉、使用安全。在化工生产中常用的加热介质有饱和水蒸气、导热油，冷却介质通常用水。

5）流体出口温度的确定

在换热器的设计中，换热器进、出物料的温度一般是由工艺确定的，冷却介质(或加热介质)的进口温度一般为已知。出口温度则由设计者经过经济权衡确定：为了节约用水，可使水的出口温度高些，但所需传热面积加大；反之，为减小传热面积，则可增加水量，降低出口温度。一般来说，设计时冷却水的温度差可取5~10℃。缺水地区可选用较大温差，水源丰富地区可选用较小的温差。若用加热介质加热冷流体，可按同样的原则选择加热介质的出口温度。

6）材质的选择

换热器各种零、部件的材料，应该根据设备的操作压力、操作温度、流体的腐蚀性能以及对材料的制造工艺性能等要求来选取；最后还要考虑材料的经济合理性。一般为了满足设备的操作压力和操作温度，即从设备的强度或刚度的角度来考虑，比较容易达到要求的材料。但材料的耐腐蚀性能，有时往往成为一个复杂的问题。在这方面考虑不周、选材不妥，不仅会影响换热器的使用寿命，而且也会大大提高设备的成本。至于材料的制造工艺性能，与换热器的具体结构有着密切关系。

一般换热器常用的材料有碳钢和不锈钢。

(1) 碳钢：碳钢价格低，强度较高，对碱性介质的化学腐蚀比较稳定，很容易被酸腐蚀，在无耐腐蚀性要求的环境中应用是合理的。如一般换热器用的普通无缝钢管，常用的材料为 10 号和 20 号碳钢。

(2) 不锈钢：奥氏体系不锈钢以 1Cr18Ni9 为代表，它是标准的 18-8 奥氏体不锈钢，有稳定的奥氏体组织，具有良好的耐腐蚀性和冷加工性能。

管子材料常用碳钢、低合金钢、不锈钢、铜、铜镍合金、铝合金等。应根据工作压力、温度和介质腐蚀性等条件决定。此外还有一些非金属材料：石墨、陶瓷、聚四氟乙烯。在设计和制造换热器时，正确选用材料很重要，既要满足工艺条件的要求，又要经济合理。对化工设备而言，由于各部分可采用不同材料，应该注意由于不同种类的金属接触而产生的电化学腐蚀作用。

7）允许压降的选择

选择较大的压力降可以提高流速，从而增强传热效果、减少换热面积；但是，较大的压力降也使得泵的操作费用增加。合适的压力降需要考虑换热器年总费用，反复调整设备尺寸，进行优化计算得出。在大多数设备中，可能会发现一侧的热阻明显高于另一侧，该侧的热阻称为控制热阻。当壳程的热阻是控制侧时，可以用增加折流板块数或缩小壳径的办法，来增加壳侧流体流速、减少传热热阻。但是减少折流板间距是有限制的，一般不小于壳径的 1/5 或 50mm。当管程的热阻是控制侧时，则依靠增加管程数来增加流体流速。管程数的变化呈跳跃式(如 2、4、6 管程等)，对压力降影响较大。设计时必须注意满足允许压力降的要求。在处理黏稠物料时，如果流体流动状态是层流则将此物料走壳程，因为在壳程的流体流动易达到湍流状态，这样可以得到较高的传热速率，还可以改进对压力降的控制。

3.2.4 管壳式换热器的结构

管壳式换热器的结构可分为管程结构和壳程结构两大部分。

1）管程结构

介质流经传热管内的通道部分称为管程。管程主要由换热管束、管板、封头、盖板、分程隔板与管箱等部分组成

(1) 换热管布置和排列间距

常用换热管规格有 $\phi19\times2$mm、$\phi25\times2$mm(1Cr18Ni9Ti)、$\phi25\times2.5$mm(碳钢)。换热管管板的排列方式有正方形直列、正方形错列、正三角形直列、正三角形错列和同心圆排列，如图 3-10 所示。

正三角形排列方式的优点：结构紧凑，管板的强度高、流体走短路的机会少，且管外流体扰动较大，因而对流传热系数较高，相同壳程内可排列更多的管子。

正方形直列排列方式的优点：便于清洗列管的外壁，适用于壳程流体易产生污垢的场合，但其对流传热系数较正三角形排列更低。

正方形错列排列方式的优点：介于上述两者之间，与直列排列相比，对流传热系数可适当地提高，管间距管子的中心距 t 称为管间距，管间距小，有利于提高传热系数，且设备紧凑。

同心圆排列用于小壳径换热器，外圆管布管均匀，结构更为紧凑。

我国换热器系列中，固定板式换热器多采用正三角形排列；浮头式换热器则以正方形错

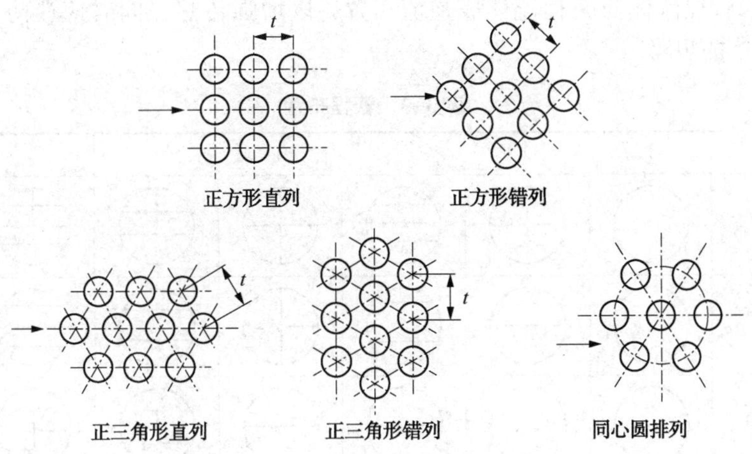

图 3-10 换热管管板的排列方式

列排列居多，也有正三角形排列。

多管程换热器，常采用组合排列方式。每程内都采用正三角形排列，而在各程之间为了便于安装隔板，采用正方形排列方式。

如果换热设备中流体一侧有相变，另一侧流体为气体，可在气相一侧传热面上加翅片以增大传热面积。

(2) 管板

管板的作用是将受热管束连接在一起，并将管程和壳程的流体分隔开来。

管板与管子的连接可以用胀接、焊接或胀焊并用。胀接法时利用胀管器将管子扩胀，产生显著的塑性变形，靠管子与管板间的挤压力达到密封紧固的目的。胀接法一般用在管子为碳钢，管板为碳钢或低合金钢，设计压力不超过 4MPa、设计温度不超过 350℃的场合。胀焊并用，焊接保证强度与密封；贴胀是为了消除换热器与管板孔间环隙。焊接法在高温高压条件下更能保证接头的密封性。

管板与壳体的连接有可拆连接和不可拆连接两种。固定板式换热器常采用不可拆连接，两端管板直接焊在外壳上并兼做法兰，拆下顶盖可检修胀口或清洗管内。为使壳体清洗方便，浮头式、U 形管式换热器常将管板夹在壳体法兰和顶盖法兰之间构成可拆连接。

(3) 封头和管箱

封头和管箱位于壳体两端，其作用是控制及分配管程流体。

① 封头：当壳体直径较小时常采用封头。接管和封头可用法兰或螺纹连接，封头与壳体之间用螺纹连接，以便卸下封头，检查和清洗管子。

封头有方形和圆形两种，方形用于直径小(一般小于 400mm)的壳体，圆形用于大直径的壳体。为防止壳程流体进入换热器时对管束的冲击，可在进料管口装设缓冲挡板。放气孔、排液孔换热器的壳体上常安有放气孔和排液孔，以排除不凝气体和冷凝液等。

② 管箱：壳径较大的换热器大多采用管箱结构。管箱具有一个可拆盖板，因此在检修或清洗管子时无需卸下管箱。

③ 分程隔板：当需要的换热面很大时，可采用多管程换热器。对于多管程换热器，在管箱内应设分程隔板，将管束分为顺次串接的若干组，各组管子数目大致相等。这样可提高介质流速，增强传热。管程多者可达 16 程，常用的有 2 程、4 程、6 程，其布置方案见表

3-3。应尽量使管程流体与壳程流体成逆流布置，以增强传热，同时应严防分程隔板的泄漏，以防止流体的短路。

表 3-3　管程布置

程数	1	2	4			6	
流动顺序		1 2	1 2 3 4	1 2 3 4	1 2 3 4	1 2 3 5 4 6	2 1 3 4 6 5
管箱隔板							
介质返回侧隔板							

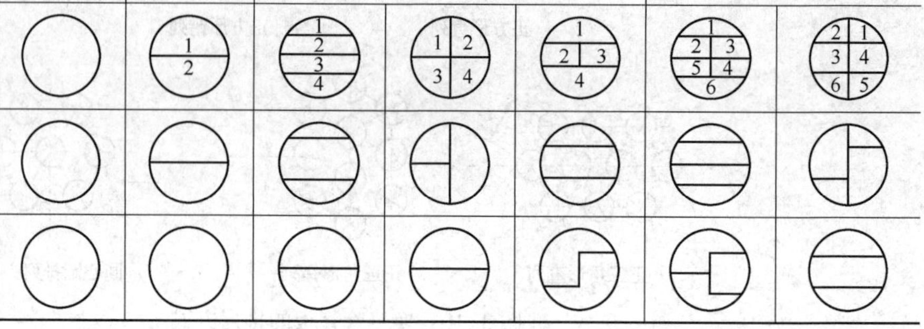

2）壳程结构

介质流经传热管外面的通道部分称为壳程。壳程内的结构主要有折流挡板、支撑板、纵向隔板、旁路挡板及缓冲板等元件组成。由于各种换热器的工艺性能、使用的场合不同，壳程内对各种元件的设置形式亦不同，以此来满足设计的要求。各元件在壳程的设置，按其作用的不同可分为两类：一类是为了壳侧介质对传热管作最有效的流动，以提高换热设备的传热效果而设置的各种挡板，如折流挡板、纵向挡板、旁路挡板等；另一类是为了管束的安装及保护列管而设置的支撑板、管束的导轨以及缓冲板等。

(1) 壳体

壳体是一个圆筒形的容器，壳壁上焊有接管，供壳程流体进入和排出之用。直径小于400mm 的壳体通常用钢管制成，大于400mm 的可用钢板卷焊而成。壳体材料根据工作温度选择，有防腐要求时，大多考虑使用复合金属板。

各类型壳体介绍如下：

① E 型壳体

E 型壳体是使用最广泛的壳体型式，其进出口接管为单进单出，即单程壳体。如果换热器为单管程，则冷热物料流动接近纯逆流，此时该换热器可以允许出现温度交叉(即冷物料出口温度高于热物料出口温度)。

② F 型壳体

F 型壳体又称双壳程壳体，壳体中间设纵向挡板一块，将换热器分隔成上下两部分，故壳程为双程。一般该类换热器管程也为双程，这样冷热流体可以实现纯逆流流动。多数情况下，该类换热器的纵向挡板是可抽出式，因此在挡板两侧就会存在或多或少的物料泄漏，但只要采取适当的措施，泄漏可以减少到很低的程度。偶尔，纵向挡板也可做成固定式，这样可消除物料泄漏，但会给换热器维修造成不便。对于 F 型壳体，管束经常做成可抽出式(通常采用 U 形管)，使得换热器的维修、清理非常方便。F 型壳体的最大优点是可以做到冷热物料为纯逆流，实现最大的传热性能。

③ G 型壳体

G 型壳体又称分流型壳体，壳体中需设置一块一定长度的纵向挡板；壳侧进出口接管均位于壳体的中央，而且壳体内部在进出口接管的中心位置应当设置一块无缺口挡板，以实现壳体入口物料进入换热器后在两侧平均分配。流体进入换热器后分成两股，绕过挡板后再由位于中心位置的出口接管流出换热器。

G 型壳体和 E 型壳体相比最大的优点在于具有很高的传热效率，使得单台 G 型换热器便可以处理通常需要两台 E 型换热器串联才能完成的传热过程；另外它的壳程阻力降较低，对于阻力降要求较高的场合非常适宜。其缺点与 F 型换热器类似，即存在纵向挡板两侧的物料泄漏。G 型壳体较多应用于卧式热虹吸式再沸器，主要是由于其高传热效率和低阻力降。

④ H 型壳体

H 型壳体又称双分流式壳体，它类似于 G 型壳体，只是壳侧进出口接管总共有 4 个，即物料为双进双出；壳体内部的纵向挡板有两块，其长度较短。其优缺点与 G 型壳体类似，只是壳侧阻力降更低。该类壳体经常用于卧式热虹吸式再沸器。

⑤ J 型壳体

J 型壳体也称分流式壳体，它有两种型式：一是单进双出，也记作 J 壳型；另一是双进。

在选择壳体型式时，一般来说，E 型壳体是单程壳体，更经济，通常热效率最高。但是对于多管程的换热器，若平均传热温度差修正系数较低，以致需要两个 E 型壳体串联，这时可以采用更为经济的 2 个 F 型壳体，但由于 F 型壳体的纵向隔板(挡板)受到流体与热量泄露的限制，所以必须仔细设计与制造。同时在拆卸或更换管束方面，该壳体也存在较多问题。假如壳侧压力降受到限制，流量也较大时，可以采用分流式型壳体，不过热效率会有损失(平均传热温差修正系数较低)。也可以采用 G 型和 H 型壳体中的(双)分流式壳体，G 型壳体主要适用于水平放置的热虹吸再沸器，在壳体中央有一个支持板，没有折流板。应用 G 型壳体时，管长不可以超过 3m。当管长较长时可选择 H 型，H 型壳体相当于两个 G 型壳体并联，故其内部有两个支持板，流体经过两次分流和两次汇合。G 型和 H 型壳体的优点即压力降很小并且没有折流板。

(2) 管程数

管程数有 1~8 程几种，常用的为 1 管程、2 管程或 4 管程。管程数增加，管内流速增大，总传热系数也增大，但管内流体流速的增大受到管程压力降等条件的限制。由于管内流体在湍流情况下，传热效果最佳，故在管径和换热管根数确定的情况下，可以根据雷诺准数来选择管程数。

(3) 管长

对无相变换热，当管子较长时，传热系数增加，在相同传热面积时，采用长管管程数少，压力降小，而且每平方米传热面的造价较低。但是，管子过长给制造和安装带来困难，以整体结构稳定性考虑，管长与壳径比不宜超过 6~10(对直立设备为 4~6)，一般应尽量采用标准管长或其等分值，常用的为 4~6m，对于需要传热面积大或无相变换热器可以选用 8~9m 以上的管长。浮头式换热器系列中的管长有 3m 和 6m 两种，在炼油厂设计中最常用的是 6m 管长。壳径较大的换热器采用较长的管子更为经济。用较小的管径和较长的管子，按三角形排列，能够节约较多的钢材。

(4) 壳程型式

壳程型式如图 3-11 所示。单壳程换热器[图 3-11(a)]可在壳程内放入各种型式的折流板，主要是增大流体的流速，强化传热。这是常用的一种换热器，在单组分冷凝的真空操作时可将接管移到壳体的中心；纵向隔板的双壳程换热器[图 3-11(b)]可以提高壳程流速，改善热效应，比两个换热器串联要便宜；分流式换热器[图 3-11(c)]它适用于大流量且压力降要求低的情况，当中的隔板在作为冷凝器时可采用有孔板；双分流式换热器[图 3-11(d)]它适用于低压降、一种流体比另一种流体温度变化很小的情况，以及温差很大或者管程传热膜系数很大的情况。

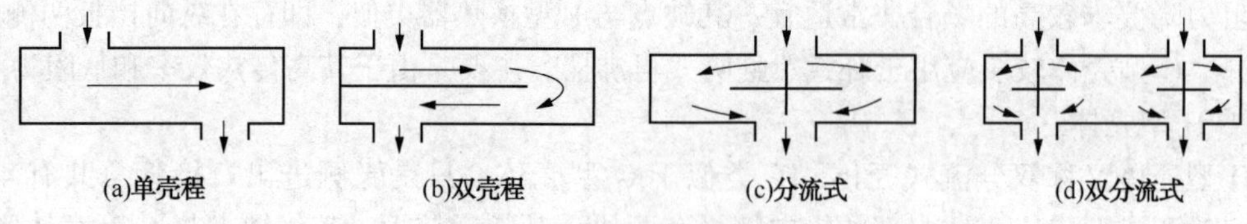

图 3-11　壳程换热器形式

在采用一定的壳径时，如果管程的条件比较合理，而壳程的流量很小，即使采用最小的折流板间距，流速还是很低，以致使壳程一侧成为控制热阻，同时壳程可利用的压力降又很大时，可考虑采用双壳程结构。由于压力降和流道的长度成正比，与流速的平方成正比，因此，对于同一流量，采用双壳程时，壳程压力降约比单壳程的增加 6~8 倍。所以，一方面应注意在正确的场合使用双壳程，同时也要注意单壳程与双壳程在计算方法上的差别。在采用双壳程结构时，对数平均温差的校正系数比单壳程的稍高，这也是双壳程的一个优点。

介质在壳程的流动方式有多种形式，单壳程形式应用最为普遍。若壳侧传热系数远小于管侧，则可用纵向挡板分隔成双壳程形式。用两个换热器串联也可得到同样的效果。为减低壳程压降，可采用分流或错流的形式。

壳体内径 D 取决于传热管数 N、排列方式和管心距 t，计算式如下：

单管程

$$D = t(n_c - 1) + (2 \sim 3)d_o \tag{3-1}$$

式中　t——管心距，mm；

d_o——换热管外径，mm；

n_c——横过管束中心线的管数，该值与管子排列方式有关。

正三角形排列：

$$n_c = 1.1\sqrt{N} \tag{3-2}$$

正方形排列：

$$n_c = 1.19\sqrt{N} \tag{3-3}$$

多管程

$$D = 1.05t\sqrt{N/\eta} \tag{3-4}$$

式中　N——排列管子数目；

η——管板利用率。

正三角形排列：2 管程　$\eta = 0.7 \sim 0.85$

>4 管程　$\eta = 0.6 \sim 0.8$

正方形排列：2 管程　$\eta = 0.55 \sim 0.7$

>4 管程　$\eta = 0.45 \sim 0.65$

壳体内径 D 的计算值最终应圆整到标准值。

对于洁净的流体，可选择小管径，对于易结垢或不洁净的流体，可选择大管径。管长的选择以清理方便和合理使用管材为原则。长管不便于清洗，且易弯曲。我国生产的标准钢管长度为6m，故系列标准中管长有1m、2m、3m和6m四种。此外管长L和壳径D的比例应适当，一般L/D为4~6(对直径小的换热器可取大一些)。

由于制造上的限制，一般管心距$t=(1.25\sim1.5)d_0$，d_0为管的外径。管心距t与管外径d_0的比值，焊接时为1.25，胀接时为1.3~1.5。常用的d_0与t的对比关系见表3-4。

表3-4 管壳式换热器t与d_0的关系

换热管外径d_0/mm	10	14	19	25	32	38	45	55
换热管中心距t/mm	14	19	25	32	40	48	57	70
分程隔板槽两侧相邻管中心距	28	32	38	44	52	60	68	78

3）**壳程折流挡板与壳程分程隔板**

(1) 壳程折流挡板

在壳程管束中，一般都装有横向折流挡板，用以引导流体横向流过管束，增加流体速度，以增强传热；同时起支撑管束，防止管束振动和管子弯曲的作用。

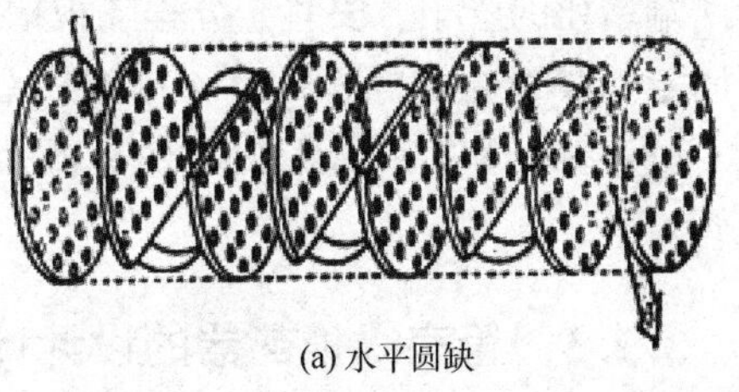

(a) 水平圆缺

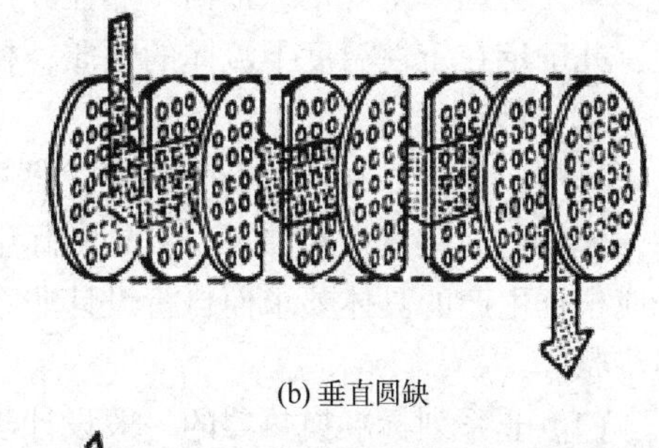

(b) 垂直圆缺

(c) 环盘形

图3-12 折流挡板形式

折流挡板的形式有圆缺形(又称弓形)、环盘形和孔流形等，其中以圆缺形折流挡板应用最多。

常用的圆缺形折流挡板有水平圆缺和垂直圆缺两种，如图3-12(a)、(b)所示。切缺率(切掉圆弧的高度与壳内径之比)通常为20%~50%。垂直圆缺用于水平冷凝器、水平再沸器和焊有悬浮固体粒子流体用的水平热交换器等。采用垂直圆缺时，凝气在折流挡板顶部积存，而在冷凝器中，排水在折流挡板底部积存。通常切去的弓形高度为外壳内径的10%~40%，常用的为20%和25%两种。气孔流形折流挡板使流体穿过折流挡板孔和管子之间的缝隙流动，压降大，仅适用于清洁流体，其应用更少。

在允许的压力损失范围内，希望折流挡板的间隔尽可能小。一般推荐折流挡板间隔最小值为壳内径的1/5或者不小于50mm，最大值取决于支持管所必要的最大间隔。安装折流挡板的目的是为了加大壳程流体的速度，使湍动程度加剧，提高壳程流体的对流传热系数。

(2) 壳程分程隔板

壳程分程隔板一般纵向设置，主要用于壳程与管程的分程，实现多壳程与多管程的结构。实际生产中，如果没有特别要求，通常是多台单壳程换热器的组合，挡板应按等间距布置，挡板最小间距应不小于壳体内径的1/5，且不小于50mm；最大间距不应大于壳体内径。系列标准中采用的板间距为：固定管板式有150mm、300mm和600mm三种；环盘形折流挡板如图3-12(c)所示，是由圆板和环形板组成的，压降较小，传热也差些，在环形板背后有堆积不凝或污垢，所以不多用。

4）缓冲板

在壳程进口接管处常装有缓冲板(或称防冲挡板)。它可以防止进口流体直接冲击管束面，造成管子的侵蚀和管束振动，还有使流体沿管束均匀分布的作用。也有在管束两端放置导流筒的，不仅起缓冲板的作用，还可改善两端流体的分布，提高传热效率。

5）其他主要附件

(1) 旁通挡板　如果壳体和管束之间间隙过大，则流体不通过管束而通过这个间隙旁通挡板。

(2) 假管　为了减少管程分程所引起的中间穿流的影响，可设置假管。假管的表面形状为两端堵死的管子，安置于分程隔板槽背面两管板之间但不穿过管板，可与折流挡板焊接以便固定。假管通常是每隔3~4排换热管安置1根。

(3) 拉杆和定距管　为了使折流挡板能牢靠地保持在一定位置上，通常采用拉杆和定距管。

3.2.5　管壳式换热器的设计计算

首先初选设备规格，根据传热任务计算热负荷，选择管壳式换热器的型号；计算定性温度，并确定在定性温度下流体的性质；校核管壳程的压力降是否满足需求。

1）设计步骤

目前，我国已制定了管壳式换热器的系列标准，设计中应尽可能选用系列化的标准产品，这样可简化设计和加工。但是实际生产条件千变万化，当系列化产品不能满足需要时，仍应根据生产的具体要求而自行设计非系列标准的换热器。此处将扼要介绍该设计计算的基本步骤。

(1) 非系列标准换热器的一般设计步骤

① 了解换热流体的物理化学性质和腐蚀性能。

② 由热平衡计算传热量的大小，并确定另一种换热流体的流量。

③ 决定流体通入的空间。

④ 计算流体的定性温度，以确定流体的物性数据。

⑤ 初算有效平均温差。一般先按逆流计算，然后再校核。

⑥ 选取管径和管内流速。

⑦ 计算传热系数 K 值，包括管程对流传热系数和壳程对流传热系数的计算。由于壳程对流传热系数与壳径、管束等结构有关，因此一般先假定一个壳程的对流传热系数以计算 K 值，然后再作校核。

⑧ 初估传热面积。考虑安全系数和初估性质，因而常取实际传热面积是计算值的1.15~1.25倍。

⑨ 选择管长 L。

⑩ 计算管数 N。

⑪ 校核管内流速，确定管程数。

⑫ 画出排管图，确定壳径 D 和壳程挡板形式及数量等。

⑬ 校核壳程对流传热系数。

⑭ 校核有效平均温差。

⑮ 校核传热面积，应有一定安全系数，否则需重新设计。

⑯ 计算流体流动阻力。如阻力超过允许范围，需调整设计，直至满意为止。

(2) 标准系列换热器选用的设计步骤

① ~⑤步与(1)相同。

⑥ 选取经验的传热系数 K 值。

⑦ 计算传热面积。

⑧ 由系列标准选取换热器的基本参数。

⑨ 校核传热系数，包括管程、壳程对流传热系数的计算。假如核算的 K 值与原选的经验值相差不大，就不再进行校核；如果相差较大，则需要重新假设 K 值并重复上述⑥~⑨。

⑩ 校核有效平均温差。

⑪ 校核传热面积，使其有一定安全系数，一般安全系数取 1.1~1.25，否则需重新设计。

⑫ 计算流体流动阻力，如超过允许范围，需要重选换热器的基本参数再行计算。

从上述步骤来看，换热器的传热设计是一个反复试算的过程，有时要反复试算 2~3 次。所以，换热器设计计算实际上带有试差的性质。

2) 传热计算主要公式

传热速率方程式：

$$Q = KS\Delta t_m \tag{3-5}$$

式中　Q——传热速率(热负荷)，W；

K——总传热系数，W/(m²·℃)；

S——与 K 值对应的传热面积，m²；

Δt_m——平均温差，℃。

(1) 传热速率(热负荷) Q

① 传热的冷热流体均没有相变化，且忽略热损失，则

$$Q = W_h C_{ph}(T_1 - T_2) = W_c C_{pc}(t_2 - t_1) \tag{3-6}$$

式中　W——流体的质量流量，kg/h 或 kg/s；

C_{ph}、C_{pc}——流体的平均定压比热容，kJ/(kg·℃)；

T——热流体的温度，℃；

t——冷流体的温度，℃。

下标 h 和 c 分别表示热流体和冷流体，下标 1 和 2 分别表示换热器的进口和出口。

② 流体有相变化(如饱和蒸汽冷凝)，且冷凝液在饱和温度下排出，则

$$Q = W_h r = W_c C_{pc}(t_2 - t_1) \tag{3-7}$$

式中　W——饱和蒸汽的冷凝速率，kg/h 或 kg/s；

r——饱和蒸汽的汽化热，kJ/kg。

(2) 平均温度差 Δt_m

① 恒温传热时的平均温度差

$$\Delta t_m = T - t \tag{3-8}$$

② 变温传热时的平均温度差

逆流和并流：

$$\frac{\Delta t_1}{\Delta t_2} > 2,\ \Delta t_m = \frac{\Delta t_2 - \Delta t_1}{\ln \dfrac{\Delta t_2}{\Delta t_1}} \tag{3-9}$$

$$\frac{\Delta t_1}{\Delta t_2} \leqslant 2,\ \Delta t_m = \frac{\Delta t_2 + \Delta t_1}{2} \tag{3-10}$$

式中 Δt_1、Δt_2——换热器两端热、冷流体的温差,℃。

错流和折流：

$$\Delta t_m = \varphi_{\Delta t} \Delta t'_m \tag{3-11}$$

式中 $\Delta t'_m$——按逆流计算的平均温差,℃；

$\varphi_{\Delta t}$——温差校正系数，量纲为1，$\varphi_{\Delta t}=f(P,R)$：

$$P = (t_2 - t_1)/(T_1 - t_1) = 冷流体的温升/两流体的最初温差 \tag{3-12}$$

$$R = (T_1 - T_2)/(t_2 - t_1) = 热流体的温降/冷流体的温升 \tag{3-13}$$

温差校正系数$\varphi_{\Delta t}$根据比值P和R，通过图3-13~图3-16查出。该值实际上表示特定流动形式在给定工况下接近逆流的程度。在设计中除非处于必须降低壁温的目的，否则总要求$\varphi_{\Delta t} \geqslant 0.8$，如果达不到上述要求，则应该改选其他流动形式。

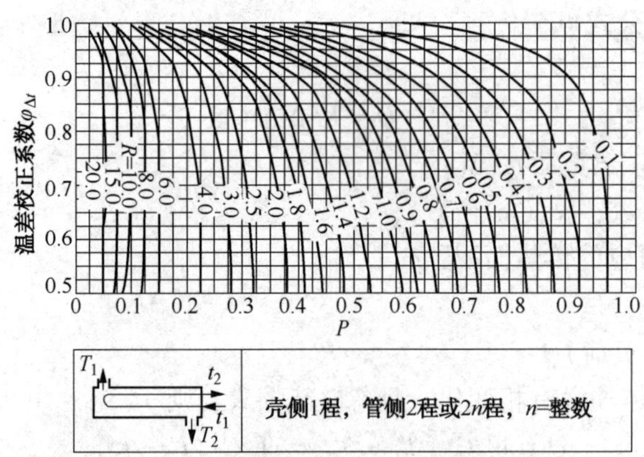

图3-13 对数平均温差校正系数$\varphi_{\Delta t}$(1)

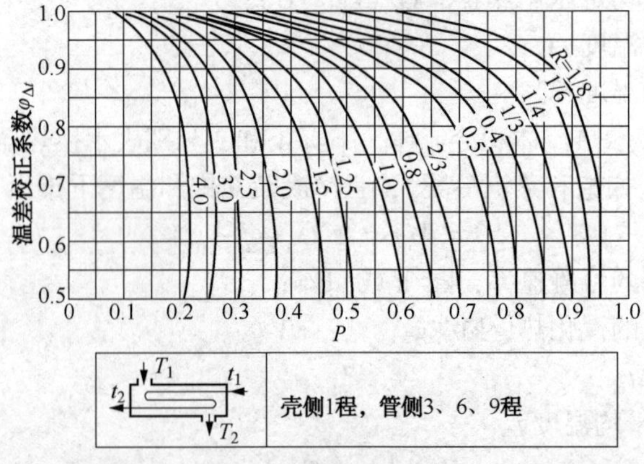

图3-14 对数平均温差校正系数$\varphi_{\Delta t}$(2)

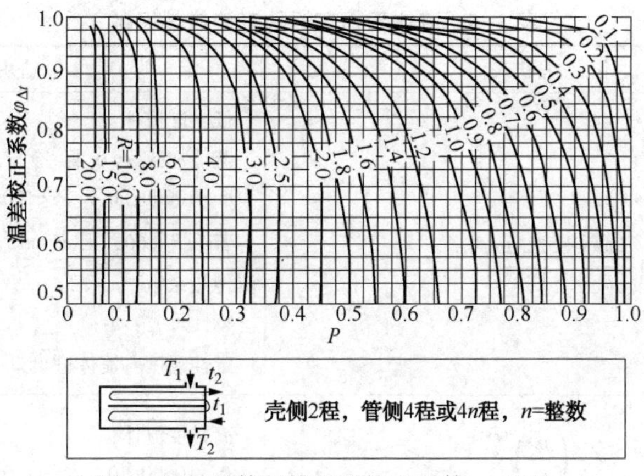

图 3-15　对数平均温差校正系数 $\varphi_{\Delta t}(3)$

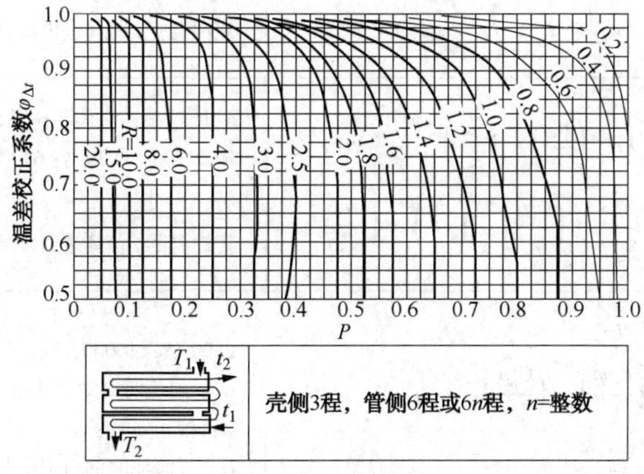

图 3-16　对数平均温差校正系数 $\varphi_{\Delta t}(4)$

（3）总传热系数 K（以外表面积为基准）

$$K=\frac{1}{\dfrac{d_o}{\alpha_i d_i}+R_{si}\dfrac{d_o}{d_i}+\dfrac{bd_o}{\lambda d_m}+R_{so}+\dfrac{1}{\alpha_o}} \tag{3-14}$$

式中　K——总传热系数，W/(m^2·℃)；

α_i、α_o——传热管内、外侧流体的对流传热系数，W/(m^2·℃)；

R_{si}、R_{so}——传热管内、外侧表面上的污垢热阻，m^2·℃/W；

d_i、d_o、d_m——传热管内径、外径及平均直径，m；

λ——传热管壁导热系数，W/(m·℃)；

b——传热管壁厚，m。

（4）对流传热系数

流体在不同流动状态下的对流传热系数关联式不同，具体形式也不同，见表3-5。

（5）污垢热阻

在设计换热器时，必须采用正确的污垢系数，否则换热器的设计误差很大。因此污垢系数是换热器设计中非常重要的参数。

污垢热阻因流体种类、操作温度和流速等不同而异。常见流体的污垢热阻见表3-6和表3-7。

表 3-5　流体无相变时的对流传热系数

流动状态		关联式	适用条件
光滑管内强制对流	圆直管内湍流	$Nu=0.023\,Re^{0.8}Pr^{n}$ $\alpha=0.023\dfrac{\lambda}{d_i}\left(\dfrac{d_i u\rho}{\mu}\right)^{0.8}\left(\dfrac{C_p\mu}{\lambda}\right)^{n}$	低黏度流体； 流体加热 $n=0.4$，冷却 $n=0.3$； $Re>10000$，$0.7<Pr<120$，$L/d_i>60$（L 为管长）； 若 $L/d_i<60$，则 $\alpha'=\alpha(1+d_i/L)^{0.7}$，$\alpha'$为校正的对流传热系数； 特性尺寸：$d_i$； 定性温度：流体进出口温度的算术平均值
		$Nu=0.027\,Re^{0.8}Pr^{1/3}\left(\dfrac{\mu}{\mu_w}\right)^{0.14}$ $\alpha=0.027\dfrac{\lambda}{d_i}\left(\dfrac{d_i u\rho}{\mu}\right)^{0.8}\left(\dfrac{C_p\mu}{\lambda}\right)^{1/3}\left(\dfrac{\mu}{\mu_w}\right)^{0.14}$	高黏度流体； $Re>10000$，$0.7<Pr<1700$，$L/d_i>60$； 特性尺寸：d_i； 定性温度：流体进出口温度的算术平均值（μ_w 取壁温）
	圆直管内滞留	$Nu=1.86\,Re^{1/3}Pr^{1/3}\left(\dfrac{d_i}{L}\right)^{1/3}\left(\dfrac{\mu}{\mu_w}\right)^{0.14}$ $\alpha=1.86\dfrac{\lambda}{d_i}\left(\dfrac{d_i u\rho}{\mu}\right)^{1/3}\left(\dfrac{C_p\mu}{\lambda}\right)^{1/3}\left(\dfrac{d_i}{L}\right)^{1/3}\left(\dfrac{\mu}{\mu_w}\right)^{0.14}$	管径较小，流体与壁面温度差较小，μ/ρ 值较大； $Re<2300$，$0.7<Pr<6700$，$(RePrL/d_i)>10$； 特性尺寸：d_i； 定性温度：流体进出口温度的算术平均值（μ_w取壁温）
	圆直管内过渡流	$Nu=0.023\,Re^{0.8}Pr^{n}$ $\alpha'=0.023\dfrac{\lambda}{d_i}\left(\dfrac{d_i u\rho}{\mu}\right)^{0.8}\left(\dfrac{C_p\mu}{\lambda}\right)^{n}$ $\alpha=\alpha'\varphi=\alpha'\left(1-\dfrac{6\times10^5}{Re^{1.8}}\right)$	$2300<Re<10000$； α'：湍流时的对流传热系数； φ：校正系数； α：过渡流时的对流传热系数
管外强制对流	管束外垂直流动	$Nu=0.33\,Re^{0.6}Pr^{0.33}$ $\alpha=0.33\dfrac{\lambda}{d_i}\left(\dfrac{d_i u\rho}{\mu}\right)^{0.6}\left(\dfrac{C_p\mu}{\lambda}\right)^{0.33}$	错列管束，管束排数=10，$Re>3000$； 特征尺寸：管外径 d_o； 流速取通道最狭窄处
		$Nu=0.26\,Re^{0.6}Pr^{0.33}$ $\alpha=0.26\dfrac{\lambda}{d_i}\left(\dfrac{d_i u\rho}{\mu}\right)^{0.6}\left(\dfrac{C_p\mu}{\lambda}\right)^{0.33}$	直列管束，管束排数=10，$Re>3000$； 特征尺寸：管外径 d_o； 流速取通道最狭窄处
	管间流动	$Nu=0.36\,Re^{0.55}Pr^{1/3}\left(\dfrac{\mu}{\mu_w}\right)^{0.14}$ $\alpha=0.36\left(\dfrac{d_i u\rho}{\mu}\right)^{0.55}\left(\dfrac{C_p\mu}{\lambda}\right)^{1/3}\left(\dfrac{\mu}{\mu_w}\right)^{0.14}$	壳方流体圆缺挡板（25%），$Re=2\times10^3\sim1\times10^6$； 特征尺寸：传热当量直径 d'_e； 定性温度：流体进出口温度的算术平均值（μ_w 取壁温）
蒸汽冷凝		$\alpha=1.13\left(\dfrac{r\rho^2 g\lambda^3}{\mu L\Delta t}\right)^{1/4}$	垂直管外膜状滞流； 特征尺寸：垂直管的高度； 定性温度：$t_m=(t_w+t_s)/2$
		$\alpha=0.725\left(\dfrac{\lambda^3\rho^2 gr}{n^{2/3}d_o\mu\Delta t}\right)^{1/4}$	水平管束外膜状冷凝； n：水平管束在垂直列上的管数，膜滞流； 特征尺寸：管外径 d_o

表 3-6　流体的污垢热阻(1)

加热流体温度/℃	<115		115~205	
水的温度/℃	<25		>25	
水的流度/(m/s)	<1.0	>1.0	<1.0	>1.0
污垢热阻/(m^2·℃/W)				
海水	0.8598×10^{-4}		1.7197×10^{-4}	
自来水、井水、锅炉软水	1.7197×10^{-4}		3.4394×10^{-4}	
蒸馏水	0.8598×10^{-4}		0.8598×10^{-4}	
硬水	5.5190×10^{-4}		8.5980×10^{-4}	
河水	5.5190×10^{-4}	3.4394×10^{-4}	6.8788×10^{-4}	5.5190×10^{-4}

表 3-7　流体的污垢热阻(2)

流体名称	污垢热阻/(m^2·℃/W)	流体名称	污垢热阻/(m^2·℃/W)	流体名称	污垢热阻/(m^2·℃/W)
有机化合物蒸气	0.8598×10^{-4}	有机化合物	1.7197×10^{-4}	石脑油	1.7197×10^{-4}
溶剂蒸气	1.7197×10^{-4}	盐水	1.7197×10^{-4}	煤油	1.7197×10^{-4}
天然气	1.7197×10^{-4}	熔盐	0.8598×10^{-4}	汽油	1.7197×10^{-4}
焦炉气	1.7197×10^{-4}	植物油	5.1590×10^{-4}	重油	8.598×10^{-4}
水蒸气	0.8598×10^{-4}	原油	$(3.4394\sim12.098)\times10^{-4}$	沥青油	1.7197×10^{-3}
空气	3.4394×10^{-4}	柴油	$(3.4394\sim5.1590)\times10^{-4}$		

3)流动阻力计算主要公式

流体流经列管式换热器时由于流动阻力而产生一定的压力降，所以换热器的设计必须满足工艺要求的压力降。一般合理压力降的范围见表 3-8。

表 3-8　合理压力降的选取

操作情况	操作压力(绝对压力)/Pa	合理压力降/Pa
减压操作	$(0\sim1)\times10^5$	0.1×10^5
低压操作	$(1\sim1.7)\times10^5$	0.5×10^5
	$(1.7\sim11)\times10^5$	0.35×10^5
中压操作	$(11\sim31)\times10^5$	$(0.35\sim1.8)\times10^5$
高压操作	$(31\sim81)\times10^5$(表压)	$(0.7\sim2.5)\times10^5$

(1) 管程压力降

多管程列管式换热器管程压力降为

$$\sum \Delta p_i = (\Delta p_1 + \Delta p_2) F_t N_s N_p \tag{3-15}$$

式中　Δp_1——直管中因摩擦阻力引起的压力降，Pa；

Δp_2——回弯管中因摩擦阻力引起的压力降，Pa，可由经验公式 $\Delta P_2=3\left(\dfrac{\rho u^2}{2}\right)$估算；

F_t——结垢校正系数，量纲为1，$\phi25\times2.5$mm的换热管取1.4，$\phi19\times2$mm的换热管取1.5；

N_s——串联的壳程数；

N_p——管程数。

(2) 壳程压力降

① 壳程无折流挡板　壳程压力降按流体沿直管流动的压力降计算，以壳体的当量直径 d_e 代替直管内径 d_i。

② 壳程有折流板　计算方法有Bell法、Kern法、Esso法等。Bell法计算结果与实际数据一致性较好，但计算比较麻烦，而且对换热器的结构尺寸要求比较详细。工程计算中常采用Esso法，该法计算公式如下：

$$\sum \Delta p_o = (\Delta p'_1 + \Delta p'_2) F_t N_s \tag{3-16}$$

式中 $\Delta p'_1$——流体横过管束的压力降，Pa；

$\Delta p'_2$——流体流过折流挡板缺口的压力降，Pa；

F_t——结构校正系数，量纲为1，对液体 $F_t=1.15$，对气体 $F_t=1.0$。

$$\Delta p'_1 = F f_o n_c (N_s + 1) \frac{\rho u_o^2}{2} \tag{3-17}$$

$$\Delta p'_2 = N_B \left(3.5 - \frac{2B}{D}\right) \frac{\rho u_o^2}{2} \tag{3-18}$$

式中 F——管子排列方式对压力降的校正系数：三角形排列取0.5，正方形直列取0.3，正方形错列取0.4；

f_o——壳程流体的摩擦系数，$f_o=5.0\times Re_o^{-0.228}(Re>500)$；

n_c——横过管束中心线的管数，可按式(3-2)及式(3-3)计算；

B——折流挡板间距，m；

D——壳体直径，m；

N_B——折流挡板数目；

u_o——按壳程流通截面积 $S_o[S_o=h(D-n_c d_o)]$ 计算的流速，m/s。

3.2.6 管壳式换热器设计示例

某生产过程反应器的混合气体经与进料物流换热后，用循环冷却水将其从110℃进一步冷却到60℃，再进入吸收塔吸收其中的可溶性组分。已知混合气体的流量为22780kg/h，压力为6.9MPa，循环冷却水的入口温度为29℃，出口温度为39℃，试设计一台卧式管壳式换热器，完成该生产任务。

已知混合物气体及循环冷却水在定性温度下的物性参数，见表3-9。

表3-9　混合气体及循环冷却水在定性温度下的物性参数

物性 流体	定性温度/℃	密度/(kg/m³)	黏度/(mPa·s)	比热容/[kJ/(kg·℃)]	热导率/[W/(m·℃)]
混合气	85	90	0.015	3.297	0.0279
冷却水	34	994.3	0.724	4.174	0.624

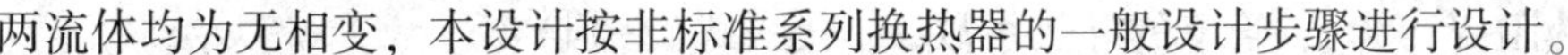

两流体均为无相变，本设计按非标准系列换热器的一般设计步骤进行设计。

【设计计算】

1）确定设计方案

(1) 选择换热器的类型

两流体温度变化情况：热流体(混合气体)入口温度为110℃，出口温度为60℃；冷流体(冷却水)入口温度为29℃，出口温度为39℃。该换热器可选用带温度补偿的固定管板式换热器。但考虑到该换热器用循环冷却水冷却，冬季操作时冷却水进口温度会降低，因此壳体壁温和管壁壁温相差较大，为安全起见，故选用浮头式管壳式换热器。

(2) 选定流体流动空间及流速

因循环冷却水较易结垢，为便于污垢清洗，故选定冷却水走管程，混合气体走壳程。同时选用 $\phi25\times2.5$mm 的较高级冷拔碳钢管，管内流速取 $u_i=1.10$m/s。

2）确定物性数据

定性温度：可取流体进口温度的平均值。

壳程：混合气体的定性温度 $T_m=(110+60)/2=85$(℃)

管程流体：冷却水定性温度 $t_m=(29+39)/2=34$(℃)

两流体的温差 $T_m-t_m=85-34=51$(℃)(在50~70℃范围内)

3）计算传热面积

(1) 计算热负荷(热流量或传热速率)

按管间混合气体计算，即

$$Q=m_1C_{p1}(T_1-T_2)=22780\times3.297\times10^3\times(110-60)/3600=1043(\text{kW})$$

(2) 计算冷却用水量

忽略热损失，则水的用量为

$$m_2=\frac{Q}{C_p(t_2-t_1)}=\frac{1043\times10^3}{4.174\times10^3\times(39-29)}=24.99(\text{kg/s})=89964(\text{kg/h})$$

(3) 计算逆流平均温度差

逆流温度差 $$\Delta t'_m=\frac{\Delta t_1-\Delta t_2}{\ln\dfrac{\Delta t_1}{\Delta t_2}}=\frac{(110-39)-(60-29)}{\ln\dfrac{110-39}{60-29}}=48.27(℃)$$

(4) 初选总传热系数 K

查传热手册，参照总传热系数的大致范围，同时考虑到壳程气体压力较高，故可选较大的传热系数，现假设 $K=370$W/(m·℃)。

注意：如果没有合适的总传热系数参考，则按如下方法计算：

① 管程传热系数

$$\alpha_i=0.023\frac{\lambda_i}{d_i}\left(\frac{d_iu_i\rho_i}{\mu_i}\right)^{0.8}\left(\frac{C_pu_i}{\lambda_i}\right)^{0.4}$$

② 壳程传热系数(假设壳程的传热系数为 α_o)

③ 总传热系数

查污垢热阻 R_{si}、R_{so}，管壁的导热系数 λ，代入式(3-14)：

$$K=\frac{1}{\frac{d_o}{\alpha_i d_i}+R_{si}\frac{d_o}{d_i}+\frac{bd_o}{\lambda d_m}+R_{s0}+\frac{1}{\alpha_o}}$$

(5) 估算传热面积 $S'=\frac{Q}{K\Delta t_{m,逆}}=\frac{1043\times10^3}{370\times48.27}=58.40(m^2)$

考虑 15%的面积裕度 $S=1.15S'=1.15\times58.40=67.16(m^2)$

4）计算工艺结构尺寸

(1) 管径和管内流速

前已选定，管径为 $\phi25\times2.5$mm，管内流速为 $u_i=1.10$m/s。

(2) 管程数和传热管数

根据传热管内径和流速确定单程传热管数

$$n_s=\frac{V}{\frac{\pi}{4}d_i^2u}=\frac{24.99/994.3}{0.785\times(0.025-0.0025\times2)^2\times1.1}=72.77\approx73(根)$$

按单管程计算所需换热管的长度 L

$$L=\frac{S}{\pi d_o n_s}=\frac{67.16}{3.14\times0.025\times73}=11.72(m)$$

按单管程设计，传热管过长，根据本题实际情况，取传热管长 $L=6$m，则该换热器的管程数为 $N_p=\frac{L}{l}=11.72/6\approx2$(管程)

传热管的总根数 $N=73\times2=146$(根)

(3) 平均传热温差校正及壳程数　首先计算所需 P 和 R 参数：

$$P=\frac{t_2-t_1}{T_1-t_1}=\frac{39-29}{110-29}=0.123\qquad R=\frac{T_1-T_2}{t_2-t_1}=\frac{110-60}{39-29}=5$$

按单壳程 2 管程结构，温差校正系数应查图 3-13 取 ψ 值。但对于该点，查图不够精确，按公式取 Δt_m 单壳程双管程属于 1-2 型换热器的公式计算温差校正系数和传热平均温度差：

$$\psi=\frac{\sqrt{R^2+1}}{R-1}\ln\frac{1-P}{1-P/R}\Big/\ln\frac{2-P(1+R-\sqrt{R^2}+1)}{2-P(1+R+\sqrt{R^2}+1)}$$

$$\Delta t_m=\frac{\sqrt{R^2+1}(t_2-t_1)}{\ln\frac{2-P(1+R-\sqrt{R^2}+1)}{2-P(1+R+\sqrt{R^2}+1)}}$$

得：

$$\psi = \frac{\sqrt{5^2+1}}{5-1}\ln\frac{1-0.123}{1-0.123\times 5}/\ln\frac{2-0.123(1+5-\sqrt{5^2+1})}{2-0.123(1+5+\sqrt{5^2+1})} = 0.962 > 0.80$$

$$\Delta t_m = \frac{\sqrt{5^2+1}(39-29)}{\ln\frac{2-0.123(1+5-\sqrt{5^2+1})}{2-0.123(1+5+\sqrt{5^2+1})}} = 46.42(℃)$$

(4) 传热管排列和分程方法

采用组合排列，即每层内按正三角形排列，隔板两侧按正方形排列。取管心距 $t=1.25d_o$，则 $t=1.25\times 25\approx 32$(mm)，亦可按表 3-4 选取。由式(3-3)，横过管束中心线的管数：

$$n_c = 1.19\sqrt{N} = 1.19\sqrt{146} = 14.3(取14)$$

隔板中心到其最近一排管中心的距高 h：按净空不小于 6mm 的原则确定，亦可按下式求取：

$$h = t/2 + 6\text{mm} = 32/2 + 6 = 22(\text{mm})$$

分程隔板两侧相邻管排之间的管心距：

$$t_a = 2h = 2\times 22 = 44(\text{mm})$$

管中心距 t 与分程隔板槽两侧相邻管排中心距 t_a 的计算结果与表 3-4 给出的数据完全一致，证明可用 。

(5) 壳体内径

采用两管程，取管板利用率 $\eta=0.7$，则壳体内径由式(3-4)得：

$$D = 1.05t\sqrt{\frac{N}{\eta}} = 1.05\times 32\sqrt{\frac{146}{0.7}} = 485.25(\text{mm})$$

圆整取 $D=490$mm。

(6) 折流板

采用弓形折流板，取弓形折流板圆缺高度为壳体内径 25%，则切去的圆缺高度为 $h=0.25\times 490=122.50$(mm)，取 $h=125$mm。

取折流板间距为 $B=0.3D$，则 $B=0.3\times 490=147$(mm)，取 $B=147$mm。则折流板数：

$$N_B = 传热管长/折流板间距-1 = 6000/147-1 = 39.82\approx 39(块)$$

折流板圆缺水平面安装。

(7) 其他附件

拉杆规格：$\phi 12$，其数量不少于 10 根。壳程入口应设置防冲挡板。

(8) 接管

① 壳程流体(混合气体)进出口接管取接管内气体流速为 10m/s，则接管内径

$$d = \sqrt{\frac{4V}{\pi u}} = \sqrt{\frac{4\times 22780/(3600\times 90)}{3.14\times 10}} = 0.0946(\text{m})$$

取标准管径为 $\phi 108\times 4$mm。

② 管程流体(循环、水)进出口接管 取管内循环水的流速为 2.5m/s，则接管内径

$$d = \sqrt{\frac{4\times 89964/(3600\times 994.3)}{3.14\times 2.5}} = 0.113(\text{m})(取标准管径为\ \phi 133\times 4\text{mm})$$

其余接管略。

5）换热器核算

(1) 传热能力核算

① 壳程对流给热系数　对于圆缺形折流板，可采用克恩(Ken)公式

$$\alpha_o = 0.36\frac{\lambda}{d_e}Re_o^{0.55}Pr^{1/3}\left(\frac{\mu}{\mu_w}\right)^{0.14}$$

当量直径由正三角形排列得

$$d_e = \frac{4\times\left(\sqrt{3}/2t^2 - \frac{\pi}{4}d_o^2\right)}{\pi d_o} = \frac{4\times\left(\sqrt{3}/2\times 0.032^2 - \frac{\pi}{4}\times 0.025\right)}{3.14\times 0.025} = 0.020(\mathrm{m})$$

壳程流通截面积：

$$S_o = BD\left(1-\frac{d_o}{t}\right) = 0.147\times 0.49\times\left(1-\frac{0.025}{0.032}\right) = 0.0158(\mathrm{m^2})$$

壳程流体流速：

$$u_o = \frac{22780/(3600\times 90)}{0.0158} = 4.45(\mathrm{m/s})$$

雷诺系数：

$$Re_o = \frac{0.02\times 4.45\times 90}{1.5\times 10^{-5}} = 534000$$

普朗特数：

$$Pr_o = \frac{3.297\times 10^3\times 1.5\times 10^{-5}}{0.0279} = 1.773$$

黏度校正：
$$\left(\frac{\mu}{\mu_w}\right)^{0.14}\approx 1$$

$$\alpha_o = 0.36\times\frac{0.0279}{0.020}\times 534000^{0.55}\times 1.773^{1/3}\times 1 = 858.87[\mathrm{W/(m^2\cdot ℃)}]$$

② 管程给热系数

管程流通截面积：

$$S_i = 0.785\times 0.020^2\times 146/2 = 0.0229(\mathrm{m^2})$$

管程流体流速：

$$u_i = \frac{249.9/994.3}{0.0229} = 1.10(\mathrm{m/s})$$

雷诺系数：

$$Re_i = \frac{0.020\times 1.10\times 994.3}{0.000724} = 30213.5 > 10000$$

普朗特数：

$$Pr_1 = \frac{4174\times 0.000724}{0.624} = 4.84$$

故采用下式计算

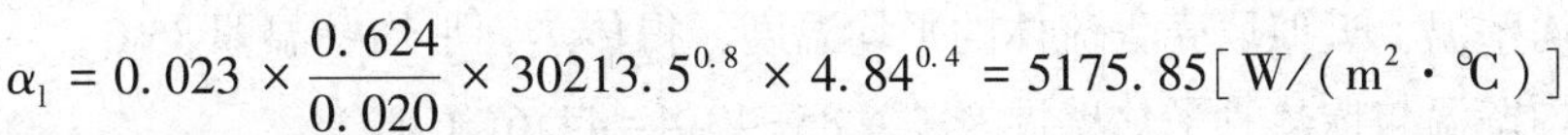

$$\alpha_1 = 0.023 \times \frac{0.624}{0.020} \times 30213.5^{0.8} \times 4.84^{0.4} = 5175.85[\mathrm{W/(m^2 \cdot ℃)}]$$

③ 污垢热阻与管壁热阻

管外侧污垢热阻：查污垢经验数据取 $R_{so} = 0.0004\mathrm{m^2 \cdot ℃/W}$

管内侧污垢热阻：查污垢经验数据取 $R_{si} = 0.0006\mathrm{m^2 \cdot ℃/W}$

管壁的热导率：碳钢的热导率 $\lambda = 45\mathrm{W/(m \cdot ℃)}$

④ 总传热系数

$$\frac{1}{K} = \frac{d_o}{\alpha_i d_i} + R_{si}\frac{d_o}{d_i} + \frac{bd_o}{\lambda d_m} + R_{so} + \frac{1}{\alpha_o}$$

$$= \frac{0.025}{5175.85 \times 0.020} + 0.0006 \times \frac{0.025}{0.020} + \frac{0.0025 \times 0.025}{45 \times 0.0225} + 0.0004 + \frac{1}{858.87}$$

$$= 0.0002415 + 0.00075 + 0.0000617 + 0.0004 + 0.0004 + 0.00116$$

$$= 0.00262(\mathrm{m^2 \cdot ℃/W})$$

$$K = 381.7\mathrm{W/(m^2 \cdot ℃)}$$

⑤ 传热面积

理论传热面积：

$$S = \frac{Q}{K\Delta t_{m,逆}} = \frac{1043 \times 10^3}{381.7 \times 46.42} = 58.86(\mathrm{m^2})$$

该换热器的实际换热面积：

$$S_p = \pi d(L - 2\delta - 0.006)n = 3.14 \times 0.025 \times (6 - 2 \times 0.0025 - 0.006) \times 146 = 68.64\mathrm{m^2}$$

式中 d——热换管外径；

δ——换热管厚度；

n——换热管管数。

面积裕度：

$$H = \frac{S_p - S}{S} \times 100\% = \frac{68.64 - 58.86}{58.86} \times 100\% = 16.6\%$$

换热面积裕度合适，能够满足设计要求。

(2) 核算壁温

因管壁很厚，且管壁热阻很小，故管壁壁温按下式计算：

$$t = \frac{T_m\left(\frac{1}{\alpha c} + R_c\right) + t_m + \left(\frac{1}{\alpha_h} + R_h\right)}{\frac{1}{\alpha_c} + R_c + \frac{1}{\alpha_h} + R_h}$$

$$T_m = (T_1 + T_2)/2 = (110 + 60)/2 = 85(℃)$$

$$t_m = 0.4t_2 + 0.6t_1 = 0.4 \times 39 + 0.6 \times 29 = 33(℃)$$

取两侧污垢热阻为零计算壁温，得传热管平均壁温：

$$t_m = \frac{T_m/\alpha_c + t_m/\alpha_h}{1/\alpha_c + 1/\alpha_h} = \frac{85/5175.85 + 33/858.87}{1/5175.85 + 1/858.87} = 40.4(℃)$$

壳体平均壁温，近似取壳程流体的平均温度，得传热管平均壁温即 85℃。

壳体平均壁温与传热管平均壁温之差：85-40.4=44.6(℃)。

(3) 换热器内流体的流动阻力

① 管程流动阻力[式(3-15)]

$\sum \Delta p_i = (\Delta p_1 + \Delta p_2)F_t N_s N_p$（$F_t$ 为结垢校正系数，N_p 为管程数，N_s 为壳程数）

取换热管壁粗糙度为 0.01mm，则 $\varepsilon/d=0.005$，而 $Re_i=30213.5$，查莫狄摩擦系数图得 $\lambda_i=0.024$，流速 $u_i=1.10\text{m/s}$，密度 $\rho=994.3\text{kg/m}^3$，所以：

$$\Delta P_1 = \lambda_i \frac{l}{d}\frac{\rho u^2}{2},\quad \Delta P_2 = \zeta \frac{\rho u^2}{2}$$

$$\Delta P_1 = 0.024 \times \frac{6}{0.02} \times \frac{994.3 \times 1.1^2}{2} = 4331.2(\text{Pa})$$

$$\Delta P_2 = 3 \times \frac{994.3 \times 1.10^2}{2} = 1804.7(\text{Pa})$$

对 $\phi25\times2.5$mm 的管子，$F_t=1.4$，且 $N_p=2$，$N_s=1$。

$$\sum \Delta P_i = (\Delta P_1 + \Delta P_2)F_t N_p N_s = (4331.2 + 1804.7 \times 1.4 \times 2 \times 1) = 17180.5(\text{Pa}) < 0.35\times10^5\text{Pa}$$

② 壳程流动阻力

$\sum \Delta P_o = (\Delta P'_1 + \Delta P'_2)F_s N_s$（$F_s$ 为结垢校正系数，对液体 $F_s=1.15$，N_s 为壳程数）

流体流经管束的阻力[式(3-17)]：　$\Delta P'_1 = F f_o N_c (N_b + 1)\dfrac{\rho u_o^2}{2}$

式中　F——管子排列方式对压力降的校正系数，正三角形排列 $F=0.5$，正方形直列 $F=0.3$，正方形错列 $F=0.4$；

f_o——壳程流体的摩擦系数，当 $Re_o>500$ 时，$f_o=5.0Re_o^{-0.228}=5.0\times(502200)^{-0.228}=0.247$；

N_c——横过管束中心线的管数，$n_c=1.19\sqrt{N_t}=14$。

折流板间距 $B=0.147$m，折流板数 $N_B=39$，$u_o=4.45$m/s

$$\Delta P'_1=0.5\times0.247\times14\times(39+1)\times\frac{90\times4.45^2}{2}=61629.3(\text{Pa})$$

流体流经折流板缺口的阻力[式(3-18)]

$$\Delta P'_2=N_B\left(3.5-\frac{2B}{D}\right)\frac{\rho u_0^2}{2},\quad \Delta P'_2=39\times\left(3.5-\frac{2\times0.147}{0.49}\right)\times\frac{90\times4.45^2}{2}=100784.8(\text{Pa})$$

总阻力 $\sum \Delta P_o=(61629.3+100784.8)\times1.15\times1=186776.3(\text{Pa})\approx0.187\text{MPa}=1.87\times10^5\text{Pa}$

$$0.7\times10^5\text{Pa}<1.87\times10^5\text{Pa}<2.5\times10^5\text{Pa}$$

参考表 3-8，该换热器的压降在合理的范围内之内，故所设计的换热器合适。

壳程流动阻力也比较适宜。

6） 换热器主要结构尺寸和计算结果

上述计算结果如表 3-10 所示。

表 3-10　换热器主要工艺结构参数和计算结果

参数		管程		壳程
流率/(kg/h)		899647		22780
温度(进/出)/℃		29/39		110/60
压力/MPa		0.4		6.9
物性参数	定性温度/℃	34		85
	密度/(kg/m³)	994.3		90
	比热容/[kJ/(kg·℃)]	4.173		3.297
	黏度/(mPa·s)	0.742		1.5×10^{-2}
	热导率/[W/(m·℃)]	0.624		0.0279
	普朗特数	4.84		1.773
设备结构参数	型式	浮头式	台数	1
	壳体内径/mm	490	壳程数	1
	管子规格	ϕ25×2.5mm	管心距/mm	32
	管长/mm	6000	管子排列	正三角形
	管子数目/根	146	折流板数/块	39
	传热面积/m²	68.64	折流板距/mm	147
	管程数	2	材质	碳钢
主要计算结果		管程		壳程
流速/(m/s)		1.1		4.45
传热膜系数/[W/(m²·℃)]		5175.86		858.87
污垢热阻/(m²·℃/W)		0.0006		0.0004
阻力损失/MPa		0.0172		0.187
热负荷/kW		1043		
传热温差/℃		46.4		
对流传热系数/[W/(m²·℃)]		381.7		
裕度/%		16.6		

换热器工艺条件如下：

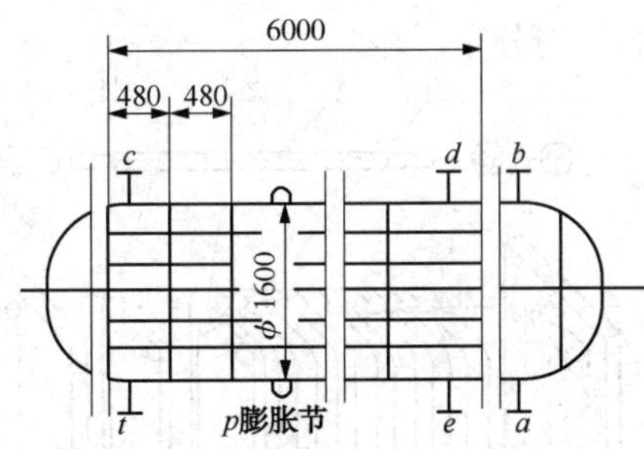

表 3-11　换热器指标及接管表程

技术特性	名称	指标
壳程	工作介质	混合气
	操作温度	100~60℃
	操作压力	6.9MPa
管程	工作介质	循环冷却水
	操作温度	29~39℃
	操作压力	0.4MPa

续表

接管表程			
序　　号	接管名称	公称规格	连接方式
1	混合气入口	108×4	凹凸法兰
2	混合气出口	108×4	凹凸法兰
3	冷却水入口	133×4	平焊法兰
4	冷却水出口	133×4	平焊法兰

3.3　板式换热器设计

针对板式换热器，国外标准有美国石油协会《炼油厂通用板式换热器》(API STD 662—2006)，国内标准有《热交换器及传热元件性能测试方法　第3部分：板式热交换器》(GB/T 27698.3—2011)等。

3.3.1　板式换热器的基本结构

板式换热器与管壳式换热器相比有如下优点：传热系数高、对数平均温差大、末端温差小(主要是流体流动平行于换热面，无旁流)，占地面积小，容易改变换热面积或流程组合，重量轻、价格低、制作方便，容易清洗，热损失小，不易结垢。缺点：处理量不大，单位长度的压力损失较大，工作压力不宜过大，介质温度不宜过高，易泄漏，易堵塞。

1）整体结构

板式换热器主要由一组长方形的薄金属板平行排列叠装构成，用框架将板片夹紧组装于支架上，板片间形成流通通道，冷热流体通过板片进行热交换，如图3-17所示。两相邻板片的边缘衬以垫片(橡胶或压缩石棉等)压紧，达到密封的目的。板片四角有圆孔，形成液体的通道。冷、热流体交替地在板片两侧通过，通过板片进行换热。板片通常被压制出各种槽型或波纹型的表面，这样增强了刚度，不致受压变形，同时也增强了液体的湍流程度，增大了传热面积，亦利于流体的均匀分布。

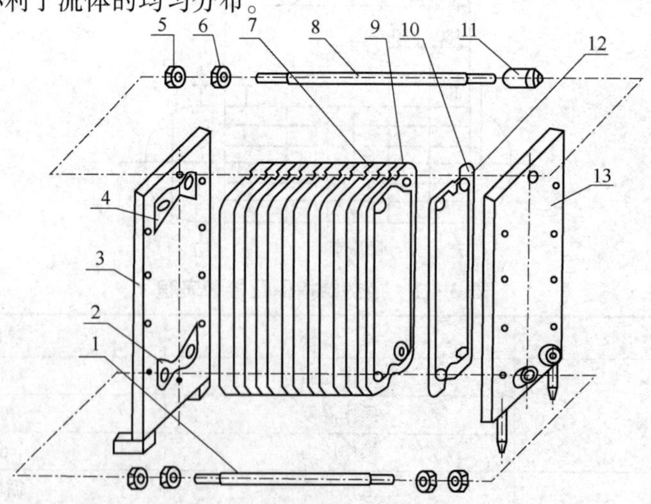

图3-17　板式换热器的一般结构

1—压紧螺杆；2、4—固定端板垫片；3—固定端板；5—六角螺母；6—小垫圈；7—传热板片；8—定位螺杆；9—中间垫片；10—活动端板垫片；11—定位螺母；12—换向板片；13—活动端板板片常见宽度为200~1000mm，高度最大可达2m，板间距通常为4~6mm。板片材料为不锈钢，亦可用其他耐磨腐蚀合金材料。

板片为传热元件，垫片为密封元件，垫片粘贴在板片的垫片槽内。粘贴好垫片的板片，按一定的顺序(根据组装图样)置于固定压紧板和活动压紧板之间，用压紧螺柱将固定压紧板、板片、活动压紧板夹紧。压紧板、导杆压紧装置、前支柱统称为板式换热器的框架。按一定规律排列的所有板片称为板束。在压紧后，相邻板片的触点相互接触，使板片间保持一定的间隙，形成流体的通道。换热介质从固定压紧板、活动压紧板上的接管中出入，并相间地进入板片支架的流体通道进行换热。

2）板间流动形式

流体在板片间的流动有“单边流”和“对角流”两种形式，如图3-18所示。对“单边流”的板片，如果甲流体流经的角孔位置都在换热器的左边，则乙流体流经的角孔的位置都在换热器的右边。对“对角流”的板片，如果甲流体流经一条对角线的角孔位置，则乙流体流经的总是另一条对角线角孔位置。

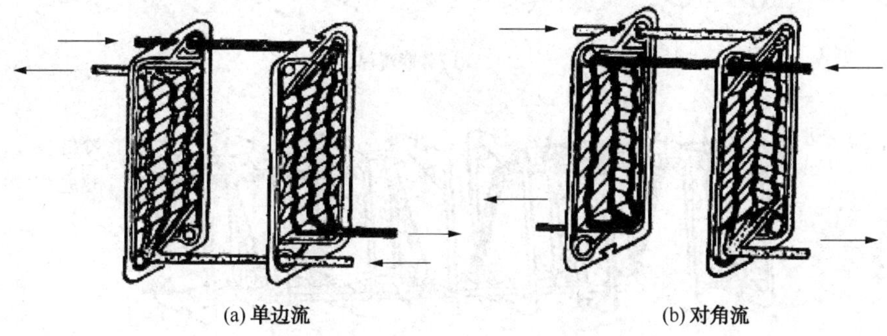

(a) 单边流　　(b) 对角流

图3-18　液体在板片间的流动

3）板片组装形式

板式换热器的流程是根据实际操作的需要设计和选用的，而流程的选用和设计是根据板式换热器的传热方程和流体阻力进行计算的。图3-19为3种典型的组装形式。

(1) 串联流程　流体在一程内流经每一垂直流道后，接着就改变方向，流经下一程。在这种流程中，两流体的主体流向是逆流，但在相邻的流道中有并流也有逆流。

(2) 并联流程　流体分别流入平行的流道，然后汇聚成一股流出，为单程。

(3) 混联流程　亦称混合流程，为并联流动和串联流动的组合，在同一程内流道是并联的，而程与程之间为串联。

板式换热器组装形式的表示方法为　$\dfrac{m_1a_1+m_2a_2}{n_1b_1+n_2b_2}$

其中m_1、m_2、n_1、n_2表示程数，a_1、a_2、b_1、b_2表示每程流道数。原则上规定分子为热流体流程，分母为冷流体流程。

总板片数$=m_1a_1+m_2a_2+n_1b_1+n_2b_2+1$(包括两块端板)

实际传热板数$=m_1a_1+m_2a_2+n_1b_1+n_2b_2-1$

总流道数$=m_1a_1+m_2a_2+n_1b_1+n_2b_2$

例如，$\dfrac{2\times2+1\times3}{1\times7}$表示热流体第1程2个流道，第2程2个流道，第3程3个流道；冷流体为 1 程，7 流道。冷热流体只有 14 个流道，总板片数为 15 块，实际传热板为 13 块。

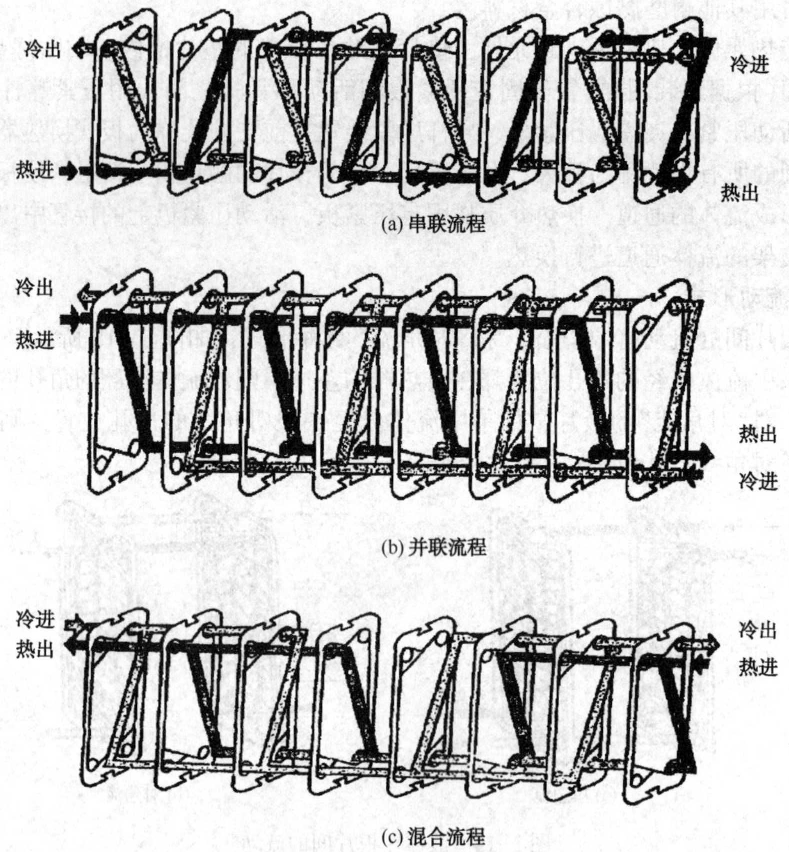

(a) 串联流程

(b) 并联流程

(c) 混合流程

图 3-19　板式换热器的组装形式

4）板式换热器规格型号表示方法

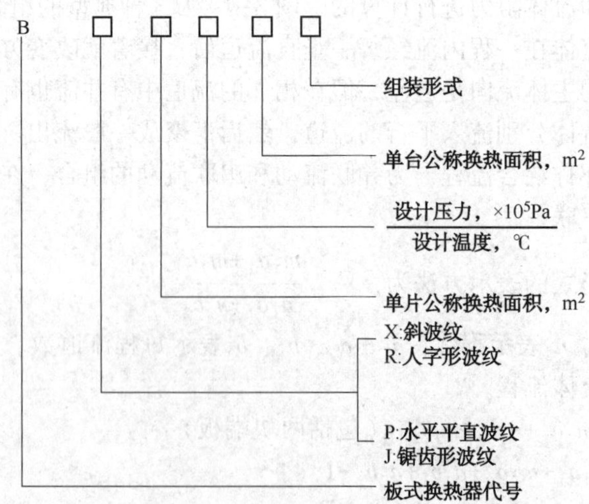

例如：BX0. 05 $\frac{8}{120}$/2-$\frac{1\times20}{1\times20}$表示斜波纹板式换热器，单片公称换热面积为 0. 05m^2，设计

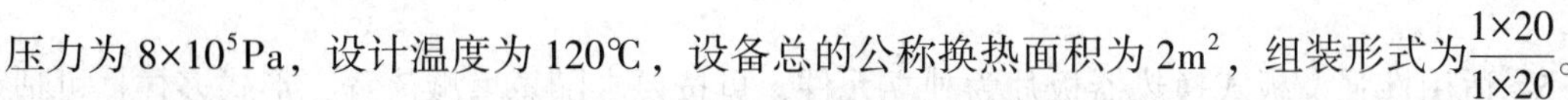

压力为 8×10^5Pa，设计温度为 120℃，设备总的公称换热面积为 2m²，组装形式为$\frac{1\times20}{1\times20}$。

5）传热板片

传热板片是板式换热器的传热元件，板片的性能直接影响整个设备的技术经济性能。为了增强板片有效的传热面积，将板片冲压成出规则的波纹，板片波纹形状及结构尺寸的设计主要考虑两个因素：一是提高板的刚性，能耐较高的压力；二是使介质在低流速下发生强烈湍动，从而强化传热过程。人们构思出各种形式的波纹板片，以求得换热效率高、流体阻力低、承压能力大的波纹板片。

板片按波纹的几何形状区分有水平平直波纹、人字形波纹、斜波文、锯齿形波纹等波纹板片。水平平直波纹板传热和流体性能好，国内制备的允许使用压力为 6×10^5Pa；人字形波纹板片能承受较大压力，传热性能较好，但不宜处理含颗粒或纤维的介质，阻力较大，允许使用压力为 10×10^5Pa。

6）密封垫片

密封垫片是板式换热器的重要构件，对它的基本要求是耐热、耐压、耐介质腐蚀。板式换热器是通过压板压紧垫片，达到密封的目的。为确保可靠的密封，必须在操作条件下使密封面保持足够的压紧力。板式换热器由于密封周边长，需用垫片量大，在使用过程中需要频繁拆卸和清洗，泄漏的可能性很大。如果垫片材质选择不当，弹性不好，所用的胶水不黏或涂得不均匀，都可导致运行中发生拖垫、伸长、变形、老化、断裂等问题。加之板片在制造过程中，有时发生翘曲，也可能造成泄漏，一台板式换热器往往由几十片甚至几百片传热板片组成，垫片的中心线很难对准，组装时容易使垫片某段压扁或挤出，造成泄漏，因此必须适当增加垫片上下接触面积。

垫片广泛采用天然橡胶、丁腈橡胶、氯丁橡胶、丁苯橡胶、丁酯橡胶、硅橡胶和氰化橡胶等材料。这些材料的安全使用温度一般在 150℃以下，最高不超过 200℃。橡胶垫片有不耐有机溶剂腐蚀的缺点。目前国外采用压缩石棉垫片和压缩石棉橡胶垫片，不仅抗有机溶剂腐蚀，而且可耐较高温度。压缩石棉垫片由于橡胶含量少，与橡胶垫片比几乎是无弹性的，因此需要较高的密封压紧力；其次，当温度升高后，垫片的热膨胀有助于更好密封。为了承受这种较大的密封压紧力和热膨胀力，框架和垫片必须有足够的强度。

3.3.2 板式换热器的优点

板式换热器与常规的管壳式换热器相比，在相同的流动阻力和泵功率消耗情况下，其传热系数要高出许多，在适用的范围内有取代管壳式换热器的趋势。板式换热器有如下特点：

（1）高效节能。板式换热器的传热系数高，其换热系数在 3000～4500kcal/(m²·℃·h)，比相同面积的列管式换热器热效率提高 30%～50%。

（2）结构紧凑。板式换热器体积小，占地面积小，散热损失小，重量轻，每立方米体积内布置 250m²左右的传热面积，占地面积仅为列管式换热器的 1/8～1/4。

（3）拆装清洗方便。板式换热器靠夹紧螺栓将夹固板和板片夹紧，因此拆装方便，随时可以打开清洗。有时甚至可以不必完全拆开仅把压紧螺栓松开就可抽出板片清洗，更换胶垫，以至更换板片，同时由于板面光洁，湍流程度高，不易结垢。

（4）使用寿命长。板式换热器的板片采用不锈钢或钛合金板片压制，可耐各种腐蚀介质。

(5) 适用性强。板式换热器板片为独立元件，可按要求随意增减流程，形式多样：可适用于各种不同工艺的要求。

(6) 不串液。板式换热器密封槽设置泄液液道，各种介质不会串通，即使出现泄漏，介质总是向外排出。

(7) 制作方便。板式换热器的传热板是采用冲压加工，标准化程度高，并可大批生产，管壳式换热器一般采用手工制作。

(8) 容易清洗。板式换热器只要松动压紧螺栓，即可松开板束，卸下板片进行机械清洗，这对需要经常清洗设备的换热过程十分方便。

(9) 热损失小。板式换热器只有传热板的外壳板暴露在大气中，因此散热损失可以忽略不计，也不需要保温措施。而管壳式换热器热损失大，需要隔热层。

3.3.3 板式换热器设计的一般原则

为某一工艺过程设计板式换热器时，应分析其设计压力、设计温度、介质特性、经济性等因素，具体设计的一般原则为下述几个方面。

1）选择板片的波纹形式

选择板片的波纹形式，主要考虑板式换热器的工作压力、流体的阻力降和传热系数。如果工作压力在 1.6MPa 以上，则别无选择地要采用人字形波纹板片；如果工作压力不高又特别要求阻力降低，则选用水平平直波纹板片较好一些；如果由于安装位置受限，需要高换热效率以减少换热器的占地面积，而阻力降无限制，则应选用人字形波纹板片。

2）单板面积的选择

单板面积过小，则板式换热器的板片数多，也使占地面积增大，工程数增多(造成阻力降增大)；反之，虽然占地面积和阻力降减小了，但难以保证板间通道必要的流速。单板面积可按流体流过角孔的速度为 6m/s 左右考虑。按角孔中流体速度为 6m/s 考虑时，各种单板面积组成的板式换热器处理量见表 3-12。

表 3-12 单台最大处理量参考值

单台面积/m^2	0.1	0.2	0.3	0.5	0.8	1.0	2.0
角孔直径/mm	40~50	65~80	80~100	125~150	175~200	200~250	~400
单台最大流通能力/(m^3/h)	27~42	71.4~137	103~170	264~381	520~678	678~1060	~2500

3）流速的选取

流体在板间的流速影响换热性能和流体的压力降，流速高固然换热系数高，但流体的压力降也增大，反之则情况相反。一般，板间平均流速为 0.2~0.8m/s。流速低于 0.2m/s 时流体就达不到湍流状态且会形成较大的死角区，流速过高则会导致阻力降剧增。具体设计时，可以先确定一流速，计算其压力降是否在给定范围内，也可按给定的压力降来求出流速的初选值。

4）流程的选取

对于一般对称型流道的板式换热器，两流体的体积流量大致相当时，应尽可能按等程布置；若两侧流量相差悬殊时，则流量小的一侧可按多程布置。另外，当某一介质温升或温降幅度较大时，也可采取多程布置。相变板式换热器的相变一侧一般均为单程。多程换热器除非特殊需要，对同一流体在各程中一般采用相同的流道数。在给定的总允许压降下，多程布置使每一程对应的允许压降变小，迫使流速降低，对换热不利。此外，不等程的多程布置是平均传热温差减小的重要原因之一，应尽可能避免。

5）流向的选取

单相换热时，逆流具有最大的平均传热温差。在一般换热器的设计中都尽量把流体布置为逆流。对板式换热器来说，要做到这一点，两侧必须为等程。若安排为不等程，则顺流与逆流将交替出现，此时，平均传热温差将明显小于纯逆流时。

6）并联流道数的选取

一程中并联流道数目的多少视给定流量及选取的流速而定，流速的高低受制于允许压降，在可能的最大流速以内，并联流道数目取决于流量的大小。

7）垫片材料的选择

选择垫片材料主要考虑耐温和耐腐蚀两个因素。国产垫片材料的选择可见表 3-13。

表 3-13　垫片性能和使用温度

项目＼材料	氯丁橡胶	丁腈橡胶	硅橡胶	氟橡胶	石棉纤维板
拉断强度/MPa	≥8.00	≥9.00	≥7.00	≥10.00	7.0~10.0
拉断伸长率/%	≥300	≥250	≥200	≥200	—
硬度(邵氏)	75±2	75±2	60±2	80±5	—
永久压缩变形/%	≤20	≤20	≤25	≤25	—
使用温度/℃	-40~100	-20~120	-65~230	-20~200	20~350

3.3.4　板式换热器的设计计算

设计计算是板式换热器设计的核心，主要包括两部分内容，即传热计算与压降计算。

1）传热计算

基本传热方程式为

$$Q=KS\Delta t_m \tag{3-19}$$

式中　Q——热负荷，W；

K——总传热系数，W/(m^2·℃)；

S——总传热面积，m^2；

Δt_m——总平均温差，℃。

通过冷热流体的热量衡算方程式可计算换热器的热负荷 Q。

(1) 总平均温差 Δt_m的计算

总平均温差 Δt_m的求解通常采用修正逆流情况下对数平均温差的办法，即先按逆流考虑再进行修正：

$$\Delta t'_m=\frac{\Delta t_1-\Delta t_2}{\ln\dfrac{\Delta t_1}{\Delta t_2}} \tag{3-20}$$

$$\Delta t_m = \varphi \Delta t'_m \tag{3-21}$$

修正系数 φ 随冷、热流体的相对流动方向的不同组合而异，在并流和串流时可分别按图 3-20、图 3-21 来确定；混流时可采用列管式换热器的温差修正系数。

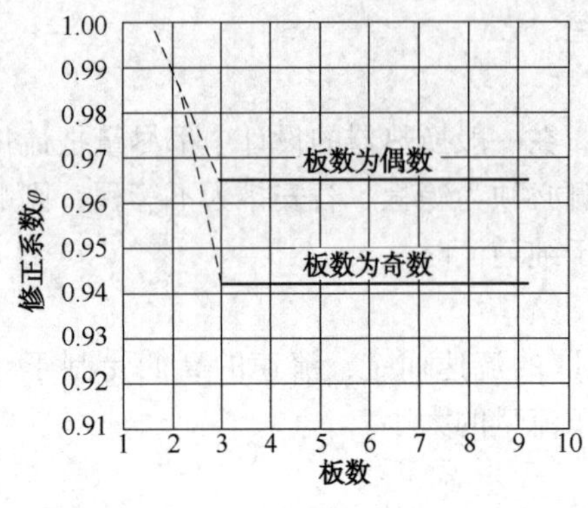

图 3-20　并流时的温差修正系数

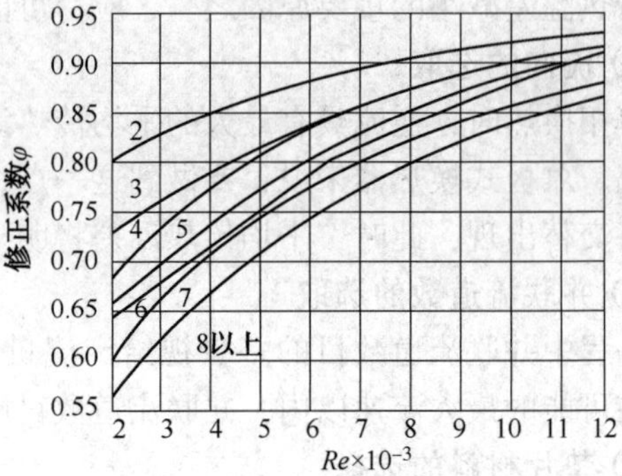

图 3-21　串流时的温差修正系数

（2）对流传热系数的计算

流体在板式换热器的通道中流动时，湍流条件下，通常用式(3-22)计算流体沿整个流程的平均对流传热系数：

$$Nu = C\,Re^m\,Pr^n\left(\frac{u}{u_w}\right)^z \tag{3-22}$$

式中系数和各指数的范围：$C=0.15\sim0.4$，$n=0.65\sim0.85$，$m=0.3\sim0.45$，$z=0.05\sim0.2$。

$$Nu = C(Re)Pr\left(\frac{d}{L}\right)^n\left(\frac{u}{u_w}\right)^z \tag{3-23}$$

式中系数和各指数的范围：L 为流体的流动长度，$C=1.86\sim4.5$，$n=1/3$，$z=0.14$。

过渡流时所得出的关联式比较复杂，通常可根据 Re 的数值，由板式换热器的特性图线查得。

（3）污垢热阻的确定

由于板式换热器中高度湍流，一方面使污垢的聚集量减小，同时还起到冲刷清洗的作用，所以板式换热器的垢层一般都比较薄。在设计选取板式换热器的污垢热阻值时，其数值应不大于列管式换热器的污垢热阻值的 1/5。各种介质的污垢热阻见表 3-14。

表 3-14　板式换热器中的污垢热阻值

流体名称	污垢热阻/($m^2\cdot$℃/W)	流体名称	污垢热阻/($m^2\cdot$℃/W)
软水、蒸馏水、水蒸气	0.86×10^{-5}	河水	4.3×10^{-5}
工业用软水	1.7×10^{-5}	润滑油	$(1.7\sim4.3)\times10^{-5}$
工业用硬水	4.3×10^{-5}	植物油	$(1.7\sim5.2)\times10^{-5}$
循环冷却水	3.4×10^{-5}	有机溶剂	$(0.86\sim2.6)\times10^{-5}$
海水	2.6×10^{-5}		

2）压降计算

流体在流动中只有克服阻力才能前进，流速愈高阻力越大。在同样的流速下，板型不同或几何结构参数不同，阻力也不同，见图 3-22～图 3-26。

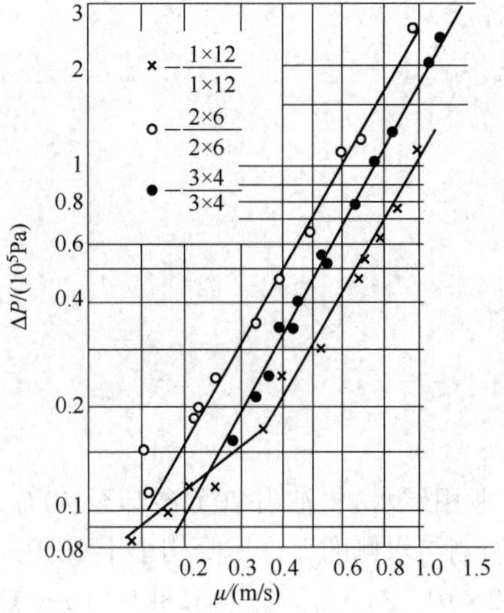

图 3-22 0.1m² 人字形波纹板式换热器 ΔP-μ（水-水）

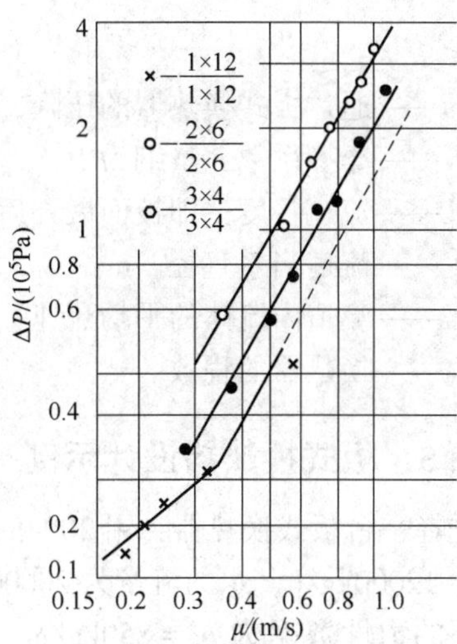

图 3-23 0.1m² 人字形波纹板式换热器 ΔP-μ（油-水）

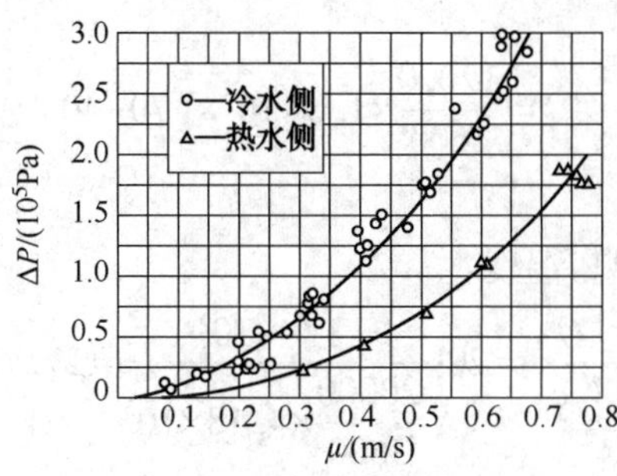

图 3-24 0.3m² 人字形波纹板式换热器 ΔP-μ 图

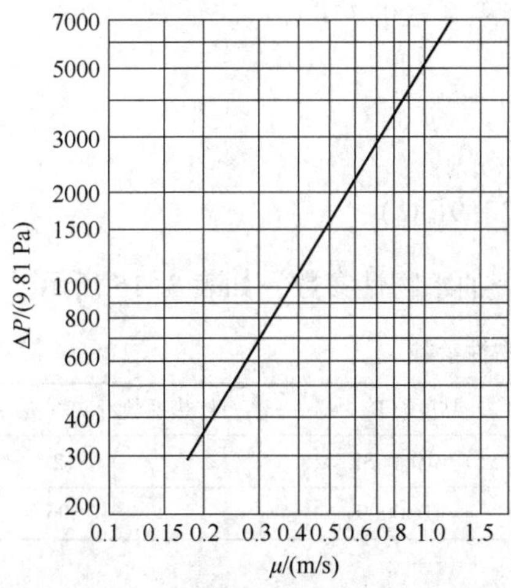

图 3-25 0.2m² 人字形波纹板式换热器 ΔP-μ 图（斜率 $m=1.67$）

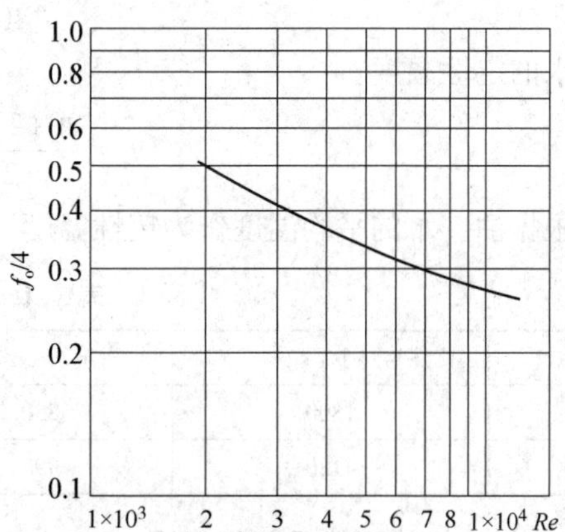

图 3-26 0.2m² 人字形波纹板式换热器 f_o-Re 图

$$\Delta p = f_o \frac{L}{D_e} \frac{\rho u^2}{2} n \tag{3-24}$$

式中 Δp——通过板式换热器的压降，Pa；

f_o——摩擦系数，量纲为1；

L——流道长度，即板面展开后的长度，m；

D_e——流道当量直径，m；

u——流道内流体的平均流速，m/s；

n——换热器的程数。

3.3.5 板式换热器设计示例

试选择一台板式换热器，用20℃的冷水(工业用硬水)将油由70℃冷却至40℃。已知油的流量为12000kg/h，水的流量为20000kg/h，油侧与水侧的允许压降均小于10^5Pa。油在定性温度下的物性数据为$\rho_h = 850\text{kg/m}^3$，$\mu_h = 3.2\times10^{-3}\text{Pa}\cdot\text{s}$，$C_{ph} = 1.8\text{kJ/(kg}\cdot℃)$，$\lambda_h = 0.12\text{W/(m}\cdot℃)$。

【设计计算】

1）计算热负荷

$$Q = W_h C_{ph}(T_1 - T_2) = \frac{12000}{3600} \times 1.8\times10^3 \times (70-40) = 1.8\times10^5 (\text{W})$$

2）计算平均温差

根据热量衡算计算水的出口温度：

$$t_2 = t_1 + \frac{Q}{W_c c_{ph}} = 20 + \frac{1.8\times10^5}{\dfrac{20000}{3600}\times4.18\times10^3} = 27.75(℃)$$

逆流平均温差：

$$\Delta t'_m = \frac{(70-27.75)-(40-20)}{\ln\dfrac{70-27.75}{40-20}} = 29.75(℃)$$

水的定性温度：

$$t_m = \frac{20+27.75}{2} = 23.9(℃)$$

根据油、水的平均温度作为定性温度，分别查油水物性参数，如表3-15所示。

表3-15 油水物性参数

物质	比热容/[J/(kg·℃)]	密度/(kg/m³)	黏度/(Pa·s)	传热系数/[W/(m²·℃)]
油	1800	850	0.0032	0.12
水	4180	998	0.00091	0.606

3）初估换热面积及初选板型

黏度大于$1\times10^{-3}\text{Pa}\cdot\text{s}$的油与水换热时，列管式换热器的$K$值为310~910W/(m²·℃)，而板式换热器的传热系数为列管式换热器的2~3倍，则可初估K值为1150W/(m·℃)。

根据式(3-19)初估换热器面积：

$$S=Q/(K\cdot\Delta t_m)=5.3\text{m}^2$$

初选国产 BR20 板式换热器(该换热器适用于油水换热，压降范围大)，BR20 板式换热器的参数如表 3-16 所示：

表 3-16　板式换热器参数

板　　片	BR20	BP50	BR70
型号			
波纹形式	人字形	水平型	人字形
外形尺寸/mm	970×330	1370×500	1750×600
面积/m^2	0.21	0.52	0.72
换热器			
换热面积/m^2	3~30	≤100	60-160
当量直径/mm	7.6	9.5	7
通道截面/mm^2	917	2100	1900
工作压力/MPa	0.6	0.4	1.6
工作温度/℃	≤150	-20~150	≤150
接管通径/mm	65	100	175

注：经验公式

$Nu=0.18\,Re^{0.72}Pr^{0.3(0.4)}$　　$Eu=548\,Re^{-0.14}$

$Nu=0.165\,Re^{0.65}Pr^{0.43}\left(\dfrac{\mu}{\mu_w}\right)^{0.23}$　　$Eu=250\,Re^{-0.25}$

$Nu=0.377\,Re^{0.643}Pr^{0.3(0.4)}$　　$Eu=880\,Re^{-0.181}$

因所选板型为混流，采用列管式换热器的温差校正系数：

$$R=\frac{t_1-t_2}{t'_2-t'_1}=\frac{70-40}{27.25-20}=4.14$$

$$P=\frac{t'_2-t'_1}{t_1-t'_1}=\frac{27.5-20}{70-20}=0.15$$

查温差校正系数(图 3-13)，得 $\varphi_{\Delta t}=0.96$。

$$\Delta t_m=\varphi_{\Delta t}\Delta t'_m=0.96\times29.75=28.6℃$$

初估计换热面积：$S=\dfrac{1.8\times10^5}{28.6\times1150}=5.47(\text{m}^2)$

因为 BR20 单板换热面积为 0.21m^2，$n=\dfrac{5.47}{0.21}=26.05$，$n$ 为换热板数，圆整可选 $n=27$，实际面积为 $S=27\times0.21=5.67\text{m}^2$；初拟定采用$\dfrac{2\times7}{1\times13}$的组装形式(当量直径 $D_e=0.0076\text{m}$)，2×7为油的流程，程数为 2，每程流道为 7；1×13 为水的流程，程数为 1，每程流道为 13。

1）核算总传热系数 K

(1) 油侧的对流传热系数 α_1

$$\text{流速 } u_1=q_{m1}/(\rho_1\cdot A)$$

$$=\frac{12000\times10^4}{7\times3600\times850\times9.17}=0.611(\text{m/s})$$

$$Re_1=\frac{Deu_1\rho_1}{\mu_1}=\frac{0.0076\times0.611\times850}{0.0032}=1233$$

普朗特数 $$Pr_1=\frac{C_{p1}\mu_1}{\lambda_1}=\frac{1.8\times10^3\times3.2\times10^{-3}}{0.12}=48$$

根据表 3-16，因为油是被冷却，所以

$$Nu=0.18Re^{0.72}Pr^{0.3}=0.18\times1233^{0.72}\times48^{0.3}=96.6$$

$$\alpha_1=Nu\cdot\frac{\lambda}{De}=96.6\times0.12/0.0076=1525\text{W}/(\text{m}^2\cdot℃)$$

（2）水侧的对流传热系数 α_2：

同理可得

$$u_2=q_{m2}/(\rho_2\cdot A)=\frac{20000\times10^4}{13\times3600\times998\times9.17}=0.467(\text{m/s})$$

$$Re_2=\frac{Deu_2\rho_2}{\mu_2}=\frac{0.0076\times0.467\times998}{0.00091}=3892$$

普朗特数 $$Pr_2=\frac{C_{p2}\mu_2}{\lambda_2}=\frac{4.8\times10^3\times9.1\times10^{-4}}{0.606}=6.28$$

根据表 3-16，因为水是被加热，所以：

$$Nu=0.18Re^{0.72}Pr^{0.4}=0.18\times3892^{0.72}\times6.28^{0.4}=144.3$$

$$\alpha_2=Nu\cdot\frac{\lambda}{De}=144.3\times0.606/0.0076=11509\text{W}/(\text{m}^2\cdot℃)$$

（3）金属板的热阻

所用的板材料为不锈钢（1Cr18Ni9Ti），其导热系数 $\lambda_m=16.8\text{W}/(\text{m}^2\cdot℃)$，板的壁厚 $b=0.8\text{mm}$：

$$\frac{b}{\lambda_w}=\frac{0.8\times10^{-3}}{16.8}=0.0000476(\text{m}^2\cdot℃)/\text{W}$$

（4）污垢热阻

油侧：$R_1=0.000052(\text{m}^2\cdot℃)/\text{W}$

水侧：$R_2=0.000043(\text{m}^2\cdot℃)/\text{W}$

（5）总传热系数 K

$$\frac{1}{K}=\frac{1}{\alpha_1}+\frac{1}{\alpha_2}+\frac{b}{\lambda_m}+R_1+R_2\Rightarrow\frac{1}{K}=8.0\times10^{-4}$$

$$\Rightarrow K=1250\text{W}/(\text{m}^2\cdot℃)$$

2）计算传热面积

核算面积：$S=\frac{Q}{K\Delta t_m}=\frac{1.8\times10^5}{1250\times28.6}=5.03\text{m}^2$

原来面积：5.67m^2

计算面积裕量 $\eta=\frac{5.67-5.03}{5.03}=0.127=12.7\%$，因此满足设计要求。

3）板式换热器的压降计算

板式换热器中，压降主要有两个部分组成：一方面是流体在板式换热器中流动，因为摩擦等因素产生的压降；另一方面是板式换热器上的流体的出入口的连接处存在压降。后者的压降对流体间的热传递没有贡献，因此可以忽略，在液-液换热时没有物态变化，压降与流速，密度等相关。常用下式计算：

$$\Delta P = Eu\rho u^2$$

其中 Eu 为欧拉数，不同的板片有不同的经验公式。

根据表 3-16，$Eu = 548\ Re^{-0.14}$

油侧：$u_1 = 0.611\text{m/s}$　$\Delta P = Eu\rho u^2 = 548\times1233^{-0.14}\times850\times0.611^2\text{Pa} = 0.64\times10^5\text{Pa} < 10^5\text{Pa}$；

水侧：$u_2 = 0.467\text{m/s}$　$\Delta P = Eu\rho u^2 = 548\times3892^{-0.14}\times998\times0.467^2\text{Pa} = 0.37\times10^5\text{Pa} < 10^5\text{Pa}$；

油水的流速 u_1、u_2 及压降均满足设计条件。综上所述，板式换热器规格型号为 BR20-0.6-5.67-$\dfrac{2\times7}{1\times13}$，满足任务要求。

4）板式换热器设计结果

板式换热器设计主要性能参数如表 3-17 所示。

表 3-17　板式换热器的主要参数

外形尺寸(长×宽×高)	975×330×0.8	外形尺寸(长×宽×高)	975×330×0.8
有效传热面积/m²	0.21	平均板间距/mm	4
波纹形式	等腰三角形	平均流道横截面积/mm²	917
波纹高度/mm	4	平均当量直径/mm	7.6
流道宽度/mm	210		

参　考　文　献

[1] 柴诚敬，张国亮．化工流体流动与传热[M]．第 2 版．北京：化学工业出版社，2007.
[2] 匡国柱，史启才．化工单元过程及设备课程设计[M]．北京：化学工业出版社，2002.
[3] 潘继红，田茂诚．管壳式换热器的分析与计算[M]．北京：科学出版社，1996.
[4] 兰州石油机械研究所．换热器：上册[M]．北京：中国石化出版社，1992.
[5] 尾花英郎．热交换器设计手册[M]．徐中全，译．北京：石油工业出版社，1982.
[6] 杨崇麟．板式换热器工程设计手册[M]．北京：化学工业出版社，1980.
[7] 付家新，王为国，肖稳发．化工原理课程设计[M]．北京：化学工业出版社，2010.
[8] 李芳．化工原理及设备课程设计[M]．北京：化学工业出版社，2011：14.
[9] 李同川．化工原理课程设计[M]．北京：化学工业出版社，2015：22.
[10] 马江权，冷一欣．化工原理课程设计[M]．北京：中国石化出版社，2011.
[11] 贾绍义，柴诚敬．化工原理课程设计[M]．天津：天津大学出版社，2002.
[12] 钱颂文．换热器设计手册[M]．北京：化学工业出版社，2004.
[13] 郑津洋．过程设备设计[M]．北京：化学工业出版社，2007.
[14] 刘光启．化工物性计算手册[M]．北京：化学工业出版社，2002.
[15] 孙兰义．换热器工艺设计[M]．北京：中国石化出版社，2015.
[16] 夏清，贾绍义．化工原理(上册)[M]．天津：天津大学出版社，2012.
[17] 吴俊，宋孝勇，韩粉女，等．化工原理课程设计[M]．上海：华东理工大学版社，2011.
[18] 国家医药管理局上海医药设计院．化工工艺设计手册(下册)：第 1 版(修订)[M]．北京：化学工业出版社，1986.

第4章　塔设备的设计

本章符号说明

英文字母

a——填料的有效比表面积，m^2/m^3；

a_t——填料的总比表面积，m^2/m^3；

a_w——填料的湿润比表面积，m^2/m^3；

A_a——塔板开孔区面积，m^2；

A_f——降液管截面积，m^2；

A_0——筛孔总面积 m^2；

A_T——塔截面积 m^2；

c_0——流量系数，量纲为1；

C——计算 u_{max} 时的负荷系数，m/s；

C_s——气相负荷因子，m/s；

d——填料直径，m；

d_0——筛孔直径，m；

D——塔径，m；

D_L——液体扩散系数，m^2/s；

D_v——气体扩散系数，m^2/s；

e_v——液沫夹带量，kg(液)/kg(气)；

E——液流收缩系数，量纲为1；

E_T——总板效率，量纲为1；

F——气相动能因子，$kg^{1/2}/(s\cdot m^{1/2})$；

F_0——筛孔气相动能因子，$kg^{1/2}/(s\cdot m^{1/2})$；

g——重力加速度，9.81m/s^2；

h——填料层分段高度，m；
　　HETP 关联式常数；

h_1——进口堰与降液管间的水平距离，m；

h_c——与干板压降相当的液柱高度，m 液柱；

h_d——与液体流过降液管的压降相当的液柱高度，m；

h_f——塔板上鼓泡层高度，m；

h_l——与板上液层阻力相当的液柱高度，m 液柱；

h_L——板上清液层高度，m；

h_{max}——允许的最大填料层高度，m；

h_0——降液管的底隙高度，m；

h_{ow}——堰上液层高度，m；

h_w——出口堰高度，m；

h'_w——与克服表面积张力的压降相当的液柱高度，m 液柱；

h_σ——与克服表面张力的压降相当的液柱高度，m 液柱；

H——板式塔高度，m；
　　溶解度系数，$kmol/(m^3\cdot kPa)$；

H_B——塔底空间高度，m；

H_d——降液管内清液层高度，m；

H_D——板式塔空间高度，m；

H_F——进料板处塔板间距，m；

H_{OG}——气相总传质单元高度，m；

H_P——人孔处塔板间距，m；

H_T——塔板间距，m；

H_1——封头高度，m；

H_2——裙座高度，m；

HETP——等板高度，m；

k_G——气膜吸收系数，$kmol/(m^2\cdot s\cdot kPa)$；

k_L——液膜吸收系数，m/s；

K——稳定系数，量纲为1；

K_G——气相总吸收系数，$kmol/(m^2\cdot s\cdot kPa)$；

l_w——堰长，m；

L_h——液体体积流量，m^3/h；
L_s——液体体积流量，m^3/h；
L_w——堰长，m；
m——相平衡常数，量纲为1；
n——筛孔数目；
N_{OG}——气相总传质单元数；
N_T——理论板层数；
p——操作压力，Pa；
ΔP——压力降，Pa；
ΔP_p——气体通过每层筛板的压降，Pa；
r——鼓泡区半径，m；
t——筛孔的中心距，m；
u——空塔气速，m/s；
u_F——泛点气速，m/s；
u_0——气体通过筛孔的速度，m/s；
$u_{0,min}$——漏液点气速，m/s；
u'_0——液体通过降液管底隙的速度，m/s；
U——液体喷淋密度，$m^3/(m^2 \cdot h)$；
U_L——液体质量通量，$kg/(m^2 \cdot h)$；
U_{min}——最小液体喷淋密度，$m^3/(m^2 \cdot h)$；
U_v——气体质量通量，$kg/(m^2 \cdot h)$；
V_h——气体体积流量，m^3/h；
V_s——气体体积流量，m^3/h；
ω_L——液体质量流量，kg/s；
ω_V——气体质量流量，kg/s；
W_c——边缘无效区宽度，m；
W_d——弓形降液管宽度，m；
W_s——破沫区宽度，m；
x——液相摩尔分数；
X——气相摩尔比；
y——气相摩尔分数；
Y——气相摩尔比；
Z——板式塔的有效高度，m；
填料层高度，m。

希腊字母

β——充气系数，量纲为1；
δ——筛板厚度，m；
ε——空隙率，量纲为1；
θ——液体在降液管内停留时间，s；
μ——黏度，mPa·s；
ρ——密度，kg/m^3；
σ——表面张力，N/m；
φ——开孔率或孔流系数，量纲为1；
Φ——填料因子，1/m；
ψ——液体密度校正系数，量纲为1。

下标

max——最大的；
min——最小的；
L——液相的；
V——气相的。

4.1 概　　述

4.1.1 塔设备的简介

塔设备是化工、石油化工、生物化工、制药等生产过程中广泛采用的气液传质设备，塔设备的性能对于整个装置的产品质量、生产能力和消耗定额，以及三废处理和环境保护等各个方面，都有重大影响。在化工和石油化工生产装置中，塔设备的投资费用占整个工艺设备费用的25.39%，在炼油和煤化工生产装置中占34.85%。它所耗用的钢材质量在各类工艺设备中所占的比例也较多。例如，在年产250万吨常压及减压炼油蒸馏装置中耗用的钢材质量占62.4%，在年产60万吨及120万吨的催化裂化装置中占48.9%。因此，塔设备的设计和研究对化工、炼油等工业的发展起着重大作用。

根据塔内气液接触构件的结构形式，可分为板式塔和填料塔两类。板式塔内设置一定数量的塔板，气体以鼓泡或喷射形式穿过板上的液层，进行传质与传热。在正常操作下，气相为分散相，液相为连续相，气相组成呈阶梯变化，属逐级接触逆流操作过程。填料塔内装有一定高度的填料层，液体自塔顶沿填料表面下流，气体逆流向上(有时也采用并流向下)流动，气液两相密切接触，进行传质与传热，在正常操作下，气相为连续相，液相为分散相，气相组成呈连续变化，属微分接触逆流操作过程。

4.1.2 塔设备的性能要求

工业上塔设备主要用来分离气体或液体混合物，通过气液两相之间的相际传质过程，实现均相混合物的分离。为此，塔设备除了应满足特定的化工工艺条件(如温度、压力及耐腐蚀)外，塔设备必须满足气液接触和传质过程的要求，需具有以下基本性能：

① 气液两相充分接触，两相分布均匀，传质效率高；

② 流体流动阻力小，气体通过塔内构件的压降低、能耗低；

③ 流体的通量大，单位设备体积的处理量大；

④ 操作弹性大，在气液负荷较大的变动范围内，能维持传质效率基本不变；

⑤ 性能稳定，安全可靠，稳定运行时间长；

⑥ 对物料的适应性强，适于分离组成复杂的物料；

⑦ 结构简单，制造成本低；

⑧ 易于安装、检修和清洗。

在实际应用中，任何一个塔设备能同时达到上述的诸项要求是很困难的，因此只能从生产需要及经济合理的要求出发，抓住主要矛盾进行设计。随着人们对于增大生产能力、提高效率、稳定操作和降低压力降的追求，推动着各种新型塔结构的出现和发展。

4.1.3 板式塔与填料塔的比较及选型

工业上，评价塔设备的性能指标主要有几方面：生产能力，分离效率，塔压降，操作弹性，结构、制造及造价等。

1） 板式塔与填料塔的比较

(1) 生产能力

板式塔与填料塔的液体流动和传质机理不同。板式塔的传质是通过上升气体穿过板上的液层来实现，塔板的开孔面积一般占塔截面积的7%～10%；而填料塔的传质是通过上升气体和靠重力沿填料表面下降的液流接触实现，填料塔内件的开孔率通常在50%以上，填料层的空隙率则超过90%，一般泛点较高。故单位塔截面积上，填料塔的生产能力一般高于板式塔。

(2) 分离效率

填料塔一般比板式塔具有更高的分离效率。工业上常用填料塔的每米理论级为2～8级；而常用的板式塔，每米理论板最多不超过2级。研究表明，在减压、常压和低压(压力小于0.3MPa)操作下，填料塔的分离效率明显优于板式塔；在高压操作下，板式塔的分离效率略优于填料塔。

(3) 填料塔压降远小于板式塔

一般情况下，板式塔的每一个理论级压降为0.4～1.1kPa，填料塔为0.01～0.27kPa。通常，板式塔的压降高于填料塔5倍左右。压降低不仅能降低操作费用，节约能耗，对于精馏过程，可使塔釜温度降低，有利于热敏性物系的分离。

(4) 操作弹性

填料对气液负荷变化的适应性较强，填料塔的操作弹性取决于塔内件的设计，特别是液体分布器的设计，因而可根据实际需要确定填料塔的操作弹性。而板式塔的操作弹性则受到塔板液泛、液沫夹带及降液管能力的限制，一般操作弹性较小。

(5) 结构、制造及造价

填料塔的结构一般较板式塔简单，制造、维修也较为方便，但填料塔的造价通常高于板式塔。

填料塔的持液量小于板式塔，持液量大可使塔的操作平稳，不易引起产品的迅速变化，故板式塔较填料塔更易于操作。板式塔容易实现侧线进料和出料，而填料塔不太适合侧线进料和出料等复杂情况。对于比表面积较大的高性能填料，填料层容易堵塞，故填料塔不易直接处理有悬浮物或容易聚合的物料。

2）塔设备的选型

工业上，塔设备主要用于蒸馏和吸收传质单元操作过程，传统的设计中，蒸馏过程多选用板式塔，而吸收过程多选用填料塔。近年来，随着塔设备设计水平的提高及新型塔构架的出现，上述传统已逐渐被打破。在蒸馏过程中采用填料塔及在吸收过程中采用板式塔已有不少应用范例，尤其是填料塔在精馏过程中的应用已非常普遍。

对于一个具体的分离过程，设计中选择何种塔型，应根据生产能力、分离效率、塔压降、操作弹性等要求并结合制造、维修、造价等因素综合考虑。下列情况优先选填料塔：具有很高的传质效率与低压降的新填料；处理腐蚀性物料、热敏性物料；易于发泡的物料。下列情况优先选板式塔：滞料量要求大，操作负荷要求宽；液相负荷较小；有悬浮物或容易聚合物系的分离；对于需要设置内部换热元件，需要有侧线进料和出料的工艺过程。

4.2　板式塔的设计

板式塔的类型很多，但其设计原理基本相同。板式塔的设计步骤大致如下：

(1) 确定设计方案；

(2) 选择塔板类型；

(3) 确定塔径、塔高等工艺尺寸；

(4) 设计塔内件：包括溢流装置的设计、塔板的设计与布置、升气道(泡罩、筛选或浮阀等)的设计及排列；

(5) 进行流体力学验算；

(6) 绘制塔板的负荷性能图；

(7) 优化设计结果，根据负荷性能图对设计进行分析，若设计不够理想，可对某些参数进行调整，重复上述设计过程一直到满意为止；

(8) 完成塔附件和辅助设备的设计与选型。

4.2.1　设计方案的确定

以精馏为例，设计方案的确定是指确定整个精馏装置的工艺流程、主要设备的结构型式和相关的操作方式及操作条件。

1）装置流程的确定

(1) 装置设备

蒸馏装置包括精馏塔、原料预热器、蒸馏釜(再沸器)、冷凝器、釜液冷却器和产品冷却器、原料液与产品储罐、物料输送机械等设备。

(2) 流程组织

① 操作方式：蒸馏过程按操作方式的不同，分为连续蒸馏和间歇蒸馏两种流程。连续蒸馏具有生产能力大、产品质量稳定等优点，工业生产中以连续蒸馏为主。间歇蒸馏具有操作灵活、适应性能强等优点，适合于小规模、多品种或多组分物系的初步分离。

② 热能利用：蒸馏是通过物性在塔内的多次部分汽化/多次部分冷凝实现分离的，热量自塔釜输入，由冷凝器和冷却器中的冷却介质将余热带走，在此过程中，热能利用率很低，为此，在确定装置流程时应考虑对余热的利用。比如，用原料作为塔顶产品(或釜液产品)冷却器的冷却介质，及可将原料预热，又可节约冷却介质。

③ 塔的操作稳定性：流程中除用泵直接送原料入塔外也可采用高位槽送料，以免受泵操作波动的影响。

④ 塔顶冷凝装置可采用分凝器-全凝器两种不同的设置。工业上以采用全凝器为主，以便于准确地控制回流比。塔顶分凝度对上升蒸汽有一定的增浓作用，若后续装置使用气态物料，则宜用分凝器。

总之，确定流程时要较全面、合理地兼顾设备费用、操作费用、操作控制及安全诸因素。

2）操作压力的选择

蒸馏过程按操作压力不同分为常压蒸馏、减压蒸馏和加压蒸馏。一般，除热敏性物系外，凡通过常压蒸馏能够达到分离要求，并能用江河水或循环水将馏出物冷凝下来的物系，都应采用常压蒸馏；对热敏性物系或者混合物泡点过高的物系，则宜采用减压蒸馏；对常压下馏出物的冷凝温度过低的物系，需提高塔压或者采用深井水、冷冻盐水作为冷却剂；而常压下呈气态的物系必须采用加压蒸馏。例如苯乙烯常压沸点为 145.2℃，而将其加热到 102℃以上就会发生聚合，故苯乙烯应采用减压蒸馏；脱丙烷操作压力提高到 1765kPa 时，冷凝温度约为 50℃，便可用江河水或循环水进行冷却，则运转费用减少；石油气常压呈气态，必须采用加压蒸馏。

3）进料热状况的选择

蒸馏操作有 5 种进料状况，进料热状况不同，会影响塔内各层塔板的气、液相负荷。工业上多采用接近泡点的液体进料和饱和液体(泡点)进料，通常用釜残液预热原料。若工艺要求减少塔釜的加热量，以避免釜温过高料液产生聚合或结焦，则应采用气态进料。

4）加热方式的选择

蒸馏大多采用间接蒸汽加热，设置再沸器。有时也可采用直接蒸汽加热，例如蒸馏釜残液中的主要组分是水，且在低浓度下轻组分的相对挥发度较大时(如乙醇与水的混合液)宜用直接蒸汽加热，其优点是可以利用压力较低的加热蒸汽以节省操作费用，并省掉间接加热设备。但由于直接蒸汽的加入对釜内溶液起一定稀释作用，在进料条件和产品纯度、轻组分收率一定的前提下，釜液浓度相应降低，故需要在提馏段增加塔板以达到生产需求。

5）**回流比 R 的选择**

回流比是精馏塔操作的重要工艺条件，其选择的原则是使设备费用和操作费用之和最低。设计时，应根据实际需要选定回流比，也可参考同类生产的经验值选定。必要时可选用若干个 R 值，利用吉利兰图（简捷法）求出对应的理论板数 N，作出 $N—R$ 曲线，从中找出适宜操作的回流比 R，也可作出 R 对精馏操作费用的关系线，从中确定适宜的回流比。

4.2.2 塔板的类型与选择

塔板是板式塔的主要构件，分为错流式塔板和逆流式塔板两类，工业应用以错流式塔板为主，常用的错流式塔板主要有下列两种。

1）**泡罩塔板**

泡罩塔板是工业上应用最早的塔板，主要元件为升气管及泡罩。泡罩安装在升气管的顶部，分圆形和条形两种，国内应用较多的是圆形泡罩。泡罩尺寸分为 ϕ80、ϕ100、ϕ150 三种，可根据塔径的大小选择。通常，塔径小于 1000mm 时选用 ϕ80 的泡罩；塔径大于 2000mm 时选用 ϕ150 的泡罩。

泡罩塔板的主要优点是操作弹性较大，液气比范围大，不易堵塞，适于处理各种物料，操作稳定性可靠。其缺点是结构复杂，造价高；板上液层厚，塔板压降大，生产能力及板效率较低。近年来，泡罩塔板已逐渐被筛板、浮阀塔板和其他新型塔板所取代。在设计中除特殊需要（如分离黏度大、易结焦等物系）外一般不宜选用。

2）**筛孔塔板**

筛孔塔板简称筛板，结构特点为塔板上开许多均匀的小孔。根据孔径的大小，分为小孔径筛板（孔径为 3~8mm）和大孔径筛板（孔径为 10~25mm）两类。工业应用中以小孔径筛板为主，大孔径筛板多用于某些特殊场合（如分离黏度大、易结焦的物系）。筛孔总面积占筛板面积的 10%~18%。为使筛板上液层厚度保持均匀，筛板上设有溢流堰，液层厚度一般为 40mm 左右，筛板空塔风速约为 1.0~3.5m/s，筛板小孔气速 6~13m/s，每层筛板阻力 300~600Pa。

筛板的优点是结构简单、造价低；板上液面落差小，气体压降低，处理风量大，并能处理含尘气体，生产能力较大；气体分散均匀，传质效率较高。其缺点是筛孔易堵塞，不宜处理易结焦、黏度大的物料。塔的安装要求严格，塔板应保持水平，操作弹性较小。

必须注意的是尽管筛板传质效率高，但若设计和操作不当，易产生漏液，使得操作弹性减小、传质效率下降。近年来，由于设计和控制水平的不断提高，使筛板的操作非常精确，如能弥补上述不足，其应用必将日趋广泛。

3）**浮阀塔板**

浮阀塔板是在泡罩塔板和筛孔塔板的基础上发展起来的，它吸收了两种塔板的优点。其结构特点是在塔板上开有若干个阀孔，每个阀孔装有一个可以上下浮动的阀片。气流从浮阀周边水平地进入塔板上液层，浮阀可根据气流流量的大小而上下浮动，自行调节。浮阀的类型很多，如表 4-1 所示，国内常用的有 F1 型（图 4-1）、V-4 型及 T 型等，其中以 F1 型浮阀应用最普遍。

F1 型浮阀分轻阀（代表符号 Q）和重阀（代表符号 Z）两种。一般重阀应用较多，轻阀泄漏量较大，只有在要求的时候（如减压蒸馏）才采用。

浮阀的最小开度为 2.5mm，最大开度为 8.5mm。浮阀可选用 A（碳钢 Q235-A）、B（不锈钢 1Cr13)、C(耐酸钢 1Cr18Ni9)和 D(耐酸钢 1Cr18Ni12Mo2Ti)四种材料制造。

表 4-1 浮阀形式

形式	F1 型(V-1 型)	V-4 型	V-6 型
	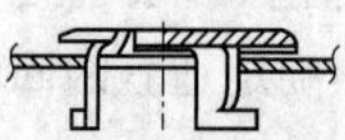	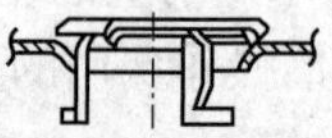	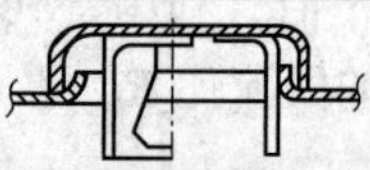
特点	(1) 结构简单，制作方便，省材料； (2) 有轻阀(25g)、重阀(33g)两种(JB/T 1118—2001)	(1) 阀孔为文丘里型，阻力小，适于减压系统； (2) 只有一种轻阀(25g)	(1) 操作弹性范围很大，适于中型试验装置和多种作业的塔； (2) 结构复杂，质量大(52g)
形式	十字架型	A 型	V-O 型
	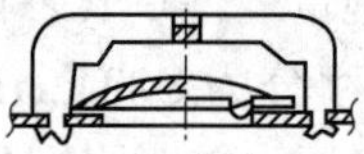	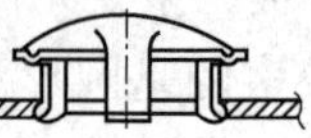	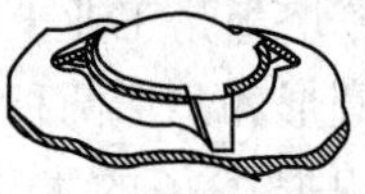
特点	(1) 性能与 V-1 型无显著区别； (2) 对于处理污垢或易聚合物料，可能较好； (3) 制造与安装较复杂	(1) 性能及用途同 V-1，但结构较复杂； (2) 国外有做成多层型的	塔板本身冲制而成，节省材料

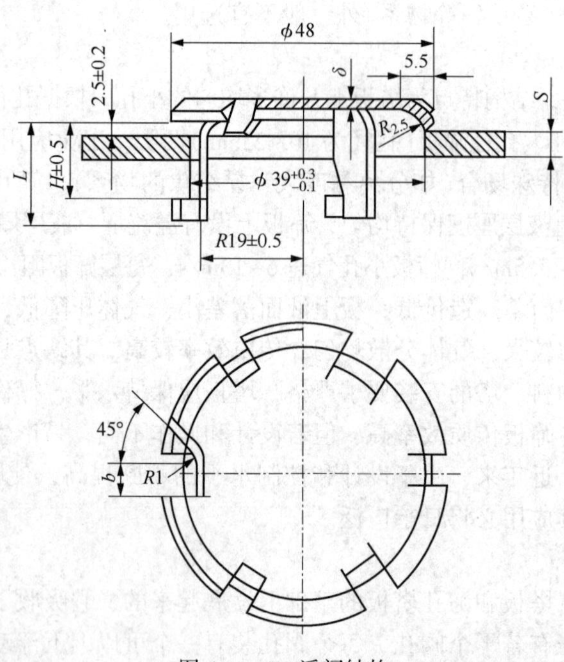

图 4-1 F1 浮阀结构

浮阀塔的主要特点：

(1) 操作弹性大。由于阀片可随气量变化自由升降，在较宽的气、液负荷变化范围内均可保持高的板效率。其操作弹性范围为 5~9，比筛板塔和泡罩塔的弹性都大。

(2) 处理能力大。塔板开孔率大，处理能力比泡罩塔大 20%~40%，但比筛板塔略小。

(3) 塔板效率高。浮阀上升气流水平吹入液层，气、液接触良好，雾沫夹带量小，故塔板效率一般比泡罩塔高 15%左右。

(4) 干板压降比泡罩塔小，但比筛板塔大。

(5) 结构简单、安装方便，造价低。制造费用约为泡罩塔的 60%~80%，为筛板塔的 120%~130%。

(6) 对黏度稍大及有一般聚合现象的系统，浮阀塔板也能正常操作。但处理易结焦、高黏度的物料时，阀片易与塔板黏结；在操作过程中有时会发生阀片脱落或卡死等现象，使塔板效率和操作弹性下降。

浮阀塔板的研究开发远较其他形式的塔板广泛，是目前新型塔板研究开发的主要方向。近年来研究开发出的新型浮阀有船型浮阀、管型浮阀、梯形浮阀、双层浮阀、V-V 浮阀、混合浮阀等，其共同的特点是加强了流体的导向作用和气体的分散作用，使气液两相的流动更趋于合理，操作弹性和塔板效率得到进一步提高。但应指出，在工业应用中还多采用 F1 浮阀，其原因是 F1 型浮阀已有系列化标准，各种设计数据完善，便于设计和对比。而采用新型浮阀，设计数据不够完善，给设计带来一定的困难。但随着新型浮阀性能测定数据的不断发表及工业应用的增加，其设计数据会逐步完善，在有较完善的性能数据下，设计中可选用新型浮阀塔板。

4）斜孔塔板

斜孔塔板是 20 世纪 70 年代后期研制的一种新型塔板，是筛孔板塔的另一形式。斜孔塔板属于气液并流喷射型塔板，在板上开有斜孔，孔口与板面成一定角度。斜孔的开口方向与液流方向垂直，同一排孔的孔口方向一致，相邻两排开孔方向相反，使相邻两排孔的气体反方向喷出。这样，气流不会对喷，既可得到水平方向较大的气速，又阻止了液沫夹带，使板面上液层低而均匀，气体和液体不断分散和聚焦，其表面不断更新，气液接触良好，传质效率提高。同时可以处理含尘气体，不易堵塞，每层筛板阻力约为 400~600Pa。斜孔宽 10~20m，长 10~15mm，高 6mm。空塔气流速度一般取 1~3.5m/s，筛孔气流速度取 10~15m/s。斜孔塔板的生产能力比浮阀塔板大 30%左右，效率与之相当，是一种性能优良的塔板。该塔结构比筛孔板塔复杂，制造较困难，安装要求严格，容易发生偏流。

5）立体传质塔板

立体传质塔板有多种类型，但其结构大体类似，即在塔板上开孔(有圆孔、方孔和矩形孔等)，孔上相应布置有各种形式的帽罩(有圆孔、方孔和矩形孔等)，并设有降液管。垂直筛板是一种典型的立体传质塔板，它是由直径为 100~200mm 的大筛孔和侧壁开有许多小筛孔的圆形泡罩组成的。塔板上液体被从大筛孔上升的气体拉成膜状沿泡罩内壁向上流动，并与气体一起由筛孔水平喷出。垂直筛板要求一定的液层高度，以维持泡罩底部的液封，故必须设置溢流堰。垂直筛板集中了泡罩塔板、筛孔塔板及喷射性塔板的特点，具有液沫夹带量小、生产能力大、传质效率高等优点，其综合性能优于斜孔塔板。

4.2.3 板式塔的塔体工艺尺寸计算

板式塔的塔体工艺尺寸包括塔的有效高度和塔径。

1）塔的有效高度计算

$$Z=\left(\frac{N_T}{E_T}-1\right)H_T \tag{4-1}$$

式中　Z——板式塔的有效高度，m；

N_T——塔内所需的理论板层数；

E_T——总板效率；

H_T——塔板间距，m。

2）理论板层数的计算

对给定的设计任务，当分离要求和操作条件确定后，所需的理论塔板层数可采用逐板计算法或图解法求得。当分离要求较高时，使用图解法应将平衡线两端局部放大，减少作图误差；或采用逐板计算法，但要注意相平衡数据的精确。可参考相关资料。

近年来，随着模拟计算技术和计算机技术的发展，已开发出许多用于精馏过程模拟计算的软件，设计中常用的有 ASPEN、PRO/Ⅱ等。这些模拟软件各有特点，但其模拟计算的原理基本相同，采用不同的数学方法，联立求解物料衡算方程(M 方程)、相平衡方程(E 方程)、热量衡算方程(H 方程)及组成加和方程(S 方程)，简称 MEHS 方程组。在 ASPEN、PRO/Ⅱ等软件包中，储存了大多数物系的物性参数及气液平衡数据，对缺乏数据的物系，可通过软件包内的计算模块，通过一定的算法，求出相关的参数。设计中，给定相应的设计参数，通过模拟计算，即可获得所需的理论板层数，确定进料板位置，算出各层理论板的气液相负荷、气液相密度、气液相黏度、各理论板的温度与压力等，计算快捷准确。

3）塔板间距的确定

塔板间距 H_T的选取与塔高、塔径、物系性质、分离效率、操作弹性以及塔的安装、检修等因素有关。设计时通常根据塔径的大小，表 4-2 列出塔板间距与塔径的经验数值。

表 4-2　塔板间距与塔径的经验数值

塔径 D/m	0.3~0.5	0.5~0.8	0.8~1.6	1.6~2.0	2.0~2.4
塔板间距 H_T/mm	200~300	300~500	350~450	450~600	500~800

选取塔板间距时，还要考虑实际情况。例如，塔板层数很多时，宜选用较小的塔板间距，适当加大塔径以降低塔的高度；塔内各段负荷差别较大时，也可采用不同的板间距以保持塔径的一致；对易发泡的物系，板间距应取大些，以保证它的分离效果；对生产负荷波动较大的场合，也需加大板间距以提高操作弹性，在设计中，有时需反复调整，选定适宜的塔板间距。

塔板间距的数值应按系列标准选取，常用的塔板间距有 300、350、400、450、500、600、800(单位为 mm)等几种系列标准。应予指出，板间距的确定除考虑因素外，还有考虑安装，检修的需要。例如，在塔体的人孔处，应采用较大的板间距，一般不低于 600mm。

4）塔径的计算

板式塔的塔径依据流量公式计算，即

$$D=\sqrt{\frac{4V_s}{\pi u}} \tag{4-2}$$

式中　D——塔径，m；

V_s——气体体积流量，m^3/s；

u——空塔气速，m/s。

由式(4-2)可知，计算塔径的关键是计算空塔气速。设计中，空塔气速 u 的计算方法

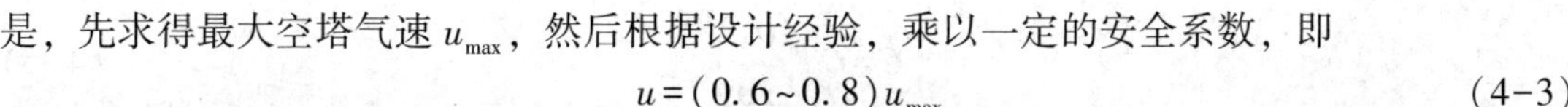

是，先求得最大空塔气速 u_{max}，然后根据设计经验，乘以一定的安全系数，即

$$u=(0.6\sim0.8)u_{max} \tag{4-3}$$

安全系数的选取与分离物系的发泡程度密切相关。对不易发泡的物系，可取较高的安全系数，对易发泡的物系，应取较低的安全系数。

最大空塔气速 u_{max} 可依据悬浮液滴沉降原理导出，其结果为

$$\mu_{max}=C\sqrt{\frac{\rho_L-\rho_V}{\rho_V}} \tag{4-4}$$

式中　ρ_L——液相密度，kg/m^3；

ρ_V——气相密度，kg/m^3；

C——负荷因子，m/s。

负荷因子 C 值与气液负荷、物性及塔板结构有关，一般由实验确定。史密斯(Smith)等人汇集了若干泡罩、筛板和浮阀塔的数据，整理成负荷因子与诸影响因素间的关系曲线，如图 4-2 所示。

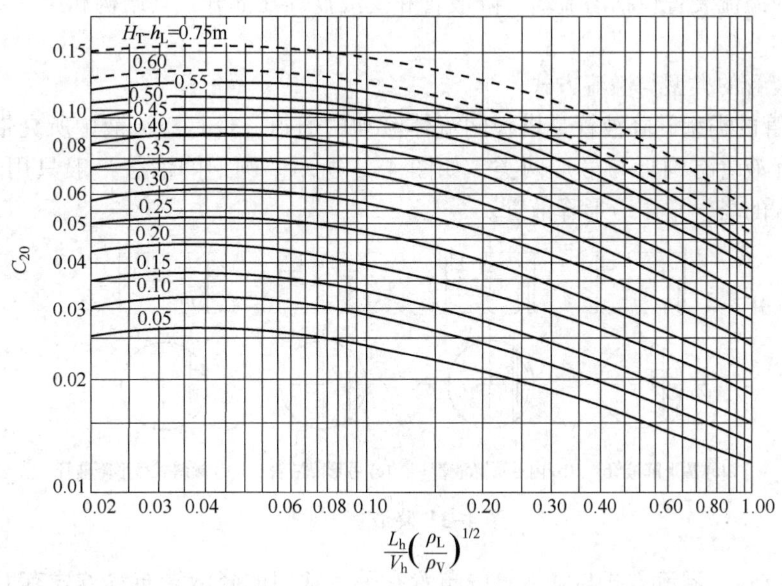

图 4-2　史密斯关联图

V_h、L_h—塔内气、液两相的体积流量，m^3/h；ρ_L、ρ_V—塔内气、液两相的密度，kg/m^3；

H_T—塔板间距，m；h_L—塔上液层高度，m

图 4-3 中横坐标$\frac{L_h}{V_h}\left(\frac{\rho_L}{\rho_V}\right)^{1/2}$为量纲为 1 的比值，称为液气动能参数，它反映液、气两相的负荷与密度对负荷因子的影响；纵坐标 C_{20}为物系表面张力为 20mN/m 时的负荷系数；参数 H_T-h_L反映液滴沉降空间高度对负荷因子的影响。

设计中，板上液层高度 h_L由设计者选定。对常压塔一般取为 0.05~0.08m；对减压塔一般取为 0.025~0.03m。图 4-2 是按液体表面张力 $\sigma_1=20$mN/m 的物系绘制的，当所处理的物系表面张力为其他值时，应按下式进行校正，即

$$C = C_{20}\left(\frac{\sigma_1}{20}\right)^{0.2} \tag{4-5}$$

式中　C——操作物系的负荷因子，m/s；

σ_1——操作物系的液体表面张力，mN/m。

应予指出，由式(4-2)计算出塔径 D 后，还应按塔径系列标准进行圆整。常用的标准塔径为 400mm、500mm、600mm、700mm、800mm、1000mm、1200mm、1400mm、1600mm、2000mm、2200mm 等。

还应指出，以上算出的塔径只是初估值，还要根据流体力学原则进行验算。另外，对于精馏过程，精馏段和提馏段的气、液相负荷及物性数据是不同的，故设计中两段的塔径应分别计算，若二者相差不大，应取较大者作为塔径，若二者相差较大，应采用变径塔。

4.2.4　板式塔的塔板工艺尺寸计算

1）溢流装置的设计

板式塔的溢流装置包括溢流堰、降液管和受液盘等几部分，其结构和尺寸对塔的性能有着重要的影响。

（1）降液管的类型与溢流方式

① 降液管的类型　降液管是塔板间流体流动的通道，也是溢流液中所夹带气体得以分离的场所。降液管有圆形与弓形两类，如图 4-3 所示。圆形降液管一般只用于小直径塔，对于直径较大的塔，常用弓形降液管。

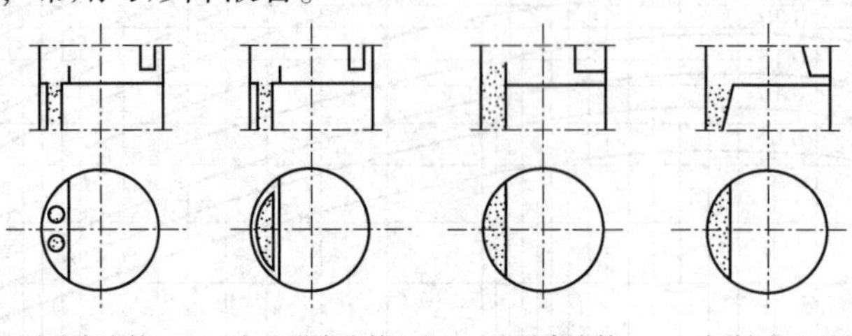

(a) 圆形降液管　(b) 内弓形降液管　(c) 弓形降液管　(d) 倾斜式弓形降液管

图 4-3　降液管的类型

② 溢流方式　溢流方式与降液管的布置有关。常用的降液管布置方式有 U 形流、单溢流、双溢流及阶梯式双溢流等，如图 4-4 所示。

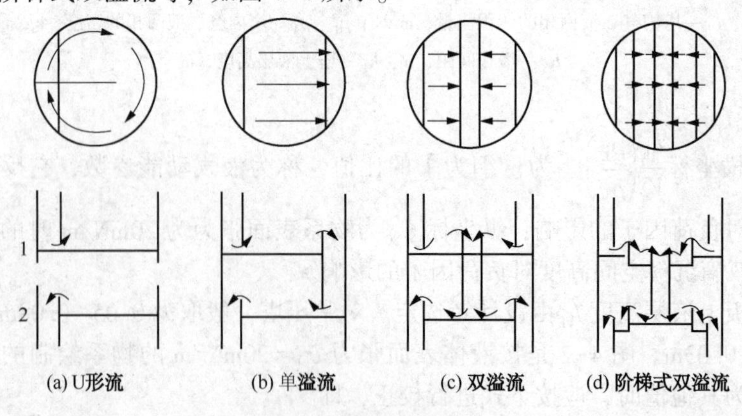

(a) U形流　(b) 单溢流　(c) 双溢流　(d) 阶梯式双溢流

图 4-4　塔板溢流类型

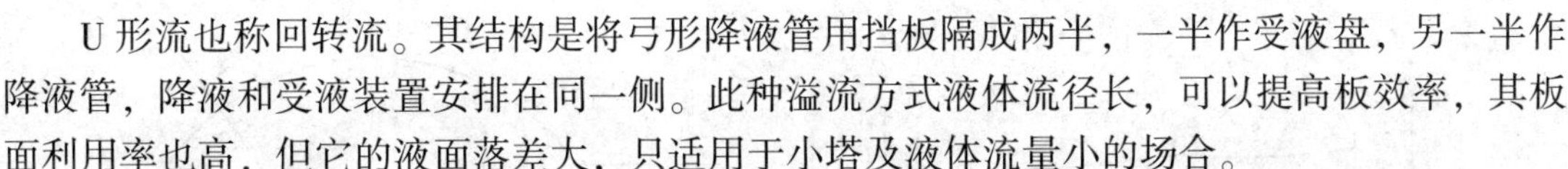

U形流也称回转流。其结构是将弓形降液管用挡板隔成两半，一半作受液盘，另一半作降液管，降液和受液装置安排在同一侧。此种溢流方式液体流径长，可以提高板效率，其板面利用率也高，但它的液面落差大，只适用于小塔及液体流量小的场合。

单溢流又称直径流。液体自受液盘横向流过塔板至溢流堰。此种溢流方式液体流径较长，塔板效率较高，塔板结构简单，加工方便，在直径小于2.2m的塔中被广泛使用。

双溢流又称半径流。其结构是降液管交替设在塔截面的中部和两侧，来自上层塔板的液体分别从两侧的降液管进入塔板，横过半块塔板而进入中部降液管，液体到下层塔板则由中央向两侧流动。此种溢流方式的优点是液体的流径短，可降低液面落差，但塔板结构复杂，板面利用率低，一般用于直径大于2m的塔中。

阶梯式双溢流的塔板做成阶梯形式，每一阶梯均有溢流。此种溢流方式可在不缩短液体流径的情况下减小液面落差。这种塔板结构最为复杂，只适用于塔径很大、液流量很大的特殊场合。

溢流类型与液体流量及塔径有关。表4-3列出了溢流类型与液体流量及塔径的经验关系，可供设计时参考。

表4-3　溢流类型与液体流量及塔径的关系

塔径 D/mm	液体液量 L_h/(m^3/h)			
	U形流	单溢流	双溢流	阶梯式双溢流
600	<5	5~25		
900	<7	7~50		
1000	<7	<45		
1400	<9	<70		
2000	<11	<90	90~160	
3000	<11	<110	110~200	200~300
4000	<11	<110	110~230	230~350
5000	<11	<110	110~250	250~400
6000	<11	<110	110~250	200~450
应用场合	用于较低液气比	一般场合	用于高液气比或大型塔板	用于极高液气比或超大型塔板

(2) 溢流装置的设计计算

为维持塔板上有一定高度的流动液层，必须设置溢流装置。溢流装置的设计包括堰长 l_w、高 h_w，弓形降液管的宽度 W_d、截面积 A_f，降液管底隙高 h_0，进口堰的高度 h'_w 与降液管间的水平距离 h_1 等，如图4-5所示。

① 溢流堰(出口堰)　使降液管的上端高出塔板板面，即形成溢流堰。溢流堰板的形状有平直形与齿形两种，设计中一般采用平直形溢流堰板。

(a) 堰长。弓形降液管的弦长称为堰长，l_w 一般根据经验确定，对于常用的弓形降液管：

单溢流　　$l_w=(0.6\sim0.8)D$

双溢流　　$l_w=(0.5\sim0.6)D$

式中　D——塔内径，m。

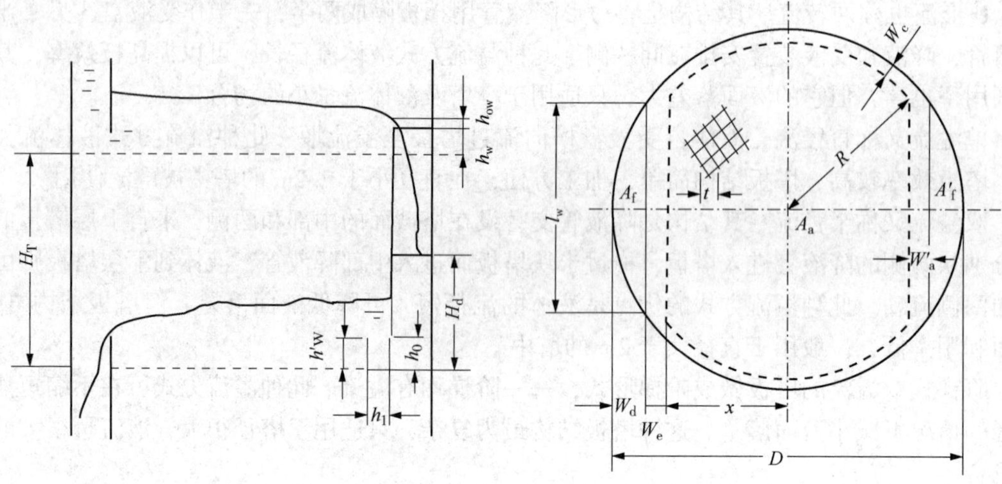

图 4-5　塔板的结构参数

(b) 堰高。降液管端面高出塔板板面的距离，称为堰高，以 h_w 表示。堰高与塔板上清液层高度及堰上液层高度的关系：

$$h_L = h_w + h_{ow} \tag{4-6}$$

式中　h_L——板上清液层高度，m；

h_{ow}——堰上液层高度，m。

设计时，一般应保持塔板上清液层高度在 50~100mm，于是，堰高 h_w 可由板上清液层高度及堰上液层高度而定。堰上液层高度对塔板的操作性能有很大的影响。堰上液层高度太小，会造成液体在堰上分布不均、影响传质效果，设计时应使堰上液层高度大于 6mm，若小于此值须采用齿形堰；堰上液层高度太大，会增大塔板压降及液沫夹带量。一般设计时 h_{ow} 不宜大于 60~70mm，超过此值时可改用双溢流形式。

对于平直堰，堰上液层高度 h_{ow} 可用弗兰西斯(Francis)公式计算，即

$$h_{ow} = \frac{2.84}{1000} E \left(\frac{L_h}{l_w} \right)^{2/3} \tag{4-7}$$

式中　L_h——塔内液体流量，m^3/h；

E——液流收缩系数，由图 4-6 查得。

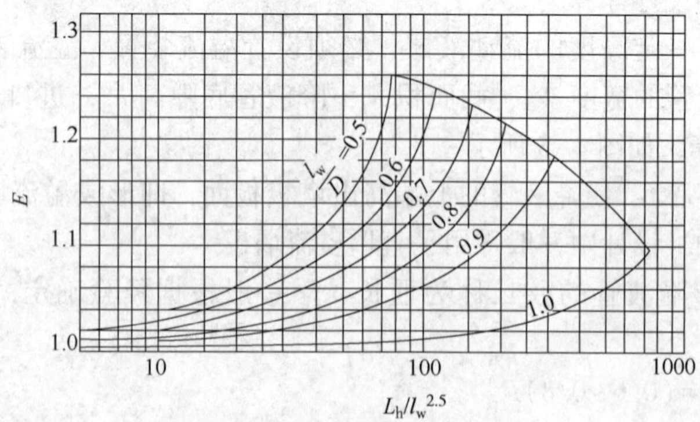

图 4-6　液流收缩系数计算

根据设计经验，取 $E=1$ 时所引起的误差能满足工程设计要求。当 $E=1$ 时，由式(4-7)可看出，h_{ow} 仅与 L_h 及 l_w 有关，于是可用如图4-7所示的列线图求出 h_{ow}。

求出 h_{ow} 后，即可按下式确定 h_w 的范围：

$$0.05-h_{ow} \leqslant h_w \leqslant 0.1-h_{ow} \tag{4-8}$$

在工业塔中，堰高 h_w 一般为0.04～0.05m；减压塔为0.015～0.025m；加压塔为0.04～0.08m，一般不宜超过0.1m。

② 降液管　工业中以弓形降液管应用为主，故此处只讨论弓形降液管的设计。

(a) 弓形降液管的宽度及截面积。弓形降液管的宽度以 W_d 表示，截面积以 A_f 表示，设计中可根据堰长与塔径之比 l_w/D 由图4-8查得。

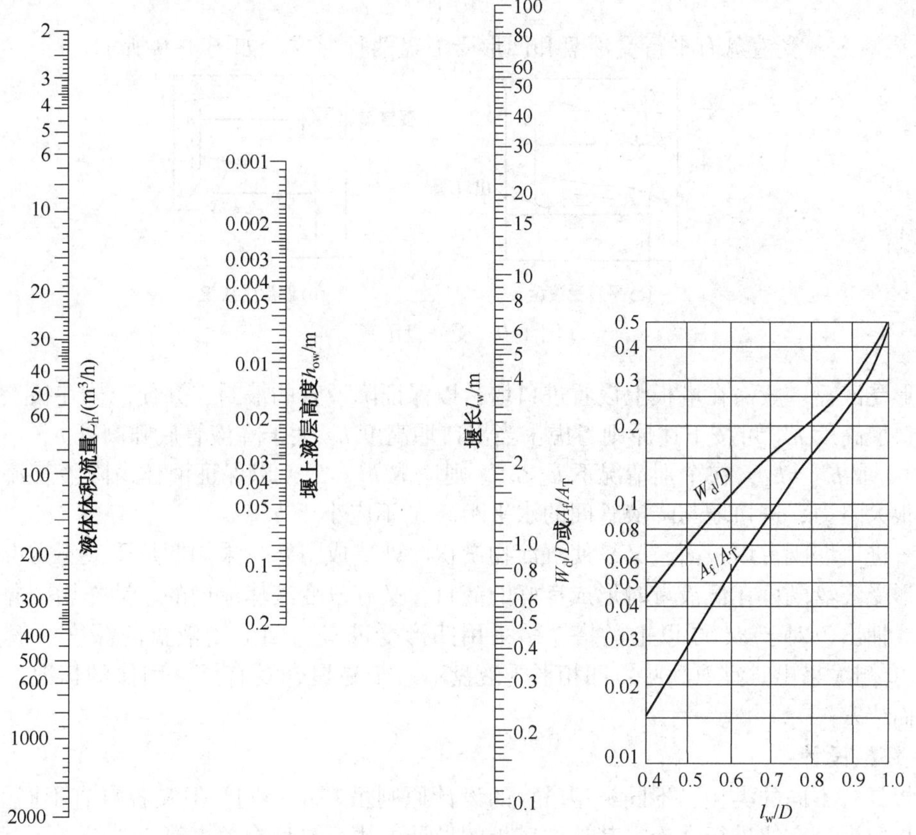

图4-7 求 h_{ow} 的列线图

图4-8　弓形降液管的参数

为使液体中夹带的气泡得以分离，液体在降液管内应有足够的停留时间。由实践经验可知，液体在降液管内的停留时间不应小于3～5s，对于高压下操作的塔及易起泡的物系，停留时间应更长一些。为此，在确定降液管尺寸后，应按式(4-9)验算降液管内液体的停留时间 θ：

$$\theta=\frac{3600A_f H_T}{L_h} \geqslant 3\sim5\text{s} \tag{4-9}$$

若不能满足上式要求，应调整降液管尺寸或板间距，直至满足要求为止。

(b) 降液管底隙高度。降液管底隙高度是指降液管下端与塔板间的距离，以 h_0 表示。

降液管底隙高度 h_0 应小于出口堰高度 h_w，才能保证降液管底端有良好的液封，一般不应低于 6mm，即

$$h_o = h_w - 0.006 \tag{4-10}$$

h_0 也可按下式计算：

$$h_0 = \frac{L_w}{3600 l_w u'_0} \tag{4-11}$$

式中 u'_0——液体通过底隙时的流速，m/s。

根据经验，一般取 $u'_0 = 0.07 \sim 0.25$ m/s。

降液管底隙高度一般不宜小于 20~25mm，否则易于堵塞，或因安装偏差致使液流不畅，造成液泛。

③ 受液盘 受液盘有平行受液盘和凹形受液盘两种形式，如图 4-9 所示。

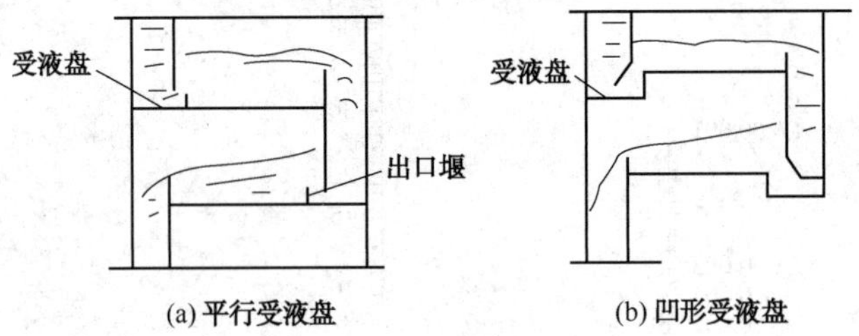

图 4-9 受液盘示意

平形受液盘一般需在塔板上设置进口堰，以保证降液管的液封，并使液体在板上分布均匀。进口堰高度 h'_w 可按下述原则考虑：当出口堰高度 h_w 大于降液管底隙高度 h_0（一般都是这样）时，取 $h'_w = h_w$，在个别情况下 $h_w < h_0$，则应取 $h'_w > h_0$，以保证液体由降液管流出时不致受到很大阻力，进口堰与降液管间的水平距离 h_1 不应小于 h_0。

设置进口堰既占用板面，又易使沉淀物淤积此处造成阻塞。采用凹形受液不需设置进口堰。凹形受液盘既可在低液量时形成良好的液封，又有改变液体流向的缓冲作用，并便于液体从侧线抽出。对于 ϕ600 以上的塔，多采用凹形受液盘。凹形受液盘的深度一般为 50~80mm，有侧线采出时宜取深些；凹相形受液盘不适于易聚合及有悬浮固体的情况，因易造成死角而堵塞。

2）塔板设计

塔板具有不同的类型，不同类型塔板的设计原则虽基本相同，但又各自有不同的特点，现对筛板的设计方法进行讨论，其他类塔板的设计方法可参见有关书籍。

（1）塔板布置

塔板板面根据所起作用不同分为 4 个区域，如图 4-5 所示。

① 开孔区 为布置筛孔的有效传质区，亦称鼓泡区。开孔区面积以 A_a 表示，对单溢流型塔板，开孔区面积可用下式计算，即

$$A_a = 2\left(x\sqrt{r^2 - x^2} + \frac{\pi r^2}{180}\arcsin\frac{x}{r}\right) \tag{4-12}$$

式中 $x = \frac{D}{2} - (W_d + W_s)$，m；

$r = \frac{D}{2} - W_c$，m；

$\arcsin\frac{x}{r}$为以角度表示的反正弦函数。

② 溢流区　溢流区为降液管及受液盘所占的区域，其中降液管所占面积以 A_f 表示，受液盘所占面积以 A'_f 表示。

③ 安定区　开孔区与溢流区之间的不开孔区域称为安定区，也称为破沫区。溢流堰前的安定区宽度为 W_s，其作用是在液体进入降液管之前有一段不鼓泡的安定地带，以免液沫夹带，由于板上液面落差，液层较厚，有一段不开孔的安全地带，可减少漏液量。安定区的宽度可按下述范围选取，即

溢流堰前的安定区域宽度：$W_s=70\sim100$mm；

进口堰后的安定区宽度：$W'_s=50\sim100$mm。

对小直径的塔($D<1$m)，因塔板面积小，安定区域要相应减小。

④ 无效区　在靠近塔壁的一圈边缘区域供支持塔板的边梁之用，称为无效区，也称边缘区。其宽度 W_c 视塔板的支承需要而定，小塔一般为 30~50mm，大塔一般为 50~70mm。为防止液体经无效区流过而产生短路现象，可在塔板上沿塔壁设置挡板。

应指出，为便于设计及加工，塔板的结构参数已逐系列化。设计时应参考塔板结构参数系列化标准，可供设计时参考。

(2) 筛孔的计算及其排列

① 筛孔直径　筛孔直径 d_0的选取与塔的操作性能要求、物系性质、塔板厚度、加工要求等有关，是影响气相分散和气液接触的重要工艺尺寸。按设计经验，表面张力为正系统的物系，可采用 d_0为 3~8mm(常用 4~5mm)的小孔径筛板；表面张力为负系统的物系或易堵塞物系，可采用 d_0为 10~25mm 的大孔径筛板。近年来，随着设计水平的提高和操作经验的积累，采用大孔径筛板逐渐增多，因大孔径筛板加工简单、造价低，且不易堵塞，只要设计合理，操作得当，仍可获得满意的分离效果。

② 筛板厚度　筛孔的加工一般采用冲压法，故确定筛板厚度应根据筛孔直径的大小，考虑加工的可能性。

对于碳钢塔板，板厚 δ 为 3~4mm，孔径 d_0应不小于板厚 δ；对于不锈钢塔板，板厚 δ 为 2.5~5mm，d_0应不小于$(1.5\sim2)\delta$。

③ 孔中心距　相邻两筛孔中心的距离称为孔中心距，以 t 表示。孔中心距 t 一般为$(2.5\sim5)d_0$，t/d_0过小易使气流相互干扰，过大则鼓泡不均匀，都会影响传质效率。设计推荐值为 $t/d_o=3\sim4$。

④ 筛孔的排列与筛孔数　设计时，筛孔按正三角形排列，如图 4-10 所示。

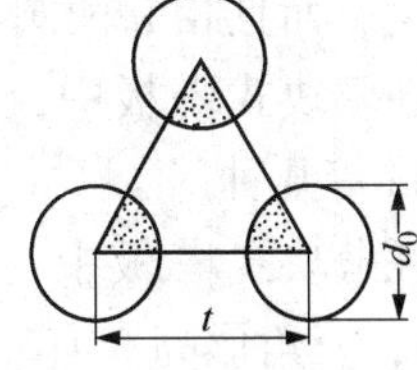

图 4-10　筛孔的正三角形

当采用正三角形排列时，筛孔的数目 n 可按下式计算，即

$$n=\frac{1.155A_a}{t^2} \tag{4-13}$$

式中　A_a——鼓泡区面积，m^2；

t——筛孔的中心距，m。

⑤ 开孔率　筛板上筛孔总面积 A_0与开孔区面积 A_a 的比值称为开孔率 φ，即

$$\varphi=\frac{A_0}{A_a}\times100\% \tag{4-14}$$

筛孔按正三角形排列时，可以导出

$$\varphi=\frac{A_0}{A_a}=0.907\left(\frac{d_0}{t}\right)^2 \tag{4-15}$$

应指出，对上述方法求出筛孔的直径 d_0、筛孔数目 n 后，还需要通过流体力学验算，检验是否合理，若不合理需进行调整。

⑥ 浮阀塔的阀孔数及其排列

(a) 阀孔直径　阀孔直径由所选浮阀的型号决定，如常用的 F1 型浮阀的阀孔直径为 39mm。

(b) 阀孔数　阀孔数 n 取决于操作时的阀孔气速 u_0，而 u_0 由阀孔动能因数 F_0 决定。

$$u_0=\frac{F_0}{\sqrt{\rho_V}} \tag{4-16}$$

式中　u_0——孔速，m/s；

ρ_V——气相密度，kg/m^3；

F_0——阀孔的动能因子，一般取 8～11(苯-甲苯体系取 9～13)，对于不同的工艺条件，也可适当调整。

阀孔数 n 由式(4-17)算出：

$$n=\frac{V}{\frac{\pi}{4}d_0^2u_0} \tag{4-17}$$

式中　n——阀孔数；

V——气相流量，m^3/s；

d_0——阀孔孔径，m；

u_0——阀孔气速，m/s。

应注意的是，当塔中各板或各段气相流量不同时，设计时往往改变各板或各段的阀数。

(c) 阀孔的排列　阀孔的排列方式有正三角形排列和等腰三角形排列。正三角形排列又有顺排和叉排两种方式(图 4-11)。采用叉排时，相邻两阀吹出的气流搅动液层的作用比顺排明显，而且相邻两阀容易被吹开，液面梯度较小，鼓泡均匀，所以采用叉排更好。

在整块式塔板中，阀孔一般按正三角形排列，其孔心距 t 有 75mm、100mm、125mm、150mm 等几种。

在分块式塔板中，阀孔也可按等腰三角形排列(图 4-11)，三角形的底边 t' 固定为 75mm，三角形高 h 有 65mm、70mm、80mm、90mm、100m、110mm 几种，必要时还可以调整。塔板上阀孔的开孔率一般为 4%～15%，最好为 6%～9%。

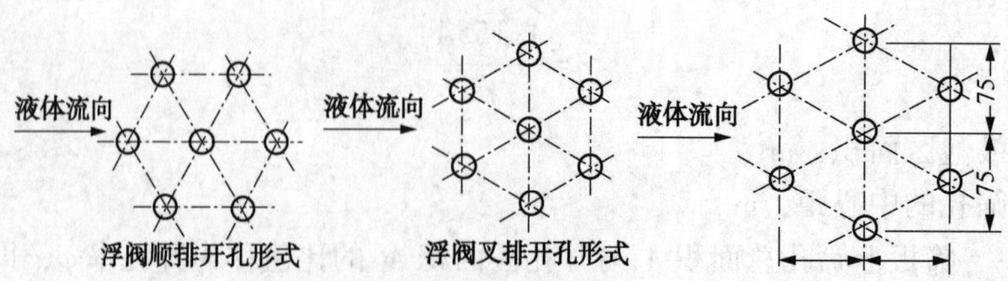

图 4-11　浮阀塔盘系列塔盘板开孔形式

按等腰三角形排列时：

$$h=\frac{A_p/n}{t'}=\frac{A_p/n}{0.075} \tag{4-18}$$

按正三角形排列时：

$$t=d_0\sqrt{\frac{0.907}{A_0/A_p}} \tag{4-19}$$

式中　h——等腰三角形的高，m；

A_p——开孔鼓泡区面积，m^2；

t'——等腰三角形的底边长，m，一般取 0.075m；

A_0——阀孔总面积，m^2；

t——正三角形的孔心距，m。

4.2.5　塔板的流体力学验算

塔板流体力学验算的目的在于检验初步设计的塔板计算是否合理，塔板能否正常操作。

1）塔板压降

气体通过筛板时，需克服筛板本身的干板阻力、板上充气液层的阻力及液体表面张力造成的阻力，这些阻力即形成了筛板的压降。气体通过筛板的压降 ΔP_p 可由下式计算：

$$\Delta P_p=h_p\rho_L g \tag{4-20}$$

式(4-20)中的液柱高度 h_p 可按下式计算，即

$$h_p=h_c+h_1+h_\sigma \tag{4-21}$$

式中　h_c——与气体通过筛板的干板压降相当的液柱高度，m 液柱；

h_1——与气体通过板上液层的压降相当的液柱高度，m 液柱；

h_σ——与克服液体表面张力的压降相当的液柱高度，m 液柱。

(1) 干板阻力

干板阻力 h_c 可按以下经验公式估算，即

$$h_c=0.051\left(\frac{u_0}{c_0}\right)^2\left(\frac{\rho_V}{\rho_L}\right)\left[1-\left(\frac{A_0}{A_a}\right)^2\right] \tag{4-22}$$

式中　u_0——气体通过筛孔的速度，m/s；

c_0——流量系数。

通常，筛板的开孔率 $\phi\leqslant15\%$，故式(4-22)可简化为

$$h_c=0.051\left(\frac{u_0}{c_0}\right)^2\left(\frac{\rho_V}{\rho_L}\right) \tag{4-23}$$

流量系数的求取方法较多，当 $d_0<10$mm，其值可由图 4-12 直接查出。当 $d_0\geqslant10$mm 时，由图 4-12 查得 c_0后再乘以 1.15 的校正系数。

(2) 气体通过液层的阻力

气体通过液层的阻力 h_1与板上清液层的高度 h_L及气泡的状况等许多因素有关，其计算方法很多，设计中常采用式(4-24)估算

$$h_1=\beta h_L=\beta(h_w+h_{ow}) \tag{4-24}$$

式中　β——充气系数，反映板上液层的充气程度，其值由图 4-13 查取，通常可取 β=0.5~0.6。

图 4-13 中 F_0为气相动能因子，其定义式为

$$F_0 = u_a \sqrt{\rho_V} \tag{4-25}$$

$$u_a = \frac{V_s}{A_T - A_f}（单溢流板） \tag{4-26}$$

式中 F_0——气相动能因子，$kg^{1/2}/(s \cdot m^{1/2})$；

u_a——通过有效传质区的气速，m/s；

A_T——塔截面积，m^2。

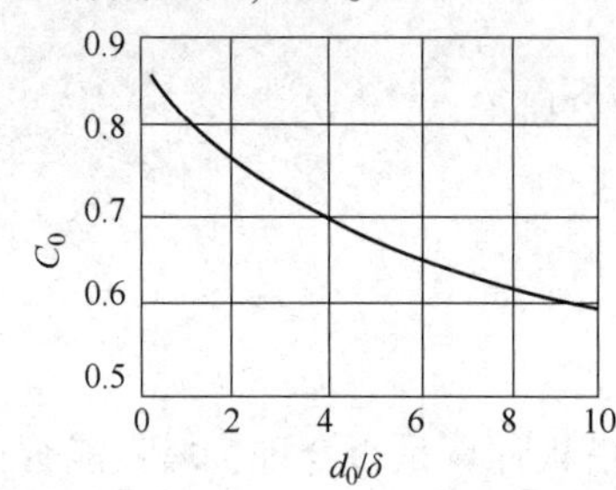

图 4-12　干筛孔的流量系数

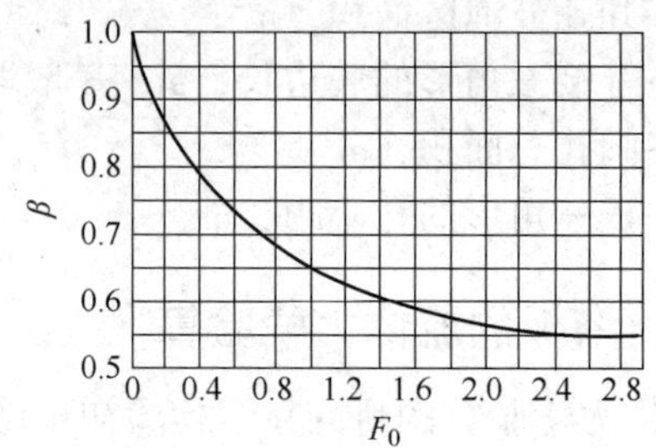

图 4-13　充气系数关联

（3）液体表面张力的阻力

液体表面张力的阻力 h_σ可由式(4-27)估算，即

$$h_\sigma = \frac{4\sigma_L}{\rho_L g d_0} \tag{4-27}$$

式中 σ_L——液体的表面张力，N/m。

由以上各式分别求出 h_c、h_1及 h_σ后，即可计算出气体通过筛板的压降 ΔP_p，该计算值应低于设计允许值。

2）液面落差

当液体横向流过塔板时，为克服板上的摩擦阻力和板上构件的局部阻力，需要一定的液位差，此即液面落差。由于筛板上没有凸起的气液接触构件，故液面落差较小。在正常的液体流量范围内，对于 $D \leqslant 1600$mm 的筛板，液面落差可忽略不计。对于液体流量很大及 $D \geqslant 2000$mm 的筛板，需要考虑液面落差的影响。液面落差的计算方法参考有关书籍。

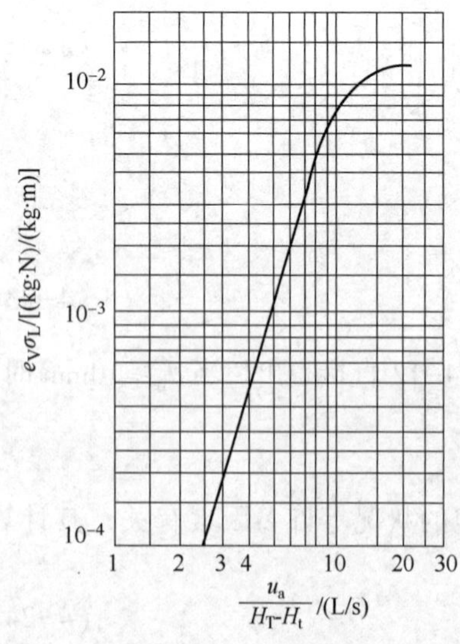

图 4-14　亨特的液沫夹带关联

3）液沫夹带

液沫夹带造成液相在塔板间的返混，严重的液沫夹带会使塔板效率急剧下降，为保证塔板效率的基本稳定，通常将液沫夹带量限制在一定范围内，设计中规定液沫夹带量 $e_v < 0.1$kg 液体/kg 气体。

（1）筛孔塔板的液沫夹带量

计算液沫夹带量的方法很多，设计中常采用亨特关联图，如图 4-14 所示。图中直线部分可回归成下式

$$e_V = \frac{5.7\times10^{-6}}{\sigma_L}\left(\frac{u_a}{H_T-h_f}\right)^{3.2} \tag{4-28}$$

式中　e_V——液沫夹带量，kg 液体/kg 气体；

h_f——塔板上鼓泡层高度，m。

根据设计经验，一般取 $h_f=2.5h_L$。

(2) 浮阀塔板的液沫夹带量

目前多采用验算泛点率的概念，作为间接判断液沫夹带量的方法。泛点率的意义是指设计负荷与泛点负荷之比，是一种统计的关联值，是广义地指塔内液面的泛滥而导致的效率剧降点，泛点率由下列两式求出，采用计算结果中较大的数值。

泛点率 F 可按下面的经验公式计算，即：

$$F = \frac{V\sqrt{\frac{\rho_V}{\rho_L-\rho_V}}+1.36LZ}{KC_FA_b} \tag{4-29}$$

式中　F——泛点率；

V、L——塔内气、液负荷，m^3/s；

ρ_L、ρ_V——塔内气、液密度，kg/m^3；

Z——板上液体流经长度，m。对单溢流塔板，$Z=D-2W_d$，其中 D 为塔径，W_d 为弓形降液管宽度；

A_b——板上液流面积，m^2。对单溢流塔板，$A_b=A_T-2A_f$，其中 A_T 为塔截面积，A_f 为弓形降液管截面积；

C_F——泛点负荷系数，查图 4-15；

K——物性系数，其值见表 4-4。

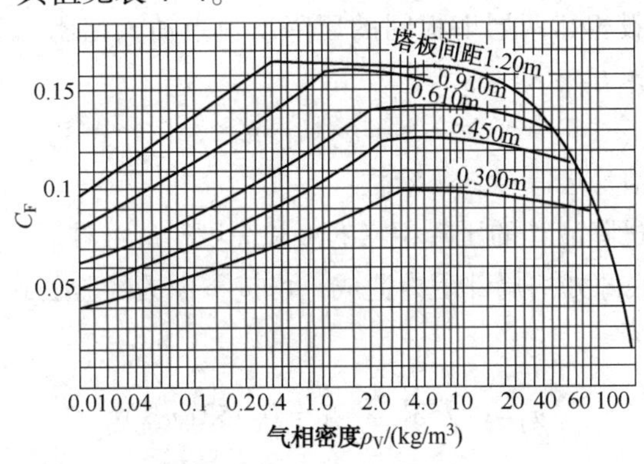

图 4-15　泛点负荷因数

表 4-4　物性系数 K

系　统	物性系数	系　统	物性系数
无泡沫，正常系统	1.0	多泡沫系统(如胺及乙二胺吸收塔)	0.73
氟化物(如 BF_3、氟利昂)	0.9	严重发泡系统(如甲乙酮装置)	0.60
中等发泡系统(如油吸收塔)	0.85	形成稳定泡沫的系统(如碱再生塔)	0.30

对塔径大于 900mm，$F<80\%$；对塔径<900mm，$F<70\%$；对减压塔，$F<75\%$这样可以

保证液沫夹带量 $e_V<10\%$

4）漏液

当气体通过筛孔的流速较小，气体的动能不足以阻止液体向下流动时，便会发生漏液现象。根据经验，当漏液量小于塔内液流量的10%时对塔板效率影响不大。故漏液量等于塔内液流量的10%时的气速被称为漏液点气速，它是塔板操作气速的下限，以 $u_{0,\min}$ 表示。

计算筛板塔漏液点气速有不同的方法。设计中可采用下式计算，即

$$u_{0,\min}=4.4c_0\sqrt{(0.0056+0.13h_L-h_\sigma)\rho_L/\rho_V} \tag{4-30}$$

当 $h_L<30$mm 或筛孔孔径 $d_0<3$mm 时，用下式计算较适宜：

$$u_{0,\min}=4.4c_0\sqrt{(0.01+0.13h_L-h_\sigma)\rho_L/\rho_V} \tag{4-31}$$

因漏液量与气体通过筛孔的动能因子有关，故亦可采用动能因子计算漏液点气速，即

$$u_{0,\min}=\frac{F_{0,\min}}{\sqrt{\rho_V}} \tag{4-32}$$

式中　$F_{0,\min}$——漏液点动能因子，$F_{0,\min}$ 值的适宜范围为8~10。

气体通过筛孔的实际速度 u_0 与漏液点气速 $u_{0,\min}$ 之比，称为稳定系数，即

$$k=\frac{u_0}{u_{0,\mathrm{mim}}} \tag{4-33}$$

式中　k——稳定系数，量纲为1，k 值的适宜范围为1.5~2。

5）液泛

液泛分为降液管液泛和液沫夹带液泛两种情况。因设计中已对液沫夹带量进行了验算，故在筛板的流体力学验算中通常只对降液管液泛进行验算。

为使液体能由上层塔板稳定地流入下层塔板，降液管内须维持一定的液层高度 H_d。降液管内液层高度用来克服相邻两层塔板间的压降、板上清液层阻力和液体流过降液管的阻力，因此，可用下式计算 H_d，即

$$H_d=h_p+h_L+h_d \tag{4-34}$$

式中　H_d——降液管中清液层高度，m 液柱；

　　h_d——与液体流过降液管的压降相当的液柱高度，m 液柱。

h_d 主要是由降液管底隙处的局部阻力造成，可按下面的经验公式估算。

塔板上不设置进口堰：

$$h_d=0.153\left(\frac{L_s}{l_w h_0}\right)^3=0.153(u'_0)^2 \tag{4-35}$$

塔板上设置进口堰：

$$h_d=0.2\left(\frac{L_s}{l_w h_0}\right)^2=0.2(u'_0)^2 \tag{4-36}$$

式中　u'_0——流体流过降液管底隙时的流速，m/s。

按式(4-34)可算出降液管中清液层高度 H_d，而降液管中液体和泡沫的实际高度大于此值。为了防止液泛，应保证降液管中泡沫液体总高度不能超过上层塔板的出口堰，即

$$H_d\leqslant\varphi(H_T+h_w) \tag{4-37}$$

式中　φ——安全系数，对易发泡物系，$\varphi=0.3\sim0.5$；不易发泡物系，$\varphi=0.6\sim0.7$。

4.2.6　塔板的负荷性能图

按上述方法进行流体力学验算后，还应绘出塔板的负荷性能图(图4-16)，以检验设计的合理性。塔板的负荷性能图的绘制方法见“筛板塔设计示例”。

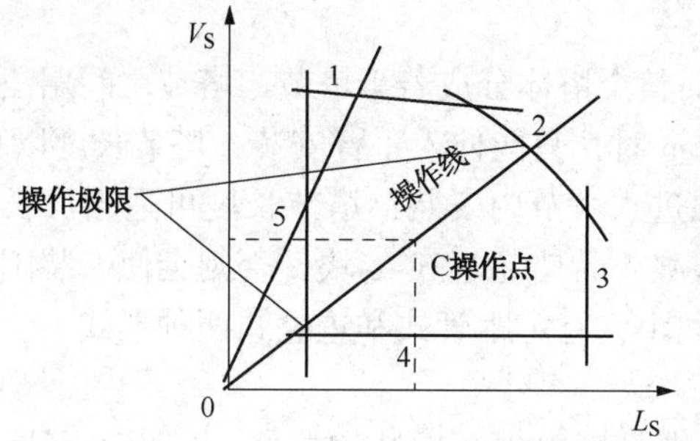

图4-16　塔板的负荷性能图

4.2.7　板式塔的结构与附属设备

1）塔体结构

(1)塔顶空间指塔内最上层塔板与塔顶的间距。为利于出塔气体夹带的液滴沉降，其高度应大于板间距，设计中通常取塔顶间距为(1.5~2.0)H_T。若需要安装除沫器时，要根据除沫器的安装要求确定塔顶间距。

(2) 塔底空间

塔底空间指塔内最下层塔板到塔底间距。其值由如下因素决定：

① 底储液空间依储液量停留3~8min(易结焦物料可缩短停留时间)而定；

② 再沸器的安装方式及安装高度；

③ 塔底液面至最下层塔板之间要留有1~2m的间距。

(3) 人孔

对于$D\geqslant1000$mm的板式塔，为安装、检修的需要，一般每隔6~8层塔板设一人孔。人孔直径一般为450~600mm，其伸出塔体的筒体长为200~250mm，人孔中心距操作平台约800~1200mm。设人孔处的板间距应等于或大于600mm。

(4) 塔高

板式塔的塔高如图4-17所示。可按下式计算，即

$$H=(n-n_F-n_p-1)H_T+n_FH_F+n_pH_p+H_D+H_B+H_1+H_2 \quad (4-38)$$

式中　H——塔高，m；

n——实际塔板数；

n_F——进料板数；

H_F——进料板处板间距，m；

n_p——人孔数；

H_B——塔底空间高度，m；

H_p——人孔处的板间距，m；

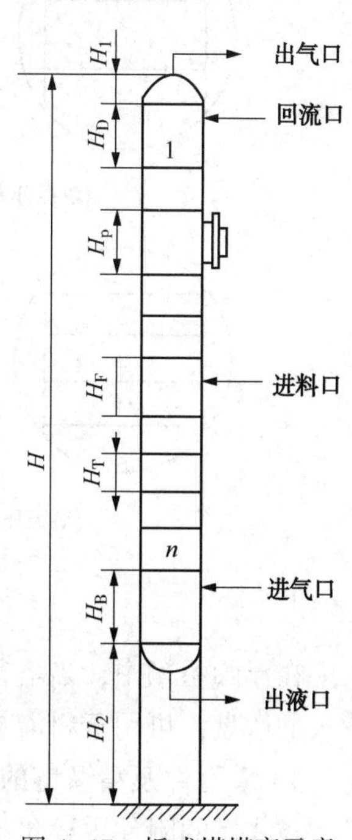

图4-17　板式塔塔高示意

H_D——塔顶空间高度，m；

H_1——封头高度，m；

H_2——裙座高度，m。

2）**塔板结构**

（1）整块式塔板

小直径塔的塔板常做成整块式的。而整个塔体分成若干塔节，塔节之间用法兰连接。塔节长度与塔径有关，当塔径为300~500mm时，只能伸入手臂安装，塔节长度以800~100mm为宜；塔径为500~800mm时，人可勉强进入塔节内安装，塔节长度可适当加长，但一般也不宜超过2000~2500m，每个塔节内塔板数不希望超过5~6块，否则会使安装困难。塔板与塔板之间用管子支承，以保持一定的板间距，有定距管式和重叠式两种形式。

（2）分块式塔板

当塔径大于800mm时，人已经可以进入塔内进行拆装和检修。塔板也可拆分成若干块通过人孔送入塔内。因此，大直径塔常用分块式塔板结构，此时塔体也不必分成若干节。塔板的分块数与塔径的关系见表4-5。靠近塔壁这两块是弓形板，其余的是矩形板。板块的分块宽度由人孔、塔板结构强度、开孔排列的均匀对称性等因素决定，其最大宽度以能通过人孔为宜。单溢流型塔板分块板示意图如图4-18所示。

表4-5　单溢流型塔板分块数

塔径/mm	800~1200	1400~1600	1800~2000	2200~2400
塔板分块数	3	4	5	6

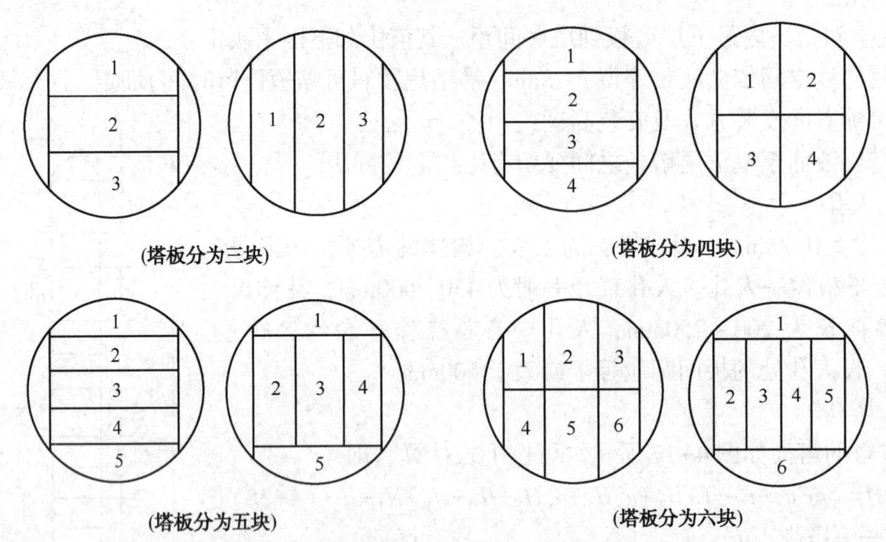

图4-18　单溢流型塔板分块示意图

在浮阀系列中，当塔径为800~2000mm时，自身梁式单流塔板采用可调节堰、可拆降液板的塔盘，可用于料液易堵塞、聚合的场合，见图4-19。

3）**塔附件及精馏塔的附属设备设计**

板式塔的附件主要包括工艺接管、裙座、除沫器、人孔和手孔、吊柱等。精馏塔的附属

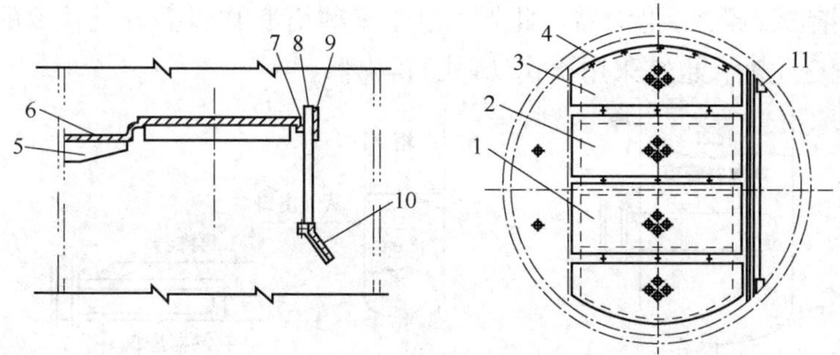

图 4-19　可调节堰、可拆降液板的塔盘

1—通道板；2—矩形板；3—弓形板；4—支撑圈；5—筋板；6—受液盘；7—支持板；8—降液板；9—可调堰板；10—可拆降液；11—连接板

设备有蒸气冷凝器、产品冷却器、再沸器(蒸馏釜)、原料预热器等，可根据有关教材或化工手册进行选型与设计。以下着重介绍再沸器(蒸馏釜)和冷凝器的形式和特点，具体设计计算过程从略。

(1) 工艺接管

① 塔顶蒸汽接管

常压操作，塔顶蒸汽流速取 12~20m/s；绝对压力为 1400~6000Pa 时取流速 30~50m/s；绝对压力小于 1400Pa 时取流速 50~70m/s。

② 进料接管

(a) 对气体与气液混合进料管径按进料状态下的经济流速确定。

(b) 液体进料接管和回流接管：

料液由高位槽流入塔内，进料管流速取 0.4~0.8m/s；料液由泵输送时，进料管流速取 1.5~2.5m/s。重力回流时，液回流速度取 0.2~0.5m/s；强制回流时液回流速度取 1.5~2.5m/s。

③ 出料接管

料液由塔进入储槽内，出料管流速取 0.4~0.8m/s；料液由泵输送时，出料管流速取 1.5~2.5m/s；塔釜流出液体速度取 0.5~1.0m/s。

(2) 再沸器(蒸馏釜)

该装置的作用是加热塔底料液使之部分汽化，以提供精馏塔内的上升气流。工业上常用的再沸器(蒸馏釜)有以下几种。

① 内置式再沸器(蒸馏釜)　将加热装置直接设置于塔的底部，称为内置式再沸器(蒸馏釜)，如图 4-20(a)所示。加热装置可采用夹套、蛇管或列管式加热器等不同形式，其装料系数依物系起泡倾向取为 60%~80%。内置式再沸器(蒸馏釜)的优点是安装方便、可减少占地面积，通常用于直径小于 600mm 的蒸馏塔中。

② 釜式(罐式)再沸器　对直径较大的塔，一般将再沸器置于塔外，如图 4-20(b)所示。其管束可抽出，为保证管束浸于沸腾液中，管束末端设溢流堰，堰外空间为出料液的缓冲区。其液面以上空间为气液分离空间，设计中，一般要求气液分离空间为再沸器总体积的 30%以上。釜式(罐式)再沸器的优点是气化率高，可达 80%以上。若工艺过程要求较高的

汽化率，宜采用釜式(罐式)再沸器。此外，对于某些塔底物料需分批移除的塔或间歇精馏塔，因操作范围变化大，也宜采用釜式(罐式)再沸器。

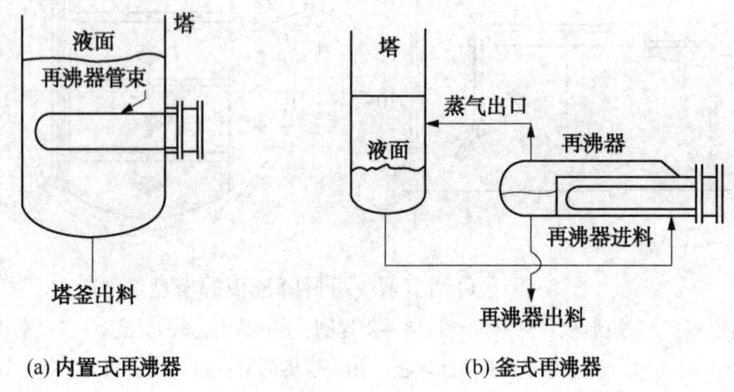

图 4-20　内置式及釜式再沸器

③ 热虹吸式再沸器　利用热虹吸原理，即再沸器内液体被加热部分汽化后，气液混合物密度小于塔内液体密度，使再沸器与塔间产生静压差，促使塔底液体被“虹吸”进入再沸器，在再沸器内汽化后返回塔中，因而不必用泵便可使塔底液体循环。热虹吸式再沸器有立式、卧式两种形式，如图 4-21 所示。

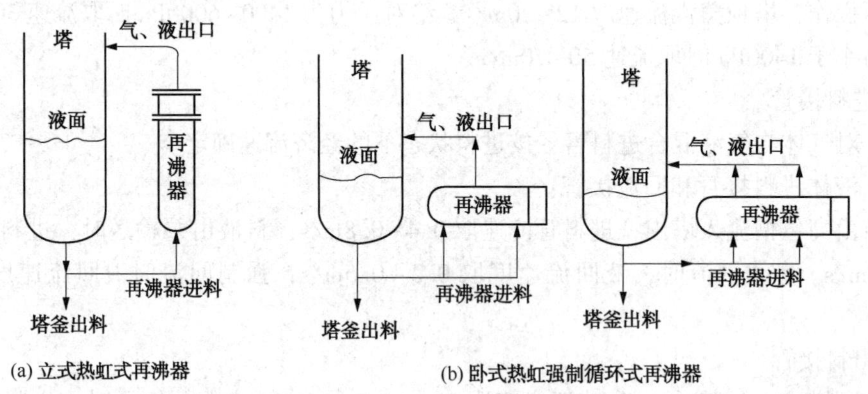

图 4-21　热虹吸式再沸器

立式热虹吸式再沸器的优点是，按单位面积计的金属耗用量显著低于其他形式，并且传热效果较好、占地面积小、连接管线短。但立式热虹吸式再沸器安装时要求精馏塔底部液面与再沸器顶部管板持平，要有固定标高，其循环速率受流体力学因素制约。当处理能力大，要求循环量大，传热面也大时，常选用卧式热虹吸式再沸器。一是由于随传热面加大其单位面积的金属耗量降低较快，二是其循环量受流体力学因素影响较小，可在一定范围内调整塔底与再沸器之间的高度差以适应要求。热虹吸式再沸器的汽化率不能大于 40%，否则传热不良，且因加热管不能充分润湿而易结垢，故对要求较高汽化率的工艺过程和处理易结垢的物料不宜采用。

④ 强制循环式再沸器　用泵使塔底液体在再沸器与塔间进行循环的再沸器，称为强制循环式再沸器，可采用立式、卧式两种形式，如图 4-22 所示。强制循环式再沸器的优点是，液体流速大，停留时间短，便于控制和调节液体循环量。该方式特别适用于高黏度液体

和热敏性物料的蒸馏过程。

采用强制循环再沸器较采用虹吸式再沸器，可提高管程流体的速度，从而使传热效率得到较大提高。

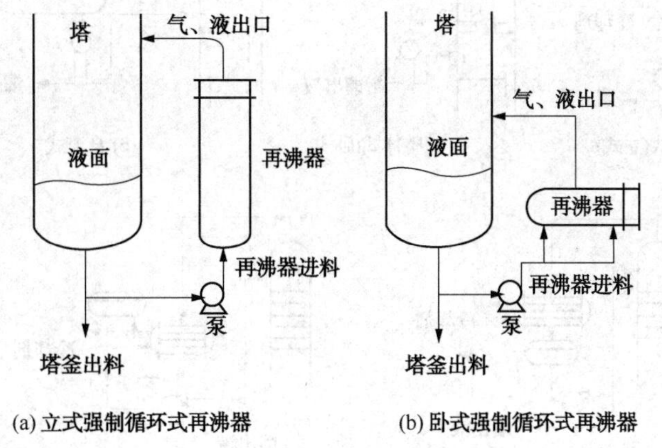

图 4-22 强制循环式再沸器

通常情况下，总传热系数可提高 30%以上。但采用强制循环式再沸器需设置循环泵，使得操作费用增加，而且釜温较高时需选用耐高温的泵，设备费用较高，另外料液有发生泄漏的可能。故在设计中，采用何种形式的再沸器需进行权衡。近年来，随着新型泵的开发和制造水平的提高，有多种密闭性能好的耐高温泵(如磁力泵、屏蔽泵等)可供选择，故强制循环式再沸器的应用日趋广泛。

必须指出，再沸器的传热面积是决定塔操作弹性的主要因素之一，故估算其传热面积时安全系数要选大一些，以防塔底蒸发量不足影响操作。

(3) 塔顶回流冷凝器

塔顶回流冷凝器通常采用管壳式换热器，有卧式、立式、管内或管外冷凝等形式。按冷凝器与塔的相对位置区分，有以下几类。

① 整体式及自流式　将冷凝器直接安置于塔顶，冷凝液借重力回流入塔，此即整体式冷凝器，又称内回流式，如图 4-23(a)、(b)所示。其优点是蒸气压降较小，节省安装面积，可借改变升气管或塔板位置调节位差以保证回流与采出所需的压头。缺点是塔顶结构复杂，维修不便，且回流比难于精确控制。该方式常用于以下几种情况：(a)传热面较小(例如 $50m^2$以下)；(b)冷凝液难以用泵输送或泵送有危险的场合；(c)减压蒸馏过程。图 4-23(c)所示为自流式冷凝器，即将冷凝器置于塔顶附近的台架上，靠改变台架高度获得回流和采出所需的位差。

② 强制循环式　当塔的处理量很大或塔板数很多时，若回流冷凝器置于塔顶将造成安装、检修等诸多不便，且造价高，可将冷凝器置于塔下部适当位置，用泵向塔顶输送回流，在冷凝器和泵之间需设回流罐，即为强制循环式。图 4-23(d)所示为冷凝器置于回流罐之上，回流罐的位置应保证其中液面与泵人口间之位差大于泵的气蚀余量，若罐内液温接近沸点时，应使罐内液面比泵入口高出 3m 以上。图 4-23(e)所示为将向流罐置于冷凝器的上部，冷凝器置于地面，冷凝液借压差流入回流罐中，这样可减少台架，且便于维修，主要用于常压或加压蒸馏。

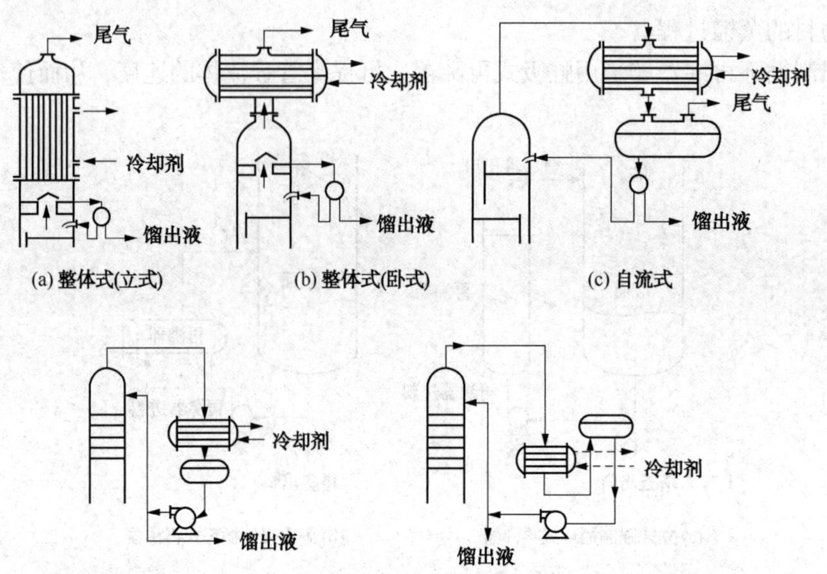

图 4-23　塔顶回流冷凝器

4.2.8　浮阀塔设计示例

在常压连续浮阀精馏塔中精馏乙醇——水溶液，要求料液浓度为 20%(质量分数)的常温液体，产品乙醇浓度不低于 95%(质量分数)，塔底乙醇浓度不高于 0.2%(质量分数)。年生产能力 140000t/年(开工率 300 天/年)。操作条件：①间接蒸汽加热；②塔顶压强：4kPa(表压)；③进料热状况：选择泡点进料，即 $q=1$。

表 4-6 乙醇的物性参数

相对分子质量	密度/(kg/m^3)	比热容/[kg/(kg · ℃)]	黏度/(mPa · s)	导热系数/(m · ℃)
46.07789	789	2.39	1.15	0.172

表 4-7　不同温度下乙醇和水的密度

温度/℃	ρ_c/(kg/m^3)	ρ_w/(kg/m^3)
80	735	971.8
85	730	968.6
90	724	965.3
95	720	961.9
100	716	958.4

表 4-8 不同温度下乙醇和水的表面张力

温度/℃	乙醇表面张力/(10^{-3}N/m)	水表面张力/(10^{-3}N/m)
70	18	64.3
80	17.15	62.6
90	16.2	60.7
100	15.2	58.8

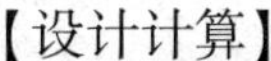

【设计计算】

1）设计方案的确定

（1）操作压力

对于乙醇-水体系，在常压下已经是液态，所以选用常压精馏。因为高压或者真空操作会引起操作上的其他问题以及设备费用的增加，尤其是真空操作不仅需要增加真空设备的投资和操作费用，而且由于真空下气体体积增大，需要的塔径增加，因此塔设备费用增加。综上所述，选择常压操作。

（2）进料状况

进料状态有5种，如果选择泡点进料，即 $q=1$ 时，操作比较容易控制，且不受季节气温的影响，此外，泡点进料时精馏段和提馏段的塔径相同，设计和制造时比较方便。

（3）加热方式

采用间接蒸汽加热。

（4）回流比

确定回流比的方法为：先求出最小回流比 R_{min}，根据经验取操作回流比 $R=(1.1\sim2.0)R_{min}$，回流方式采用泡点回流，易于控制。

（5）选择塔板类型：

选用F1浮阀塔板(重阀)。F1浮阀的结构简单，制造方便，节省材料，性能良好，且重阀采用厚度2mm的薄板冲制，每阀质量约为33g。

2）基本流程

乙醇-水溶液经预热至泡点后，用泵送入精馏塔。塔顶上升蒸气采用全冷凝后，部分回流，其余作为塔顶产品经冷却器冷却后送至储槽。塔釜采用间接蒸汽再沸器供热，塔底产品经冷却后送入储槽。其流程如图4-24所示。

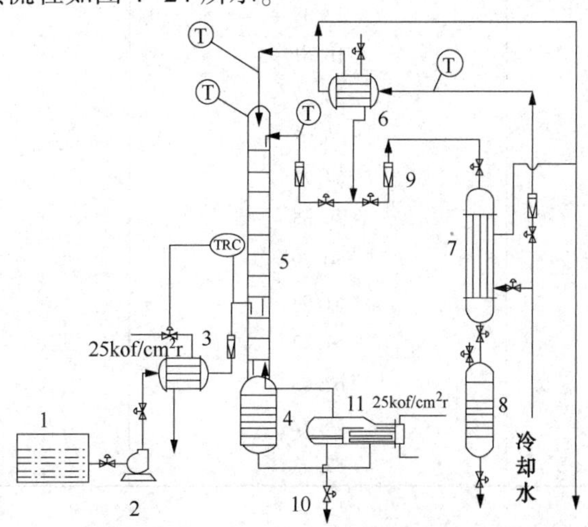

图4-24 乙醇-水精馏装置流程图

1—原料槽；2—离心泵；3—预热器；4—塔釜；5—塔身；6—全凝器；7—冷却器；8—产品储液罐；9—流量计；10—闸阀；11—再沸器；T—测湿装置；TRC—温度控制器

3）精馏塔的物料衡算

（1）精馏塔全塔物料衡算

F：原料液流量(kmol/s)　　　　　x_F：原料组成(mol%)
D：塔顶产品流量(kmol/s)　　　　x_D：塔顶组成(mol%)
W：塔底残夜流量(kmol/s)　　　　x_W：塔底组成(mol%)

原料液乙醇组成：$x_F=\dfrac{20/46}{20/46+80/18}\times100\%=8.91\%$

塔顶组成：$x_D=\dfrac{95/46}{95/46+5/18}\times100\%=88.14\%$

塔底组成：$x_W=\dfrac{0.2/46}{0.2/46+99.8/18}\times100\%=0.078\%$

进料量：$F=14.0\times10^4\text{t/a}=\dfrac{14\times10^4\times10^3\times[0.2/46+(1-0.2)/18]}{300\times24\times3600}=0.2635(\text{kmol/s})$

物料衡算式：$F=D+W$

联立代入求解：$D=0.0264(\text{kmol/s})$　　　　$W=0.2371(\text{kmol/s})$

(2) 全塔物料物性计算

① 温度

利用表 4-9 的数据由拉格朗日插值法可求得 t_F、t_D、t_W。

表 4-9　常压下乙醇-水气液平衡组成(摩尔)与温度关系

温度 t/℃	液相组成 x/%	气相组成 y/%
100	0	0
95.5	1.90	17.00
89.0	7.21	38.91
86.7	9.66	43.75
85.3	12.38	47.04
84.1	16.61	50.89
82.7	23.37	54.45
82.3	26.08	55.80
81.5	32.73	59.26
80.7	39.65	61.22
79.8	50.79	65.64
79.7	51.98	65.99
79.3	57.32	68.41
78.74	67.63	73.85
78.41	74.72	78.15
78.15	89.43	89.43

(a) t_F：$\dfrac{89.0-86.7}{7.21-9.66}=\dfrac{t_F-89.0}{8.91-7.21}$，$t_F=87.41℃$

(b) t_D：$\dfrac{78.15-78.41}{89.43-74.72}=\dfrac{t_D-78.15}{88.14-89.43}$，$t_D=78.17℃$

(c) t_W：$\dfrac{100-95.5}{0-1.90}=\dfrac{t_W-100}{0.078-0}$，$t_W=99.82℃$

(d) 精馏段平均温度：$\overline{t_1}=\frac{t_F+t_D}{2}=\frac{87.41+78.17}{2}=82.79(℃)$

(e) 提馏段平均温度：$\overline{t_2}=\frac{t_F+t_W}{2}=\frac{87.41+99.82}{2}=93.61(℃)$

② 密度

已知混合液密度：$\frac{1}{\rho_L}=\frac{a_A}{\rho_A}+\frac{a_B}{\rho_B}$（$a$ 为质量分数，$\overline{M}$ 为平均相对分子质量），不同温度下乙醇和水的密度见表4-7。

混合气密度：$\rho_V=\frac{T_0P\overline{M}}{22.4TP_0}$

(a) 精馏段　$\overline{t_1}=82.79℃$

液相组成 x_1：$\frac{84.1-82.7}{16.61-23.37}=\frac{82.79-82.7}{x_1-23.37}$，$x_1=22.94\%$

气相组成 y_1：$\frac{84.1-82.7}{50.89-54.45}=\frac{82.79-82.7}{y_1-54.45}$，$y_1=54.22\%$

所以

$$\overline{M_{L1}}=46\times0.2294+18\times(1-0.2294)=24.42(kg/kmol)$$

$$\overline{M_{V1}}=46\times0.5422+18\times(1-0.5422)=33.18(kg/kmol)$$

(b) 提馏段$\overline{t_2}=93.61℃$

气相组成 y_2：$\frac{95.5-89.0}{17.00-38.91}=\frac{93.61-89.0}{y_2-38.91}$，$y_2=23.37\%$

液相组成 x_2：$\frac{95.5-89.0}{1.9-7.21}=\frac{93.61-89.0}{x_2-7.21}$，$x_2=3.44\%$

所以　$\overline{M_{L2}}=46\times0.0344+18\times(1-0.0344)=18.96(kg/kmol)$

$\overline{M_{V2}}=46\times0.2337+18\times(1-0.2337)=24.54(kg/kmol)$

求得在$\overline{t_1}$、$\overline{t_2}$下的乙醇和水的密度：

$$\overline{t_1}=82.79℃，\frac{85-80}{730-735}=\frac{82.79-80}{\rho_{乙}-735}，\rho_{乙}=732.11(kg/m^3)$$

$$\frac{85-80}{968.6-971.8}=\frac{82.79-80}{\rho_{水}-971.8}，\rho_{水}=970.01(kg/m^3)$$

同理可得$\overline{t_2}=93.61℃$，$\rho'_{乙}=721.11(kg/m^3)$，$\rho'_{水}=962.81(kg/m^3)$

精馏段液相密度 ρ_{L1}：

$$\frac{1}{\rho_{L1}}=\frac{0.2294\times46/[0.294\times46+18\times(1-0.2294)]}{732.21}+\frac{1-0.4321}{970.01}$$

$$\rho_{L1}=850.34(kg/m^3)$$

气相密度：$\rho_{V1}=\frac{33.13\times273.15}{22.4\times(273.15+82.79)}=1.14(kg/m^3)$

提馏段液相密度 ρ_{L2}：

$$\frac{1}{\rho_{L2}}=\frac{0.0344\times46/[0.0344\times46+18\times(1-0.0344)]}{721.11}+\frac{1-0.08345}{962.81}$$

$$\rho_{L2}=936.62(\text{kg/m}^3)$$

气相密度：$\rho_{V2}=24.54\times\frac{273.15}{22.4}\div(273.15+93.61)=0.816(\text{kg/m}^3)$

③ 混合液体表面张力

不同温度下乙醇和水的表面张力见表 4-8。二元有机物-水溶液表面张力可用以下公式计算。

$$\sigma_m^{1/4}=\varphi_{sw}\sigma_w^{1/4}+\varphi_{so}\sigma_o^{1/4}$$

式中　$\sigma_w=\frac{x_wV_w}{x_wV_w+x_oV_o}$，$\varphi_o=\frac{x_oV_o}{x_wV_w+x_oV_o}$

$\varphi_{sw}=\frac{x_{sw}V_w}{V_s}$，$\varphi_{so}=\frac{x_{so}V_o}{V_s}$

$B=\lg\left(\frac{\varphi_w^q}{\varphi_o}\right)$，$Q=0.441\times\left(\frac{q}{T}\right)\left[\frac{\sigma_oV_o^{2/3}}{q}-\sigma_wV_w^{2/3}\right]$

$A=B+Q$　　$A=\lg\left(\frac{\varphi_{sw}^2}{\varphi_{so}}\right)$，$\varphi_{sw}+\varphi_{so}=1$

式中下角标 w、o、s 分别代表水、有机物及表面部分，x_w、x_o 指主体部分的分子数，V_w、V_o 为主体部分的分子体积，σ_w、σ_o 为纯水、有机物表面张力，对乙醇 $q=2$。

(a) 精馏段　$\overline{t_1}=82.79℃$

$$V_w=\frac{m_w}{\rho_w}=\frac{18}{850.34}=21.17(\text{dm}^3/\text{mol})$$

$$V_o=\frac{m_o}{\rho_o}=\frac{46}{1.14}=40.35(\text{dm}^3/\text{mol})$$

乙醇表面张力：$\frac{90-80}{90-82.79}=\frac{16.2-17.15}{16.2-\sigma_{乙醇}}$，$\sigma_{乙醇}=16.885$

水的表面张力：$\frac{90-80}{60.7-62.6}=\frac{90-82.79}{60.7-\sigma_{水}}$，$\sigma_{水}=62.070$

$$\frac{\varphi_w^2}{\varphi_o}=\frac{(x_wV_w)^2}{x_oV_o(x_wV_w+x_oV_o)}=\frac{[(1-x_o)V_w)]^2}{x_oV_o(x_wV_w+x_oV_o)}$$

$$=\frac{[(1-0.2294)\times21.17]^2}{0.2294\times40.35\times[0.7706\times21.17+0.2294\times40.35]}=1.12$$

因为 $x_D=0.2294$，所以 $x_w=1-0.2294=0.7706$

$$A=\lg\left(\frac{\varphi_{sw}^2}{\varphi_{so}}\right)$$

$$B=\lg\left(\frac{\varphi_w^2}{\varphi_o}\right)=\lg1.12=0.0492$$

$$Q=0.441\times\left(\frac{q}{T}\right)\left[\frac{\sigma_{o}V_{o}^{2/3}}{q}-\sigma_{w}V_{w}^{2/3}\right]=-0.932$$

$$A=B+Q=-0.883$$

联立方程组：$A=\lg\left(\frac{\varphi_{sw}^{2}}{\varphi_{so}}\right)$，$\varphi_{sw}+\varphi_{so}=1$

求得：$\varphi_{sw}=0.303$，$\varphi_{so}=0.697$

$$\sigma_{m}^{1/4}=0.303\times62.070^{1/4}+0.697\times16.885^{1/4}，\sigma_{m}=26.24$$

(b) 提馏段$\overline{t_2}=93.61$℃

$$V'_{w}=\frac{m_{w}}{\rho_{w}}=\frac{18}{936.62}=19.22(\mathrm{dm^3/mol})，V'_{o}=\frac{m_{o}}{\rho'_{o}}=\frac{46}{0.816}=56.37(\mathrm{dm^3/mol})$$

乙醇表面张力：$\frac{100-90}{15.2-16.2}=\frac{100-93.61}{15.2-\sigma'_{乙醇}}$，$\sigma'_{乙醇}=15.839(\mathrm{mN/m})$

水的表面张力：$\frac{100-90}{58.8-60.7}=\frac{100-93.61}{58.8-\sigma'_{水}}$，$\sigma'_{水}=60.014(\mathrm{mN/m})$

$$\frac{(\varphi'_{w})^{2}}{\varphi'_{o}}=\frac{[(1-0.0344)\times19.22]^{2}}{0.0344\times56.37\times[0.9656\times19.22+0.0344\times56.37]}=8.67$$

因为$x'_{D}=0.0344$，所以$x_{w}=1-0.0344=0.9656$

$$B'=\lg\left(\frac{\varphi'^{2}}{\varphi'_{o}}\right)=\lg8.67=0.938$$

$$Q'=0.441\times\left(\frac{q}{T}\right)\left[\frac{\sigma_{o}V_{o}^{2/3}}{q}-\sigma_{w}V_{w}^{2/3}\right]=-0.825$$

$$A'=B'+Q'=0.938-0.825=0.113$$

联立方程组：$A'=\lg\left(\frac{\varphi'^{2}_{sw}}{\varphi'_{so}}\right)$，$\varphi'_{sw}+\varphi'_{so}=1$

求得：$\varphi'_{sw}=0.662$，$\varphi'_{so}=0.338$

$\sigma'_{m}=40.13$

④ 混合物的黏度

$\overline{t_1}=82.79$℃，查表得：$\mu_{水}=0.3439(\mathrm{mPa\cdot s})$，$\mu_{醇}=0.433(\mathrm{mPa\cdot s})$

$\overline{t_2}=93.61$℃，查表得：$\mu'_{水}=0.298(\mathrm{mPa\cdot s})$，$\mu'_{醇}=0.381(\mathrm{mPa\cdot s})$

精馏段黏度：$\mu_1=\mu_{醇}x_1+\mu_{水}(1-x_1)$

$=0.433\times0.2294+0.3439\times(1-0.2294)=0.3643(\mathrm{mPa\cdot s})$

提馏段黏度：$\mu_2=\mu'_{醇}x_2+\mu'_{水}(1-x_2)$

$=0.381\times0.0344+0.298\times(1-0.0344)=0.3009(\mathrm{mPa\cdot s})$

⑤ 相对挥发度

(a) 精馏段挥发度：由$x_{A}=0.2294$，$y_{A}=0.5422$得$x_{B}=0.7706$，$y_{B}=0.4578$

所以
$$\alpha=\frac{y_{A}x_{B}}{y_{B}x_{A}}=\frac{0.5422\times0.7706}{0.4578\times0.2294}=3.98$$

(b) 提馏段挥发度：由$x'_{A}=0.0344$，$y'_{A}=0.2337$得$x'_{B}=0.9656$，$y'_{B}=0.7663$

$$\alpha'=\frac{y'_{A}x'_{B}}{y'_{B}x'_{A}}=\frac{0.2337\times0.9656}{0.7663\times0.0344}=8.56$$

⑥ 气、液相体积流量计算

根据在 1.01325×10^5 Pa 下乙醇-水的气液平衡组成关系可绘出平衡曲线(即 $x-y$ 曲线图)，泡点进料，所以 $q=1$，即 q 为一直线，本平衡具有下凹部分，操作线尚未落到平衡线前，已与平衡线相切：$x_q=0.0891$，$y_q=0.3025$。

根据 $x-y$ 图得：$R_{min}=\dfrac{x_D-y_q}{y_q-x_q}=\dfrac{0.8814-0.3025}{0.3025-0.0891}=2.713$

取 $R_{min}=1.5R_{min}=1.5\times2.713=4.07$

(a) 精馏段：$L=RD=4.07\times0.0264=0.107$(kmol/s)

$$V=(R+1)D=(4.07+1)\times0.0264=0.134\text{(kmol/s)}$$

已知：$\overline{M_{L1}}=24.42\text{kg/m}^3$，$\overline{M_{V1}}=33.18\text{kg/m}^3$

$\rho_{L1}=850.34$ kg/kmol，$\rho_{V1}=1.14$ kg/kmol

则质量流量：$L_1=\overline{M_{L1}}L=24.42\times0.107=2.613$(kg/s)

$$V_1=\overline{M_{V1}}V=33.18\times0.134=4.446\text{(kg/s)}$$

体积流量：$L_{s1}=\dfrac{L_1}{\rho_{L1}}=\dfrac{2.613}{850.34}=3.07\times10^{-3}(\text{m}^3/\text{s})$

$$V_{s1}=\frac{V_1}{\rho_{V1}}=\frac{4.446}{1.14}=3.90(\text{m}^3/\text{s})$$

(b) 提馏段：因本设计为饱和液体进料，所以 $q=1$。

$$L'=L+qF=0.107+1\times0.2635=0.3705\text{(kmol/s)}$$

$$V'=V+(q-1)F=0.134\text{(kmol/s)}$$

已知：$\overline{M_{L2}}=18.96$ kg/kmol，$\overline{M_{V2}}=24.54$ kg/kmol

$$\rho_{L2}=936.62\text{kg/m}^3，\rho_{V2}=0.816\text{kg/m}^3$$

则有质量流量：$L_2=\overline{M_{L2}}L'=18.96\times0.3705=7.0247$(kg/s)

$$V_2=\overline{M_{V2}}V'=24.54\times0.134=3.2884\text{(kg/s)}$$

$$W=L_2-V_2=3.7363\text{(kg/s)}$$

体积流量：$L_{s2}=\dfrac{L_2}{\rho_{L2}}=\dfrac{7.0247}{936.62}=7.50\times10^{-3}(\text{m}^3/\text{s})$

$$V_{s2}=\frac{V_2}{\rho_{V2}}=\frac{3.2884}{0.816}=4.030(\text{m}^3/\text{s})$$

(3) 理论板的计算

理论板的计算可采用逐板计算方法、图解法，在本次实验设计中采用图解法。

操作回流比 $R=4.07$。

已知精馏段操作线方程：$y_{n+1}=\dfrac{R}{R+1}x_n+\dfrac{x_D}{R+1}=0.803x_n+0.174$

提馏段操作线方程：$y_{m+1}=\dfrac{L+qF}{L+qF-W}x_m-\dfrac{Wx_w}{L+qF-W}=0.2777x_m-0.00139$

在图上作操作线，由点(0.8814，0.8814)起在平衡线与操作线间画阶梯，过精馏段操作线与 q 线交点，直到阶梯与平衡线交点小于 0.00078 为止，由此得到理论板 $N_T=26$ 块(包

括再沸器）加料板为第24块理论板。

板效率与塔板结构、操作条件、物质的物理性质及流体力学性质有关，它反映了实际塔板上传质过程进行的程度。板效率可用奥康奈尔公式计算：

$$E_T=0.49(\alpha\mu_L)^{-0.245}$$

式中 α——塔顶与塔底平均温度下的相对挥发度；

μ_L——塔顶与塔底平均温度下的液相黏度，mPa·s。

① 精馏段

已知：$\alpha=3.98$，$\mu_{L1}=0.3643\text{mPa}\cdot\text{s}$

所以：$E_T=0.49\times(3.98\times0.3643)^{-0.245}=0.447$

$$N_{P精}=\frac{N_T}{E_T}=\frac{23}{0.447}=51.5,\ 故\ N_{P精}=52\ 块$$

② 提馏段

已知：$\alpha'=8.56$，$\mu_{L2}=0.3009\text{mPa}\cdot\text{s}$

所以：$E'_T=0.49\times(8.56\times0.3009)^{-0.245}=0.389$，$N_{P提}=\dfrac{N'_T}{E'_T}=\dfrac{3-1}{0.389}=5.14$

故 $N_{P提}=6$ 块

全塔所需实际塔板数：$N_P=N_{P精}+N_{P提}=52+6=58$ 块

全塔效率：$E_T=\dfrac{N_T}{N_P}=\dfrac{26-1}{58}\times100\%=43.10\%$

加料板位置在第53块塔板。

(4) 塔径的初步设计

① 精馏段

由 $u=(0.6\sim0.8)\times u_{max}$，$u_{max}=C\sqrt{\dfrac{\rho_L-\rho_V}{\rho_V}}$，式中 C 可由史密斯关联图查出：

横坐标数值：$\dfrac{L_{s1}}{V_{s1}}\times\left(\dfrac{\rho_{L1}}{\rho_{V1}}\right)^{1/2}=\dfrac{3.07\times10^{-3}}{3.93}\times\left(\dfrac{850.34}{1.14}\right)^{1/2}=0.02$

取板间距：$H_T=0.45\text{m}$，$h_L=0.07\text{m}$，则 $H_T-h_L=0.38\text{m}$

查图4-2可知 $C_{20}=0.076$，$C=C_{20}=\left(\dfrac{\sigma}{20}\right)^{0.2}=0.076\times\left(\dfrac{26.24}{20}\right)^{0.2}=0.08$

$$u_{max}=0.08\times\sqrt{\frac{850.34-1.14}{1.14}}=2.183(\text{m/s})$$

$$u_1=0.7u_{max}=0.7\times2.183=1.528(\text{m/s})$$

$$D_1=\sqrt{\frac{4V_{s1}}{\pi\mu_1}}=\sqrt{\frac{4\times3.90}{3.14\times1.528}}=1.8(\text{m})$$

横截面积：$A_T=0.785\times1.8^2=2.54(\text{m}^2)$，空塔气速：$u'_1=\dfrac{3.90}{2.54}=1.54(\text{m/s})$

② 提馏段

横坐标数值：$\dfrac{L_{s2}}{V_{s2}}\times\left(\dfrac{\rho_{L2}}{\rho_{V2}}\right)^{1/2}=\dfrac{7.50\times10^{-3}}{4.03}\times\left(\dfrac{936.62}{0.816}\right)^{1/2}=0.063$

取板间距：$H'_T=0.45$m，$h'_L=0.07$m，则 $H'_T-h'_L=0.38$m

查图 4-2 可知 $C_{20}=0.076$，$C=C_{20}=\left(\frac{\sigma}{20}\right)^{0.2}=0.076\times\left(\frac{40.13}{20}\right)^{0.2}=0.087$

$$u'_{max}=0.087\times\sqrt{\frac{936.62-0.816}{0.816}}=2.95(\text{m/s})$$

$$u_2=0.7u'_{max}=0.7\times2.95=2.07(\text{m/s})$$

$$D_2=\sqrt{\frac{4V_{s2}}{\pi\mu_2}}=\sqrt{\frac{4\times4.03}{3.14\times2.07}}=1.38(\text{m})$$

圆整：$D_2=1.8$m，横截面积：$A'_T=0.785\times1.8^2=2.54(\text{m}^2)$，

空塔气速：$u'_2=\frac{4.03}{2.54}=1.59(\text{m/s})$

（5）溢流装置

① 堰长 l_w

取 $l_w=0.65D=0.65\times1.8=1.17(\text{m})$

出口堰高：本设计采用平直堰，堰上液高度 h_{ow} 按下式计算

$h_{ow}=\frac{2.84}{1000}E\left(\frac{L_A}{l_w}\right)^{2/3}$ 近似取 $E=1$

（a）精馏段

$$h_{ow}=\frac{2.84}{1000}\times\left(\frac{3600\times3.07\times10^{-3}}{1.17}\right)^{2/3}=0.0127(\text{m})$$

$$h_w=h_L-h_{ow}=0.07-0.0127=0.0573(\text{m})$$

（b）提馏段

$$h_{ow}=\frac{2.84}{1000}\times\left(\frac{3600\times7.50\times10^{-3}}{1.17}\right)^{2/3}=0.0230(\text{m})$$

$$h'_w=h'_L-h'_{ow}=0.07-0.023=0.0470(\text{m})$$

② 弓形降液管的宽度和横截面

查图 4-8 得：

$\frac{A_f}{A_T}=0.0721$，$\frac{W_d}{D}=0.124$，则：$A_f=0.0721\times2.54=0.183(\text{m}^2)$，$W_d=0.124\times1.8=0.223(\text{m})$

验算降液管内停留时间：

精馏段：$\theta=\frac{A_fH_T}{L_{s1}}=\frac{0.183\times0.45}{3.07\times10^{-3}}=26.82(\text{s})$

提馏段：$\theta'=\frac{A_fH'_T}{L_{s2}}=\frac{0.183\times0.45}{7.50\times10^{-3}}=10.98(\text{s})$

停留时间 $\theta>5$s，故降液管可使用。

③ 降液管底隙高度

（a）精馏段

取降液管底隙的流速 $u_0=0.13$m/s，则 $h_0=\frac{L_{s1}}{l_wu_0}=\frac{3.07\times10^{-3}}{1.17\times0.13}=0.02(\text{m})$

(b) 提馏段

取 $u'_0=0.13\text{m/s}$，$h'_0=\dfrac{L_{s2}}{l_w u'_0}=\dfrac{7.50\times10^{-3}}{1.17\times0.13}=0.049(\text{m})$，则 $h'_0=0.05\text{m}$

因为 h'_0 不小于 20mm，故 h_0 满足要求。

4）塔板布置及浮阀数目与排列

(1) 塔板分布

本设计塔径 $D=1.8\text{m}$，采用分块式塔板，以便通过人孔装拆塔板。

(2) 浮阀数目与排列

① 精馏段

取阀孔动能因子 $F_0=12$，则孔速：

$$u_{01}=\frac{F_0}{\sqrt{\rho_{V_1}}}=\frac{12}{\sqrt{1.14}}=11.24(\text{m/s})$$

每层塔板上浮阀数目：

$$N=\frac{V_{s1}}{\frac{\pi}{4}d_0^2u_{01}}=\frac{3.90}{0.785\times0.039^2\times11.24}=291\text{ 块(采用 }F_1\text{ 型浮阀，}d_0=0.039\text{m)}$$

取边缘区宽度 $W_C=0.06\text{m}$，破沫区宽度 $W_S=0.10\text{m}$

计算塔板上的鼓泡区面积，即：$A_a=2\left[x\sqrt{R^2-x^2}+\dfrac{\pi}{180}R^2\arcsin\dfrac{x}{R}\right]$

其中　$R=\dfrac{D}{2}-W_c=\dfrac{1.8}{2}-0.06=0.84(\text{m})$

$$x=\frac{D}{2}-(W_d+W_s)=\frac{1.8}{2}-(0.223+0.10)=0.577(\text{m})$$

所以　$A_a=2\times\left[0.577\times\sqrt{0.84^2-0.577^2}+\dfrac{3.14}{180}\times0.84^2\arcsin\dfrac{0.577}{0.84}\right]=1.77(\text{m}^2)$

浮阀排列方式采用等腰三角形叉排，取同一个横排的孔心距 $t=75\text{mm}$

则排间距：　$t'=\dfrac{A_a}{N_t}=\dfrac{1.77}{291\times0.075}=0.081(\text{m})=81(\text{mm})$

考虑到塔的直径较大，必须采用分块式塔板，而各分块的支撑与衔接也要占去一部分鼓泡区面积，因此排间距不宜采用 81mm，而应小些，故取 $t'=65\text{mm}=0.065\text{m}$，按 $t=75\text{mm}$，$t'=65\text{mm}$ 以等腰三角形叉排方式作图，排得阀数 288 个。

按 $N=288$ 重新核算孔速及阀孔动能因数

$$u'_{01}=\frac{3.90}{\frac{\pi}{4}\times0.039^2\times288}=11.34(\text{m/s})$$

$$F'_0=11.34\times\sqrt{1.14}=12.11$$

阀孔动能因数变化不大，仍在 9~13 范围内。

$$\text{塔板开孔率}=\frac{u}{u'}=\frac{1.54}{11.34}\times100\%=13.58\%$$

② 提馏段

取阀孔动能因子 $F_0=12$，则 $u'_{02}=\dfrac{F_0}{\sqrt{\rho_{V_2}}}=\dfrac{12}{\sqrt{0.816}}=13.28(\text{m/s})$

每层塔板上浮阀数目为：$N'=\dfrac{V_{s2}}{\dfrac{\pi}{4}d_0^2u'_{02}}=\dfrac{4.03}{0.785\times0.039^2\times13.28}=254$(块)

按 $t=75$mm，估算排间距，$t'=\dfrac{1.77}{254\times0.075}=0.093(\text{m})=93(\text{mm})$

取 $t'=80$mm，排得阀数为 244 块

按 $N=244$ 块重新核算孔速及阀孔动能因数

$$u_{02}=\frac{4.03}{0.785\times0.039^2\times244}=13.83(\text{m/s})$$

$$F_{02}=13.83\times\sqrt{0.816}=12.49$$

阀孔动能因数变化不大，仍在 9~13 范围内。

$$\text{塔板开孔率}=\frac{u}{u_0}=\frac{1.59}{13.83}\times100\%=11.49\%$$

(3) 塔板的流体力学计算

① 气相通过浮阀塔板的压降

可根据 $h_p=h_c+h_1+h_a$ 计算

(a) 精馏段

ⓐ 干板阻力：$u_{0c1}=\sqrt[1.825]{\dfrac{73.1}{\rho_{V_1}}}=\sqrt[1.825]{\dfrac{73.1}{1.14}}=9.78(\text{m/s})$

因 $u_{01}>u_{0c1}$，故：$h_{c1}=5.34\times\dfrac{\rho_{V_1}u_0^2}{2\rho_{L1}g}=5.34\times\dfrac{1.14\times11.34^2}{2\times850.34\times9.8}=0.047(\text{m})$

ⓑ 板上充气液层阻力

取 $\varepsilon_0=0.5$，$h_{L1}=\varepsilon_0h_L=0.5\times0.07=0.035(\text{m})$

ⓒ 液体表面张力所造成的阻力

此阻力很小，可忽略不计，因此与气体流经塔板的压降相当的高度为

$$h_{p1}=0.047+0.035=0.082(\text{m})$$

$$\Delta p_{p1}=h_{p1}\rho_{L1}g=0.082\times850.34\times9.8=683.33(\text{Pa})$$

(b) 提馏段

ⓐ 干板阻力：$u_{0c2}=\sqrt[1.825]{\dfrac{73.1}{\rho_{V_2}}}=\sqrt[1.825]{\dfrac{73.1}{0.816}}=11.74(\text{m/s})$

因 $u_{02}>u_{0c2}$，故：$h_{c2}=5.34\times\dfrac{\rho_{V_2}u_{02}^2}{2\rho_{L2}g}=5.34\times\dfrac{0.816\times13.83^2}{2\times936.62\times9.8}=0.045(\text{m})$

ⓑ 板上充气液层阻力，取 $\varepsilon_0=0.5$，$h_{L2}=\varepsilon_0h_L=0.5\times0.07=0.035(\text{m})$

ⓒ 液体表面张力所造成的阻力

此阻力很小，可忽略不计，因此与单板的压降相当的液柱高度为

$$h_{p2}=0.045+0.035=0.080(\text{m})$$

$$\Delta p_{p2}=h_{p2}\rho_{L2}g=0.080\times936.62\times9.8=734.31(\text{Pa})$$

② 淹塔

为了防止发生淹塔现象，要求控制降液管中清液高度。

$$H_d\leqslant\Phi(H_T+h_w)\text{ 即 }H_d=h_P+h_L+h_d$$

(a) 精馏段

ⓐ 单层气体通过塔板压降所相当的液柱高度：$h_{P1}=0.082\text{m}$

ⓑ 液体通过液体降液管的压头损失：

$$h_{d1}=0.153\left(\frac{L_{s1}}{l_wh_{01}}\right)^2=0.153\times\left(\frac{3.07\times10^{-3}}{1.17\times0.02}\right)^2=0.0026(\text{m})$$

ⓒ 板上液层高度：$h_L=0.07\text{m}$，则 $H_{d1}=0.082+0.0026+0.07=0.15(\text{m})$

取 $\Phi=0.5$，已选定 $H_T=0.45\text{m}$，$h_{w1}=0.0573\text{m}$

则 $\Phi(H_T+h_w)_1=0.5(0.45+0.0573)=0.254(\text{m})$

可见 $H_{d1}<\Phi(H_T+h_w)$，符合防止淹塔的要求。

(b) 提馏段

ⓐ 单板压降所相当的液柱高度：$h_{P2}=0.080\text{m}$

ⓑ 液体通过液体降液管的压头损失：

$$h_{d2}=0.153\left(\frac{L_{s2}}{l_wh_{02}}\right)^2=0.153\times\left(\frac{7.50\times10^{-3}}{1.17\times0.05}\right)^2=0.0025(\text{m})$$

ⓒ 板上液层高度：$h_L=0.07\text{m}$，则 $H_{d2}=0.080+0.0025+0.07=0.1525(\text{m})$

取 $\Phi=0.5$，则 $\Phi(H_T+h_w)_2=0.5\times(0.45+0.0470)=0.249(\text{m})$

可见 $H_{d2}<\Phi(H_T+h_w)_2$所以符合防止淹塔的要求。

③ 雾沫夹带

(a) 精馏段

$$\text{泛点率}=\frac{V_{s1}\sqrt{\dfrac{\rho_{V1}}{\rho_{L1}-\rho_{V1}}}+1.36L_{s1}Z_L}{KC_FA_b}\times100\%$$

$$\text{泛点率}=\frac{V_{s1}\sqrt{\dfrac{\rho_{V1}}{\rho_{L1}-\rho_{V1}}}}{0.78KC_FA_T}\times100\%$$

板上液体流经长度：$Z_L=D-2W_d=1.8-2\times0.223=1.354(\text{m})$

板上液体流面积：$A_b=A_T-2A_f=2.54-2\times0.0183=2.174(\text{m}^2)$

查物性系数 $K=1.0$，泛点负荷系数图 $C_F=0.103$

$$\text{泛点率}=\frac{3.90\times\sqrt{\dfrac{1.14}{850.34-1.14}}+1.36\times0.00307\times1.354}{1.0\times0.103\times2.174}\times100\%=66.34\%$$

$$\text{泛点率}=\frac{3.90\times\sqrt{\dfrac{1.14}{850.34-1.14}}}{0.78\times1.0\times0.103\times2.54}\times100\%=70.03\%$$

对于大塔，为了避免过量物沫夹带，应控制泛点率不超过80%，由以上计算可知，雾

沫夹带能够满足 $e_V<0.1$(kg 液/kg 气)的要求。

(b) 提馏段

取物性系数 $K=1.0$，泛点负荷系数图 $C_F=0.101$

$$泛点率=\frac{4.03\times\sqrt{\frac{0.816}{936.62-0.816}}+1.36\times7.5\times10^{-3}\times1.354}{1.0\times0.101\times2.174}\times100\%=60.49\%$$

$$泛点率=\frac{4.03\times\sqrt{\frac{0.816}{936.62-0.816}}}{0.78\times1.0\times0.101\times2.54}\times100\%=59.47\%$$

由计算可知，符合要求。

④ 塔板负荷性能图(近似于图 4-17)

(a) 雾沫夹带线

$$泛点率=\frac{V_s\sqrt{\frac{\rho_V}{\rho_L-\rho_V}}+1.36L_sZ_L}{KC_FA_b}$$

据此可作出负荷性能图中的雾沫夹带线，按泛点率 80%计算。

ⓐ 精馏段

$$0.8=\frac{V_s\sqrt{\frac{1.14}{850.34-1.14}}+1.36\times L_s\times1.354}{1.0\times0.103\times2.174}$$

整理得：$0.179=0.0366V_s+1.841L_s$，即 $V_s=4.89-50.30L_s$

由上式知雾沫夹带线为直线，则在操作范围内任取两个 L_s 值算出 V_s。

ⓑ 提馏段

$$0.8=\frac{V'_s\sqrt{\frac{0.816}{936.62-0.816}}+1.36\times L'_s\times1.354}{1.0\times0.101\times2.174}$$

整理得：$0.176=0.0295V'_s+1.841L'_s$，即 $V'_s=5.97-62.41L'_s$，计算出的 L_s、V_s 见表 4-10。

表 4-10　雾沫夹带线的气、液体积流量

精馏段	$L_s/(m^3/s)$	0.001	0.003	0.004	0.007
	$V_s/(m^3/s)$	4.84	4.74	4.69	4.54
提溜段	$L'_s/(m^3/s)$	0.001	0.003	0.004	0.007
	$V'_s/(m^3/s)$	5.91	5.78	5.72	5.53

(b) 液泛线

$$\Phi=(H_T+h_W)=h_P+h_L+h_d=h_C+h_1+h_\sigma+h_L+h_d$$

由此确定液泛线，忽略式中 h_σ。

$$\varphi(H_T+h_w)=5.34\times\frac{\rho_V u_0^2}{\rho_L 2g}+0.153\times\left(\frac{L_s}{l_w h_0}\right)^2+(1+\varepsilon_0)\left[h_w+\frac{2.84}{1000}E\left(\frac{3600L_s}{l_w}\right)^{2/3}\right]$$

$$u_0=\frac{V_s}{\frac{\pi}{4}d_0^2N}$$

ⓐ 精馏段

$$0.254=5.34\times\frac{1.14\times V_{s1}^2}{0.785^2\times288^2\times0.039^4\times850.34\times2\times9.81}+279.42L_{s1}^2+1.5\times(0.0573+0.6008L_{s1}^{2/3})$$

整理得：$V_{s1}^2=54.40-90457L_{s1}^2-291.75L_{s1}^{2/3}$

ⓑ 提馏段

$$0.249=5.34\times\frac{0.816\times V_{s2}^2}{0.785^2\times288^2\times0.039^4\times936.62\times2\times9.81}+44.71L_{s2}^2+0.0705+0.6008L_{s2}^{2/3}$$

整理得：$V_{s2}^2=89.01-22295.56L_{s2}^2-299.6L_{s2}^{2/3}$

在操作范围内任取若干个 L_s 值，算出相应得 V_s 值见表4-11。

表4-11 液冷线上的气、液体积流量

精馏段	$L_{s1}/(m^3/s)$	0.001	0.003	0.004	0.007
	$L_{s2}/(m^3/s)$	7.19	6.89	6.43	6.27
提馏段	$V_{s1}/(m^3/s)$	0.001	0.003	0.004	0.007
	$V_{s2}/(m^3/s)$	9.27	9.09	9.00	8.77

(c) 液相负荷上限

液体的最大流量应保证降液管中停留时间不低于3~5s。

液体降液管内停留时间 $\theta=\frac{A_fH_T}{L_s}=3\sim5s$

以 $\theta=5s$ 作为液体在降液管内停留时间的下限，则：

$$(L_s)_{max}=\frac{A_fH_T}{5}=\frac{0.183\times0.45}{5}=0.016(m^3/s)$$

(d) 漏液线

对于 F_1 型重阀，依 $F_0=5$ 作为规定气体最小负荷的标准，则 $V_s=\frac{\pi}{4}d_0^2Nu_0$

ⓐ 精馏段 $$(V_{s1})_{min}=\frac{\pi}{4}\times0.039^2\times288\times\frac{5}{\sqrt{1.14}}=1.610(m^3/s)$$

ⓑ 提馏段 $$(V_{s2})_{min}=\frac{\pi}{4}\times0.039^2\times244\times\frac{5}{\sqrt{0.816}}=1.613(m^3/s)$$

(e) 液相负荷下限取堰上液层高度 $h_{0w}=0.006$ 作为液相负荷下限条件作出液相负荷下限线，该线为与气相流量无关的竖直线。

$$\frac{2.84}{1000}E\left[\frac{3600(L_s)_{min}}{L_w}\right]^{2/3}=0.006$$

取 $E=1.0$，则 $(L_s)_{min}=\left(\frac{0.006\times1000}{2.84\times1}\right)^{3/2}\frac{L_w}{3600}=0.001(m^3/s)$

由以上1~5作出塔板负荷性能图(图略)。

由塔板负荷性能图可以看出：

ⓐ 在任务规定的气、液负荷下的操作点 p(设计点)处在适宜操作区内的适中位置；

ⓑ 塔板的气相负荷上限完全由雾沫夹带控制，操作下限由漏液控制；

ⓒ 按固定的液气比，由图可查出塔板的气相负荷上限 $V_{s_{max}}=4.90m^3/s(4.8m^3/s)$，气相

负荷下限 $V_{s_{min}}=1.67m^3/s(1.71m^3/s)$，括号前为精馏段，括号中为提馏段。

所以：

$$精馏段操作弹性=\frac{4.90}{1.67}=2.93$$

$$提馏段操作弹性=\frac{4.80}{1.71}=2.81$$

浮阀塔工艺设计计算结果见表 4-12。

表 4-12　浮阀塔工艺设计计算结果

项　　目	符号	单位	计算数据		备　　注
			精馏段	提馏段	
塔径	D	m	1.8	1.8	
板间距	H_T	m	0.45	0.45	
塔板类型			单溢流弓形降液管		分块式塔板
空塔气速	u	m/s	1.54	1.59	
堰长	l_w	m	1.17	1.17	
堰高	h_w	m	0.0573	0.0470	
板上液层高度		m	0.07	0.07	
降液管底隙高	h_0	m	0.02	0.05	
浮阀数	N		288	244	等腰三角形叉排
阀孔气速	u_0	m/s	11.34	13.83	同一横排孔心距
浮阀动能因子	F_0		12.11	12.49	相邻横排中心距离
临界阀孔气速	u_{0c}	m/s	9.82	11.72	
孔心距	t	m	0.075	0.075	
排间距	t'	m	0.065	0.08	
单板压降	Δp_P	Pa	683.33	706.77	
液体在降液管内停留时间	θ	s	26.82	10.98	
降液管内清液层高度	H_d	m	0.15	0.1495	
泛点率		%	66.34	60.49	
气相负荷上限	$V_{s_{max}}$	m^3/s	4.90	1.67	物沫夹带控制
气相负荷下限	$V_{s_{min}}$	m^3/s	4.80	1.71	漏液控制
操作弹性			2.93	2.81	

（4）塔附件设计

① 接管

（a）进料管

进料管的结构类型很多，有直管进料管、弯管进料管、T 形进料管。本设计采用直管进料管，管径计算如下：

$$D=\sqrt{\frac{4V_s}{\pi u_F}}\ 取\ u_F=1.6m/s,\ \rho_{L_p}=918.19kg/m^3$$

$$V_s=\frac{14\times10^7}{3600\times300\times24\times918.19}=0.0059(m^3/s)$$

$$D=\sqrt{\frac{4\times0.0059}{3.14\times1.6}}=0.068m=68(mm)$$

查标准系列选取 $\phi76\times4$mm。

(b) 回流管

采用直管回流管，取 $u_R=1.6$m/s，$d_R=\sqrt{\dfrac{4\times3.07\times10^{-3}}{3.14\times1.6}}=0.049(\text{m})=49(\text{mm})$

查表取 $\phi57\times3.5$mm。

(c) 塔釜出料管

$$V_w=\frac{W}{\rho_{L2}}=\frac{3.7363}{936.62}=3.99\times10^{-3}(\text{m}^3/\text{s})$$

取 $\mu_w=1.6$m/s，直管出料，$d_w=\sqrt{\dfrac{4\times0.00399}{3.14\times1.6}}=0.056(\text{m})=56(\text{mm})$

查表取 $\phi76\times4$mm。

(d) 塔顶蒸气出料管

直管出气，取出口气速 $u=20$m/s，$D=\sqrt{\dfrac{4\times3.93}{3.14\times20}}=0.500(\text{m})=500(\text{mm})$

查表取 $\phi599\times14$mm。

(e) 塔釜进气管

采用直管，取气速 $u=23$m/s，$D=\sqrt{\dfrac{4V}{\pi u}}=\sqrt{\dfrac{4\times4.03}{3.14\times23}}=0.472(\text{m})=472(\text{mm})$

查表取 $\phi530\times9$mm。

(f) 法兰

由于常压操作，所有法兰均采用标准管法兰，平焊法兰，由不同的公称直径，选用相应法兰。

ⓐ 进料管接管法兰：*PN*6*DN*70

ⓑ 回流管接管法兰：*PN*6*DN*50

ⓒ 塔釜出料管法兰：*PN*6*DN*80

ⓓ 塔顶蒸气管法兰：*PN*6*DN*500

ⓔ 塔釜蒸气进气法兰：*PN*6*DN*500

② 筒体与封头

(a) 筒体

$$\delta=\frac{1.05\times6\times1800}{2\times1250\times0.9}+0.2=5.24(\text{mm})$$

壁厚选 6mm，所用材质为 Q235-A。

(b) 封头

封头分为椭圆形封头、碟形封头等几种，本设计采用椭圆形封头，由公称直径 $d_g=1800$mm，查得曲面高度 $h_1=450$mm，直边高度 $h_0=40$mm，内表面积 $F_{封}=3.73\text{m}^2$，容积 $V_{封}=0.866\text{m}^3$。选用封头 *DN*1800×6mm，GB/T 25198—2010。

③ 除沫器

当空塔气速较大，塔顶带液现象严重，以及工艺过程中不许出塔气速夹带雾滴的情况下，设置除沫器，以减少液体夹带损失，确保气体纯度，保证后续设备的正常操作。常用除沫器有折流板式除沫器、丝网除沫器以及程流除沫器。本设计采用丝网除沫器，其具有比表面积大、重量轻、空隙大及使用方便等优点。

设计气速选取：

$$u=K'\sqrt{\frac{\rho_L-\rho_V}{\rho_V}}，系统 K'=0.107$$

$$u=0.107\times\sqrt{\frac{850.34-1.13}{1.13}}=2.92(\text{m/s})$$

沫器直径：
$$D=\sqrt{\frac{4V_s}{\pi u}}=\sqrt{\frac{4\times3.93}{3.14\times2.93}}=1.31(\text{m})$$

选取不锈钢除沫器：标准型，规格 40－100，材料为不锈钢丝（1Gr18Ni9），丝网尺寸：圆丝 ϕ0.23。

④ 裙座

塔底采用裙座支撑，裙座的结构性能好，连接处产生的局部阻力小，所以它是塔设备的主要支座形式，为了制作方便，一般采用圆筒形。由于裙座内径＞800mm，故裙座壁厚取 16mm。

基础环内径：　$D_{bi}=(1800+2\times16)-(0.2\sim0.4)\times10^3=1532(\text{mm})$

基础环外径：　$D_{bo}=(1800+2\times16)+(0.2\sim0.4)\times10^3=2132(\text{mm})$

圆整：$D_{bi}=1600$mm，$D_{bo}=2100$mm；基础环厚度，考虑到腐蚀余量取 18mm；考虑到再沸器，裙座高度取 3m，地角螺栓直径取 M30。

⑤ 吊柱

对于较高的室内无框架的整体塔，在塔顶设置吊柱，对于补充和更换填料、安装和拆卸内件，即经济又方便的一项设施，一般取 15m 以上的塔物设吊柱，本设计中塔高度大，因此设吊柱。因设计塔径 $D=1800$mm，可选用吊柱 500kg。$s=1000$mm，$L=3400$mm，$H=1000$mm。材料为 Q235－A。

⑥ 人孔

人孔是安装或检修人员进出塔的唯一通道，人孔的设置应便于进入任何一层塔板，由于设置人孔处塔间距离大，且人孔设备过多会使制造时塔体的弯曲度难于达到要求，一般每隔 10～20 块塔板才设一个人孔，本塔中共 58 块板，需设置 5 个人孔，每个孔直径为 450mm，在设置人孔处，板间距为 600mm，裙座上应开 2 个人孔，直径为 450mm，人孔伸入塔内部应与塔内壁修平，其边缘需倒棱和磨圆，人孔法兰的密封面形及垫片用材，一般与塔的接管法兰相同。

（5）塔总体高度的设计

① 塔的顶部空间高度

塔的顶部空间高度是指塔顶第一层塔盘到塔顶封头的直线距离，取除沫器到第一块板的距离为 600mm，塔顶部空间高度为 1200mm。

② 塔的底部空间高度

塔的底部空间高度是指塔底最末一层塔盘到塔底下封头切线的距离，釜液停留时间取 5min。

$$H_B=(tL_s'\times60-R_V)/A_T+(0.5\sim0.7)$$

$$=(5\times7.50\times10^{-3}\times60-0.142)/2.54+0.6=1.43(\mathrm{m})$$

③ 塔体高度

$$H_1=H_T N+5\times150=450\times(58-1)+5\times150=26400(\mathrm{mm})=26.4(\mathrm{m})$$

$$H=H_1+H_B+H_{裙}+H_{封}+H_{顶}=26.4+1.43+3+0.49+1.2=32.52(\mathrm{m})$$

(6) 附属设备设计

① 冷凝器的选择

(a) 平均汽化潜热

塔顶 $t_D=78.17$℃，查该温度下乙醇的汽化热为 845kJ/kg，水的汽化潜热为 2314kJ/kg，平均汽化潜热为：

$$r=0.8814\times845\times46.07+(1-0.8814)\times2314\times18.01=39255(\mathrm{kJ/mol})$$

$$Q_c=Vr=0.134\times39255=5260(\mathrm{kW})$$

(b) 冷却水用量

取冷却水的进口温度为 30℃，出口温度为 45℃，水的比热容为 4.18kJ/(kg・℃)，则 $q_{m2}=Q_c/(C_P\Delta t)=5260/[4.18\times(45-30)]=83.89(\mathrm{kg/s})$

(c) 总传热系数 K

查表 4-13，取 $K=800\mathrm{W/(m^2\cdot℃)}$

(d) 泡点回流时的平均温差 Δt_m

$$\Delta t_m=\frac{t_2-t_1}{\ln\dfrac{T-t_1}{T-t_2}}=\frac{(78.17-30)-(78.17-45)}{\ln\dfrac{48.17}{33.17}}=40.2(℃)$$

(e) 换热面积 A

$$A=Q/(K\Delta t_m)=5260\times10^3/(800\times40.2)=164(\mathrm{m^2})$$

表 4-13　总传热系数的选择

管　程	壳　程	总传热系数/[W/(m^2・K)]
水(流速为 0.9~1.5m/s)	水(流速为 0.9~1.5m/s)	582~698
水	水(流速较高时)	814~1163
冷水	轻有机物 $\mu<0.5\times10^{-3}$Pa・s	467~814
冷水	中有机物 $\mu=(0.5\sim1)\times10^{-3}$Pa・s	290~698
冷水	重有机物 $\mu>1\times10^{-3}$Pa・s	116~467
盐水	轻有机物 $\mu<0.5\times10^{-3}$Pa・s	233~582
有机溶剂	有机溶剂 $\mu=0.3\sim0.55$m/s	198~233
轻有机物 $\mu<0.5\times10^{-3}$Pa・s	轻有机物 $\mu<0.5\times10^{-3}$Pa・s	233~465
中有机物 $\mu=(0.5\sim1)\times10^{-3}$Pa・s	中有机物 $\mu=(0.5\sim1)\times10^{-3}$Pa・s	116~349
重有机物 $\mu>1\times10^{-3}$Pa・s	重有机物 $\mu>1\times10^{-3}$Pa・s	58~233
水(流速为 1m/s)	水蒸气(有压力)冷凝	2326~4652
水	水蒸气(常压或负压)冷凝	1745~3489
水溶液 $\mu<2\times10^{-3}$Pa・s	水蒸气冷凝	1163~1071
水溶液 $\mu>2\times10^{-3}$Pa・s	水蒸气冷凝	582~2908
有机物 $\mu<0.5\times10^{-3}$Pa・s	水蒸气冷凝	582~1193

续表

管　程	壳　程	总传热系数/[W/(m²·K)]
有机物$\mu=(0.5\sim1)\times10^{-3}$Pa·s	水蒸气冷凝	291～582
有机物$\mu>1\times10^{-3}$Pa·s	水蒸气冷凝	114～349
水	有机物蒸气及水蒸气冷凝	582～1163
水	重有机物蒸气(常压)冷凝	116～349
水	重有机物蒸气(负压)冷凝	58～174
水	饱和有机溶剂蒸气(常压)冷凝	582～1163
水	含饱和水蒸气的氯气(<50℃)	174～349
水	SO_2 冷凝	814～1163
水	NH_3 冷凝	698～930
水	氟里昂冷凝	756

② 再沸器的选择

(a) 热负荷 Q_B

塔底温度 $t_W=99.82$℃

$$r=r_{水}=2258\text{kJ/kg}$$

$$Q_B=V'r=0.134\times2258\times18.01=5449(\text{kW})$$

(b) 加热蒸汽用量 q_{m1}

选用0.25MPa(表压)的饱和蒸汽加热，温度为 $T=138.8$℃，$r'=2152$kJ/kg

$$q_{m1}=Q_B/r'=5449/2152=2.53(\text{kg/s})$$

考虑10%的热损失，$q_{m1}=1.1\times2.53=2.8$(kg/s)

(c) 平均温差 Δt_m

$$\Delta t_m=T-t_w=138.8-99.82=39.0(℃)$$

(d) 换热系数 K

查手册，取 $K=900$W/(m²·℃)

(e) 换热面积 A'

$$A'=Q_B/(K\Delta t_m)=5449\times10^3/(900\times39.0)=155(\text{m}^2)$$

考虑10%的热损失，$A'=1.1\times155=170.5$(m²)

表4-14　不同设计条件下设计结果比较

	$F/(\times10^4\text{t})$	R	q	X_D	X_F	x_w	N_T	塔径/m	塔高/m
F	50	2.59	1	93%	20%	0.3%	15	2.2	30
	25	2.59	1	93%	20%	0.3%	19	2.2	26.55
	22	2.59	1	93%	20%	0.3%	19	2.0	26.06
	20	2.59	1	93%	20%	0.3%	15	2.0	25.35
	15	2.59	1	93%	20%	0.3%	15	2.0	25.35
	10	2.59	1	93%	20%	0.3%	15	1.8	25.08
R	20	2.59	1	93%	20%	0.3%	23	1.8	37
	20	2.59	1	93%	20%	0.3%	21	1.8	31
	20	2.59	1	93%	20%	0.3%	18	2.0	28.95
	20	2.59	1	93%	20%	0.3%	17	2.0	27.8
	20	2.59	1	93%	20%	0.3%	16	2.0	27.8

续表

	$F/(\times10^4\text{t})$	R	q	X_D	X_F	x_w	N_T	塔径/m	塔高/m
X_F	20	2.59	1	93%	14%	0.3%	18	1.6	28.9
	20	2.59	1	93%	16%	0.3%	18	1.8	28.45
	20	2.59	1	93%	18%	0.3%	17	1.8	27.73
	20	2.59	1	93%	20%	0.3%	17	2.0	27.73
	20	2.59	1	93%	21%	0.3%	17	2.0	27.75
	20	2.59		93%	23%	0.3%	17	2.0	27.77
q	20	2.59	>1	90%	15%	0.3%	10	1.6	14.79
	20	2.59	$q=1$	90%	15%	0.3%	12	1.4	17.22
	20	2.59	$0<q<1$	90%	15%	0.3%	13	1.6	18.27
	20	2.59	$q=0$	90%	50%	0.3%	9	1.60	14.97
	20	2.59	$q<1$	90%	65%	0.3%	8	1.80	16.66

4.3 填料塔的设计

填料塔类型很多，填料塔的设计步骤一般为：

(1) 根据设计任务和工艺要求，确定设计方案；

(2) 选择合适填料；

(3) 确定塔径、填料层高度；

(4) 计算填料层的压降，进行塔内流体力学计算；

(5) 进行填料塔塔内件的设计与选型；

(6) 优化设计成果；

(7) 完成辅助设备的设计与选型计算。

4.3.1 设计方案的确定

1) 填料精馏塔设计方案的确定

填料精馏塔设计方案的确定包括装置流程的确定、操作压力的确定、进料热状况的选择、加热方式的选择及回流比的选择等，其确定原则与板式精馏塔基本相同，见4.2节。

2) 填料吸收塔设计方案的确定

(1) 装置流程的确定

吸收装置的流程主要有以下几种：

① 逆流操作　传质平均推动力大，传质速率快，分离效率高，吸收剂利用率高。工业生产常采用逆流操作。

② 并流操作　系统不受液流限制，可提高操作气速，以提高生产能力。并流操作通常用于以下情况：当吸收过程的平衡曲线较平坦时，流向对推动力影响不大；易溶气体的吸收或待处理的气体不需吸收很完全；吸收剂用量特别大，逆流操作易引起液泛。

③ 吸收剂部分再循环操作　在逆流操作系统中，用泵将吸收塔排出液体的一部分冷却后与补充的新鲜吸收剂一同送回塔内，即为部分再循环操作。该操作通常用于以下情况：当吸收剂用量较小时，为提高塔的液体喷淋密度；对于非等温吸收过程，为控制塔内的温升，需取出一部分热量。该流程特别适宜于相平衡常数 m 值很小的情况，通过吸收液的部分再

循环，提高吸收剂的使用效率。但需要考虑的是吸收剂部分再循环操作较逆流操作的平均推动力要低，且需设置循环泵，操作费用增加。

④ 多塔串联操作　若设计的填料层高度过大，或由于所处理物料等原因需经常清理填料，为便于维修，可把填料层分装在几个串联的塔内，每个吸收塔通过的吸收剂和气体量都相等，即为多塔串联操作。此种操作因塔内需留较大空间，输液、喷淋、支撑板等辅助装置增加，使设备投资加大。

⑤ 串联-并联混合操作　若吸收过程处理的液量很大，如果用通常的流程，则液体在塔内的喷淋密度过大，操作气速势必很小(否则易引起塔的液泛)，塔的生产能力很低。实际生产中可采用气相作串联、液相作并联的混合流程；若吸收过程处理的液量不大而气相流量很大时，可采用液相作串联、气相作并联的混合流程。

总之，在实际应用中，应根据生产任务、工艺特点，结合各种流程的优缺点选择适宜的流程布置。

(2) 吸收剂的选择

吸收过程是依靠气体溶质在吸收剂中的溶解来实现的，因此，吸收剂性能的优劣，是决定吸收操作效果的关键之一，选用吸收剂既要考虑工艺要求又兼顾经济合理性。选择吸收剂可以参考有关文献，在此从略。

(3) 操作温度与压力的确定

① 操作温度的确定：一般低温有利于吸收，但操作温度的低限应由吸收系统的具体情况决定。例如水吸收CO_2的操作中用水量极大，吸收温度主要由水温决定，而水温又取决于大气温度，故应考虑夏季循环水温高时补充一定量地下水以维持适宜温度。

② 操作压力的确定：一般压力升高可增加溶质组分的溶解度，即加压有利于吸收；但随着操作压力的升高，对设备的加工制造要求提高，且能耗增加。因此需结合具体工艺条件综合考虑，以确定操作压力。

(4) 液气比的选择：综合从设备折旧、维修费、能源费、总运行费进行经济核算，选定最优回流比，通常为最小液气比R_{min}的1.1~2.0倍。

4.3.2 填料的类型与选择

塔填料(简称为填料)是填料塔中气液接触的基本构件，其性能的优劣是决定填料塔操作性能的主要因素，因此，塔填料的选择是填料塔设计的重要环节。

1) 填料的类型

填料的种类很多，根据装填方式的不同，可分为散装填料和规整填料两大类。

散装填料是一个具有一定几何形状和尺寸的颗粒体，一般以随机的方式堆积在塔内，又称为乱堆填料或颗粒填料。散装填料根据结构特点不同，又可分为环形填料、鞍形填料、环鞍形填料、球形填料及花环填料等。现介绍几种较典型的散装填料。

① 拉西环填料：拉西环填料是最早提出的工业填料，其结构为外径与高度相等的圆环，可用陶瓷、塑料、金属等材质制造。拉西环填料的气液分布较差、传质效率低、阻力大、通量小，目前工业上已很少应用。

② 鲍尔环填料：鲍尔环时在拉西环的基础上改进而得。其结构为在拉西环的侧壁上开出两排长方形的窗孔，被切开的环壁的一侧仍与壁面相连，另一侧向环内弯曲，形成内伸的

舌叶，诸舌叶的侧边在环中心相搭，可用陶瓷、塑料、金属等材质制造。鲍尔环由于环壁开孔，大大提高了环内空间及环内表面的利用率，气流阻力小，液体分布均匀。与拉西环相比，其通量可增加50%以上，传质效率提高30%左右。鲍尔环是目前应用较广的填料之一。

③ 阶梯环填料：阶梯环是对鲍尔环的改进。与鲍尔环相比，阶梯环高度减小了一半，并在一端增加了一个锥形翻边。由于高径比减小，使得气体充填料外壁的平均路径大为缩短，减少了气体通过填料层的阻力。锥形翻边不仅增加了填料的机械强度，而且使填料之间由线接触为主变成以点接触为主，这样不但增加了填料间的空隙，同时成为液体沿填料表面流动的汇集分散点，可以促进液膜的表面更新，有利于传质效率的提高。阶梯环的综合性能优于鲍尔环，成为目前所使用的环形填料中最为优良的两种。

④ 弧鞍填料：弧鞍填料属鞍形填料的一种，其形状如同马鞍，一般采用瓷质材料制成。弧鞍填料的特点是表面全部敞开，不分内外，液体在表面两侧均匀流动，表面利用率高，流道呈弧形，流动阻力小。其缺点是易发生套叠，致使一部分填料表面重合，使传质效率降低。弧鞍填料强度较差，容易破碎，工业生产中应用不多。

⑤ 矩鞍填料：将弧鞍填料两端的弧形面改为矩形面，且两面大小不等，即成为矩鞍填料。矩鞍填料堆积时不会套叠，液体分布较均匀。矩鞍填料一般采用瓷质材料制成，其性能优于拉西环。目前，国内绝大多数应用瓷拉西环的场合，均已被瓷矩鞍填料所取代。

⑥ 环矩鞍填料：环矩鞍填料(国外称为 intalox)是兼顾环形和鞍形结构特点而设计出的一种新型填料，该填料一般以金属材质制成，故又称为金属环矩鞍填料。环矩鞍填料将环形填料和鞍形填料两者的优点集于一体，其综合性能优于鲍尔环和阶梯环，是工业应用最为普遍的一种金属散装填料。

⑦ 球形填料：球形填料的外部轮廓为一个球体，一般采用塑料材质注塑而成，其结构有多种，常见的有由许多板片构成的多面球填料和由许多枝条的格栅组成的 TRI 球形填料等。球形填料的特点是球体为空心，可以允许气体、液体从其内部通过。由于球体结构的对称性，填料装填密度均匀，不易产生空穴和架桥，所以气液分散性能好。球形填料通常用于气体的吸收和除尘净化等过程。

⑧ 花环填料：花环填料是近年来开发出的具有各种独特构型的塑料填料的统称，是散装填料的另一种形式。花环填料的结构形式有多种，如泰勒花环填料、茵派克填料、海尔环填料、花轭环填料等。花环填料除具有通量大、压降低、耐腐蚀及抗冲击性能好等特点外，还有填料间不会嵌套、壁流效应小及气液分布均匀等优点。工业上，花环填料多用于气体吸收和冷却等过程。

工业上常用散装填料的特性参数可参考相关文献。

2）规整填料

规整填料是按一定的几何图形排列，整齐堆砌的填料。规整填料种类很多，根据其几何结构可分为格栅填料、波纹填料、脉冲填料筹，工业上应用的规整填料绝大部分为波纹填料。波纹填料按结构分为网波纹填料和板波纹填料两大类，可用陶瓷、塑料、金属等材质制造。加工中，波纹与塔轴的倾角有30°和45°两种，倾角为30°以代号 BX(或 X)表示，倾角为45°以代号 CY(或 Y)表示。

金属丝网波纹填料是网波纹填料的主要形式，是由金属丝网制成的。其特点是压降低、分离效率高，特别适用于精密精馏及真空精馏装置，为难分离物系、热敏性物系的精馏提供了有效的手段。尽管其造价高，但因性能优良仍得到了广泛的应用。

金属板波纹填料是板波纹填料的主要形式。该填料的波纹板片上冲压有许多的小孔，可起到粗分配板片上的液体、加强横向混合的作用；波纹板片上轧成细小沟纹，可起到细分配板片上的液体、增强表面润湿性能的作用。金属孔板波纹填料强度高、耐腐蚀性强，特别适用于大直径塔及气液负荷较大的场合。

波纹填料的优点是结构紧凑、阻力小、传质效率高、处理能力大、比表面积大，其缺点是不适于处理黏度大、易聚合或有悬浮物的物料，且装卸、清理困难，造价高。

3）填料的选择

填料的选择包括确定填料的种类、规格及材质等。所选填料既要满足生产工艺要求，又要使设备投资和操作费用较低。

(1) 填料种类的选择

填料种类的选择要考虑分离工艺的要求，通常考虑以下几个方面。

① 传质效率：传质效率即分离效率，它有两种表示方法：一种是以理论级进行计算的表示方法，以每个理论级当量的填料层高度表示，即 *HETP* 值；另一种是以传质速率进行计算的表示方法，以每个传质单元相当的填料层高度表示，即 *HTU* 值。在满足工艺要求的前提下，应选用传质效率高，即 *HETP*(或 *HTU*)值低的填料。对于常用的工业填料，其 *HETP*(或 *HTU*)值可从有关手册或文献中查到，也可通过一些经验公式估算。

② 通量：在相同的液体负荷下，填料的泛点气速越高或气相动能因子越大，则通量越大，塔的处理能力亦越大。因此，在选择填料种类时，在保证具有较高传质效率的前提下，应选择具有较高泛点气速或气相动能因子较大的填料。对于大多数常用填料，其泛点气速或气相动能因子可从有关手册或文献中查到，也可通过一些经验公式估算。

③ 填料层的压降：填料层的压降是填料的主要应用性能，填料层的压降越低，动力消耗越低，操作费用越少。选择低压降的填料对热敏性物系的分离尤为重要。比较填料层的压降有两种方法，一种是比较填料层单位高度的压降 $\Delta p/Z$；另一种是比较填料层单位传质效率的比压降 $\Delta p/N_T$。填料层的压降可用经验公式计算，亦可从有关图表中查出。

④ 填料的操作性能：填料的操作性能主要指操作弹性、抗污堵性及抗热敏性等。所选填料应具有较大的操作弹性，以保证塔内气液负荷发生波动时维持操作稳定。同时，还应具有一定的抗污堵、抗热敏能力，以适应物料的变化及塔内温度的变化。此外，所选的填料要便于安装、拆卸和检修。

(2) 填料规格的选择

通常，散装填料与规整填料的规格表示方法不同，选择的方法亦不尽相同，现分别加以介绍。

① 散装填料规格的选择　散装填料的规格通常是指填料的公称直径。工业塔常用的散装填料主要有 *DN*16、*DN*25、*DN*38、*DN*50、*DN*76 等几种规格。同类填料，尺寸越小，分离效率越高，但阻力增加，通量减小，填料费用也增加很多。而大尺寸的填料应用于小直径塔中，又会产生液体分布不良及严重的壁流，使塔的分离效率降低。因此，对塔径与填料尺寸的比值要有一规定，常用填料的塔径与填料公称直径比值 D/d 的推荐值列于表 4-15。

② 规整填料规格的选择：工业上常用规整填料的型号和规格的表示方法很多，国内习惯用比表面积表示，主要有 125、150、250、350、500、700(单位均为 m^2/m^3)等几种规格，

同种类型的规整填料，其比表面积越大，传质效率越高，但阻力增加，通量减小，填料费用也明显增加。选用时应从分离要求、通量要求、场地条件、物料性质及设备投资、操作费用等方面综合考虑，使所选填料既能满足工艺要求，又具有经济合理性。

表 4-15 塔径与填料公称直径的比值 D/d 的推荐值

填料种类	D/d 的推荐值	填料种类	D/d 的推荐值
拉西环	$D/d \geq 20 \sim 30$	阶梯环	$D/d > 8$
鞍环	$D/d \geq 15$	环矩鞍	$D/d > 8$
鲍尔环	$D/d \geq 10 \sim 15$		

应予指出，一座填料塔可以选用同种类型、同一规格的填料，也可选用同种类型、不同规格的填料；可以选用同种类型的填料，也可以选用不同类型的填料；有的塔段可选用规整填料，而有的塔段可选用散装填料。设计时应灵活掌握，根据技术经济统一的原则来选择填料的规格。

(3) 填料材质的选择

工业上，填料的材质分为陶瓷、金属和塑料 3 大类。

① 陶瓷填料：陶瓷填料具有良好的耐腐蚀性及耐热性，一般能耐除氢氟酸以外的常见的各种无机酸、有机酸的腐蚀，对强碱介质，可以选用耐碱配方制造的耐碱陶瓷填料。

陶瓷填料因其质脆、易碎，不宜在高冲击强度下使用。陶瓷填料价格便宜，具有很好的表面润湿性能，工业上，主要用于气体吸收、气体洗涤、液体萃取等过程。

② 金属填料：金属填料可用多种材质制成，金属材质的选择主要根据物系的腐蚀性和金属材质的耐腐蚀性物系来综合考虑。碳钢填料造价低，且具有良好的表面润湿性能，对于无腐蚀或低腐蚀性物系应优先考虑使用；不锈钢填料耐腐蚀性强，一般能耐除 Cl^- 以外常见物系的腐蚀，但其造价较高；钛材、特种合金钢等材质制成的填料造价极高，一般只在某些腐蚀性极强的物系下使用。

金属填料可制成薄壁结构(0.2~1.0mm)，与同种类型、同种规格的陶瓷、塑料填料相比，它的通量大、气体阻力小，且具有很高的抗冲击性能，能在高温、高压、高冲击强度下使用，工业应用主要以金属填料为主。

③ 塑料填料：塑料填料的材质主要包括聚丙烯(PP)、聚乙烯(PE)及聚氯乙烯(PVC)等，国内一般多采用聚丙烯材质。塑料填料的耐腐蚀性能较好，可耐一般的无机酸、碱和有机溶剂的腐蚀。其耐温性良好，可长期在 100℃ 以下使用。聚丙烯填料在低温(低于 0℃)时具有冷脆性，在低于 0℃ 的条件下使用要慎重，可选用耐低温性能好的聚氯乙烯填料。

塑料填料具有质轻、价廉、耐冲击、不易破碎等优点，多用于吸收、解吸、萃取、除尘等装置中。塑料填料的缺点是表面润湿性能差，在某些特殊应用场合，需要对其表面进行处理，以提高表面润湿性能。

4.3.3 填料塔工艺尺寸的计算

填料塔工艺尺寸的计算包括塔径的计算、填料层高度的计算及分段等。

1) 塔径的计算

填料塔直径仍采用式(4-39)计算，即

$$D=\sqrt{\frac{4V_s}{\pi u}} \tag{4-39}$$

式中，气体体积流量 V_s 由设计任务给定。

由式(4-39)可知，计算塔径的核心问题是确定空塔气速 u。

(1) 空塔气速的确定

① 泛点气速法　泛点气速是填料塔操作气速的上限，填料塔的操作空塔气速 u 必须小于泛点气速 u_F，操作空塔气速与泛点气速之比称为泛点率。

对于散装填料，其泛点率的经验值为

$$u/u_F=0.5\sim0.85$$

对于规整填料，其泛点率的经验值为

$$u/u_F=0.6\sim0.95$$

泛点率的选择主要考虑填料塔的操作压力和物系的发泡程度两方面的因素。设计中，对于加压操作的塔，应取较高的泛点率；对于减压操作的塔，应取较低的泛点率；对易起泡沫的物系，泛点率应取低限值；而无泡沫的物系，可取较高的泛点率。

泛点气速可用经验方程式计算，亦可用关联图求取。

(a) 贝恩(Bain)-霍根(Hougen)关联式。填料的泛点气速可由贝恩-霍根关联式计算，即

$$\lg\left[\frac{u_F^2}{g}\left(\frac{a_t}{\varepsilon^3}\right)\frac{\rho_V}{\rho_L}\mu_L^{0.2}\right]=A-K\left(\frac{w_L}{w_V}\right)^{1/4}\left(\frac{\rho_V}{\rho_L}\right)^{1/8} \tag{4-40}$$

式中　u_F——泛点气速，m/s；

g——重力加速度，9.81m/s^2；

a_t——填料总比表面积，m^2/m^3；

ε——填料层空隙率，m^3/m^3；

ρ_V、ρ_L——气相、液相密度，kg/m^3；

μ_L——液体黏度，mPa·s；

w_L、w_V——液相、气相的质量流量，kg/h；

A、K——关联常数。

常数 A 和 K 与填料的形状及材质有关，不同类型填料的 A、K 值列于表 4-16 中。由式(4-39)计算泛点气速，误差在 15%以内。

表 4-16　式 4-40 中的 A、K 值

散装填料类型	A	K	规整填料类型	A	K
塑料鲍尔环	0.0942	1.75	金属丝网波纹填料	0.30	1.75
金属鲍尔环	0.1	1.75	塑料丝网波纹填料	0.4201	1.75
塑料阶梯环	0.204	1.75	金属网孔波纹填料	0.155	1.47
金属阶梯环	0.106	1.75	金属孔板波纹填料	0.291	1.75
瓷矩环	0.176	1.75	塑料孔板波纹填料	0.291	1.563
金属环矩鞍	0.06225	1.75			

(b) 埃克特(Eckert)通用关联图。散装填料的泛点气速可用埃克通用关联图计算，如图 4-25 所示。计算时，先由气液相负荷及有关物性数据求出横坐标 $\frac{w_L}{w_V}\left(\frac{\rho_V}{\rho_L}\right)^{0.5}$ 的值，然后作垂

线与相应的泛点线相交，再通过交点作水平线与纵坐标相交，求出纵坐标$\frac{u^2\Phi\psi}{g}\left(\frac{\rho_V}{\rho_L}\right)\mu_L^{0.2}$值。此时所对应的$u$即为泛点气速$u_F$。

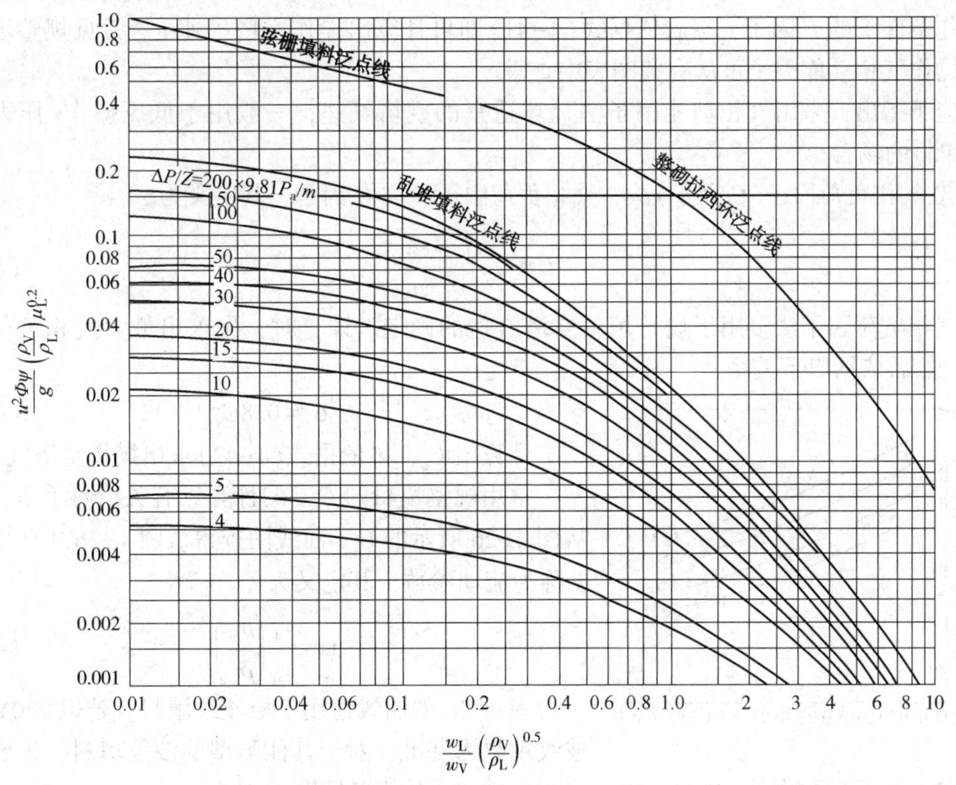

图4-25 埃克特通用关联图

u—空塔气速，m/s；g—重力加速度，9.81m/s²；Φ—填料因子，1/m；ψ—液体密度校正系数，$\psi=\rho_水/\rho_L$；ρ_L、ρ_V—液体、气体的密度，kg/m³；μ_L—液体黏度，mPa·s；w_L、w_V—液体、气体的质量流量，kg/s

应予指出，用埃克特通用关联图计算泛点气速时，所需的填料因子为液泛时的湿填料因子，称为泛点填料因子，以Φ_F表示。泛点填料因子Φ_F与液体喷淋密度有关，为了工程计算的方便，常采用与液体喷淋密度无关的泛点填料因子平均值。表4-17列出了部分散装填料的泛点填料因子平均值，可供设计中参考。

表4-17 散装填料泛点填料因子平均值

填料类型	填料因子/(1/m)				
	*DN*16	*DN*25	*DN*38	*DN*50	*DN*76
金属鲍尔环	410	—	117	160	—
金属环矩鞍	—	170	150	135	120
金属阶梯环	—	—	160	140	—
塑料鲍尔环	550	280	184	140	92
塑料阶梯环	—	260	170	127	—
瓷矩鞍	1100	550	200	226	—
瓷拉西环	1300	832	600	410	—

② 气相动能因子(F 因子)法　气相动能因子简称 F 因子，其定义为

$$F=u\sqrt{\rho_V} \tag{4-41}$$

气相动能因子法多用于规整填料空塔气速的确定。计算时，先从手册或图表中查出填料在操作条件下的 F 因子，然后依据式(4-41)即可计算出操作空塔气速 u。常见规整填料的适宜操作气相动能因子可从有关图表中查得。

应予指出，采用气相动能因子法计算适宜的空塔气速，一般用于低压操作(压力低于 0.2MPa)的场合。

③ 气相负荷因子(C_s因子)法　气相负荷因子简称 C_s因子，其定义为

$$C_s=u\sqrt{\frac{\rho_V}{\rho_L-\rho_V}} \tag{4-42}$$

气相负荷因子法多用于规整填料空塔气速的确定。计算时，先求出最大气相负荷因子 $C_{s_{max}}$，然后依据以下关系

$$C_s=0.8C_{s_{max}} \tag{4-43}$$

计算出 C_s，再依据式(4-42)求出操作空塔气速 u。

常用规整填料的 $C_{s_{max}}$ 的计算见有关填料手册，亦可从图 4-26 所示的 $C_{s_{max}}$ 曲线图查得。图 4-26 中的横坐标 ψ 称为流动参数，其定义为

$$\psi=\frac{w_L}{w_V}\left(\frac{\rho_V}{\rho_L}\right)^{0.5} \tag{4-44}$$

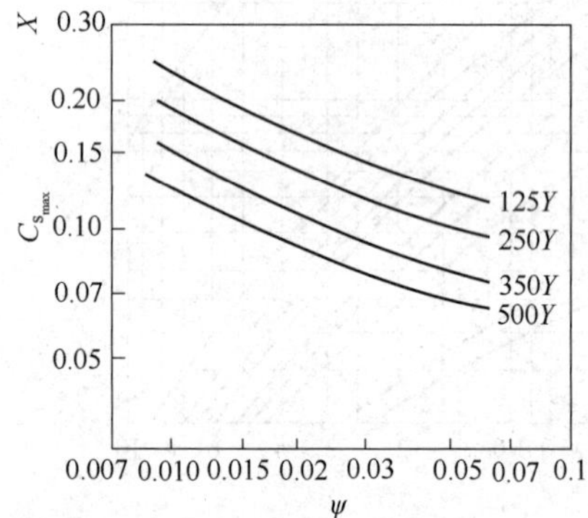

图 4-26　适用于板波纹填料的 $C_{s_{max}}$ 曲线

图 4-26 的曲线适用于板波纹填料。若以 250Y 型板波纹填料为基准，对于其他类型的波纹填料，需要乘以修正系数 C，其值参见表 4-18。

表 4-18　波纹填料的最大负荷修正系数

填料类别	型　号	修正系数 C
板波纹填料	250Y	1.0
丝网波纹填料	BX	1.0
丝网波纹填料	CY	0.65
陶瓷波纹填料	BX	0.8

(2) 塔径的计算与圆整

根据上述方法得出空塔气速 u 后，即可由式(4-2)计算出塔径 D。应予指出，由式(4-2)计算出塔径 D 后，还应按塔径系列标准进行圆整。常用的标准塔径为 400mm、500mm、600mm、700mm、800mm、1000mm、1200mm、1400mm、1600mm、2000mm、2200mm 等。圆整后，再核算操作空塔气速 u 与泛点率。

(3) 液体喷淋密度的验算

填料塔的液体喷淋密度是指单位时间、单位塔截面上液体的喷淋量，其计算式为

$$U=\frac{L_h}{0.785D^2} \tag{4-45}$$

式中　U——液体喷淋密度，$m^3/(m^2\cdot h)$；

L_h——液体喷淋量，m^3/h；

D——填料塔直径，m。

为使填料能获得良好的润湿，塔内液体喷淋量应不低于某一极限值，此极限值称为最小喷淋密度，以 U_{min} 表示。

对于散装填料，其最小喷淋密度通常采用式(4-46)计算，即

$$U_{min}=L_{w_{min}}a_t \tag{4-46}$$

式中　U_{min}——最小喷淋密度，$m^3/(m^2 \cdot h)$；

$L_{w_{min}}$——最小润湿速率，$m^3/(m \cdot h)$；

a_t——填料的总比表面积，m^2/m^3。

最小润湿速率是指在塔的截面上，单位长度的填料周边的最小液体体积流量。其值可由经验公式计算(见有关填料手册)，也可采用一些经验值。对于直径不超过75mm的散装填料，取最小润湿速率 $L_{w_{min}}$ 为 $0.08m^3/(m \cdot h)$；对于直径大于75mm的散装填料，取 $L_{w_{min}}=0.12m^3/(m \cdot h)$。

对于规整填料，其最小喷淋密度可从有关填料手册中查得，设计中，通常取 $U_{min}=0.2m^3/(m^2 \cdot h)$。

实际操作时采用的液体喷淋密度应大于最小喷淋密度。若液体喷淋密度小于最小喷淋密度，则需进行调整，重新计算塔径。

2）填料层高度的计算及分段

(1) 填料层高度的计算

填料层高度的计算分为传质单元数法和等板高度法。在工程设计中，对于吸收、解吸及萃取等过程中的填料塔的设计，多采用传质单元数法；而对于精馏过程中的填料塔的设计，则习惯用等板高度法。

① 传质单元数法　采用传质单元数法计算填料层高度的基本公式为

$$Z=H_{OG}N_{OG} \tag{4-47}$$

式中　Z——填料层高度，m；

H_{OG}——总传质单元高度，m；

N_{OG}——传质单元数。

(a) 传质单元数的计算。传质单元数的计算方法在《化工原理》(下册)或《化工传质与分离过程》等教材的吸收一章中已详尽介绍，此处不再赘述。

(b) 传质单元高度的计算。传质过程的影响因素十分复杂，对于不同的物系、不同的填料以及不同的流动状况与操作条件，传质单元高度各不相同，迄今为止，尚无通用的计算方法和计算公式。目前，在进行设计时多选用一些准数关联式或经验公式进行计算，其中应用较为普遍的是修正的恩田(Onde)公式：

$$k_G=0.237\left(\frac{U_V}{\alpha_t\mu_V}\right)^{0.7}\left(\frac{\mu_V}{\rho_V D_V}\right)^{1/3}\left(\frac{\alpha_t D_V}{RT}\right) \tag{4-48}$$

$$k_L=0.0095\left(\frac{U_L}{\alpha_w k_L}\right)^{2/3}\left(\frac{\mu_L}{\rho_L D_L}\right)^{-1/2}\left(\frac{\mu_L g}{\rho_L}\right)^{1/3} \tag{4-49}$$

$$k_G a=k_G a_w\psi^{1.1} \tag{4-50}$$

$$k_L a=k_L a_w\psi^{0.4} \tag{4-51}$$

其中 $$\frac{\alpha_w}{\alpha_t}=1-\exp\left\{-1.45\left(\frac{\sigma_c}{\alpha_t k_L}\right)^{0.75}\left(\frac{U_L}{\alpha_t\mu_L}\right)^{0.1}\left(\frac{U_L^2\alpha_t}{\rho_L^2 g}\right)^{-0.05}\left(\frac{U_L^2}{\rho_L\sigma_L\alpha_t}\right)^{0.2}\right\} \tag{4-52}$$

式中 U_V、U_L——气体、液体的质量通量，$kg/(m^2 \cdot h)$；

μ_V、μ_L——气体、液体的黏度，$kg/(m \cdot h)$，$1Pa \cdot s=3600kg/(m \cdot h)$；

ρ_V、ρ_L——气体、液体的密度，kg/m^3；

D_V、D_L——溶质在气体、液体中的扩散系数，m^2/s；

R——通用气体常数，$8.314(m^3 \cdot kPa)/(kmol \cdot K)$；

T——系统温度，K；

a_t——填料的总比表面积，m^2/m^3；

a_w——填料的润湿比表面积，m^2/m^3；

g——重力加速度，$9.81m^2/s=1.27\times10^8 m/h^2$；

σ_L——液体的表面张力，kg/h^2，$1dyn/cm=12960kg/h^2$；

σ_c——填料材质的临界表面张力，kg/h^2，$1dyn/cm=12960kg/h^2$；

Ψ——填料形状系数。

常见材质的临界表面张力值见表4-19，常见填料的形状系数见表4-20。

表4-19　常见材质的临界表面张力值

材　质	碳	瓷	玻璃	聚丙烯	聚氯乙烯	钢	石蜡
表面张力/(dyn/cm)	56	61	73	33	40	75	20

表4-20　常见的填料形状系数

填料类型	球　形	棒　形	拉西环	弧　鞍	开孔环
Ψ值	0.72	0.75	1	1.19	1.45

由修正的恩田公式计算出k_{Ga}和k_{La}后，可按式(4-53)计算气相总传质单元高度H_{OG}：

$$H_{OG}=\frac{V}{K_Y a\Omega}=\frac{V}{K_G ap\Omega} \tag{4-53}$$

其中 $$K_{Ga}=\frac{1}{1/k_{Ga}+1/Hk_L a} \tag{4-54}$$

式中 H——溶解度系数，$kmol/(m^3 \cdot kPa)$；

Ω——塔截面积，m^2。

应予指出，修正的恩田公式只适用于$u\leqslant0.5u_F$的情况；当$u>0.5u_F$时，需要按式(4-55)进行校正，即

$$k'_G a=\left[1+9.5\left(\frac{u}{u_F}-0.5\right)^{1.4}\right]K_G a \tag{4-55}$$

$$k'_L a=\left[1+2.6\left(\frac{u}{u_F}-0.5\right)^{2.2}\right]K_L a \tag{4-56}$$

② 等板高度法　　采用等板高度法计算填料层高度的基本公式为

$$Z=HETP \cdot N_T \tag{4-57}$$

式中 Z——填料层高度，m；

HETP——等板高度，m；

N_T——理论板数。

(a) 理论板数的计算。理论板数的计算方法在相关教材的蒸馏部分有详尽介绍。

(b) 等板高度的计算。等板高度与许多因素有关，不仅取决于填料的类型和尺寸，而且受系统物性、操作条件及设备尺寸的影响。目前尚无准确可靠的方法计算填料的 *HETP* 值。一般的方法是通过实验测定，或从工业应用的实际经验中选取 *HETP* 值，某些填料在一定条件下的 *HETP* 值可从有关填料手册中查得。近年来研究者通过大量数据回归得到了常压蒸馏时的 *HETP* 关联式如下：

$$\ln(HETP)=h-1.292\ln\sigma_L+1.47\ln\mu_L \tag{4-58}$$

式中 *HETP*——等板高度，mm；

σ_L——液体表面张力，N/m；

μ_L——液体黏度，Pa·s；

h——常数，其值见表 4-21。

表 4-21 HETP 关联式中的常数值

填料类型	h	填料类型	h
*DN*25 金属环矩鞍填料	6.8505	*DN*50 金属鲍尔环	7.3781
*DN*40 金属环矩鞍填料	7.0382	*DN*25 瓷环矩鞍填料	6.8505
*DN*50 金属环矩鞍填料	7.2883	*DN*38 瓷环矩鞍填料	7.1079
*DN*25 金属鲍尔环	6.8503	*DN*50 瓷环矩鞍填料	7.4430
*DN*38 金属鲍尔环	7.0779		

式中(4-58)考虑了液体黏度及表面张力的影响，其适用范围如下：

$$10^{-3}\text{N/m}<\sigma_L<36\times10^{-3}\text{N/m},\ 0.08\times10^{-3}\text{Pa·s}<\mu_L<0.83\times10^{-3}\text{Pa·s}$$

应予指出，采用上述方法计算出填料层高度后，还应留出一定的安全系数。根据设计经验，填料层的设计高度一般为

$$Z'=(1.2\sim1.5)Z \tag{4-59}$$

式中 Z'——设计时的填料高度，m；

Z——工艺计算得到的填料层高度，m。

(2) 填料层的分段

液体沿填料层下流时，有逐渐向塔壁方向集中的趋势，形成壁流效应。壁流效应造成填料层气液分布不均匀，使传质效率降低。因此，设计中每隔一定的填料层高度，需要设置液体收集再分布装置，即将填料层分段。

① 散装填料的分段 对于散装填料，一般推荐的分段高度值见表 4-22，表中 h/D 为分段高度与塔径之比，h_{max} 为允许的最大填料层高度。

表 4-22 散装填料分段高度推荐值

填料类型	h/D	h_{max}/m
拉西环	2.5	4
矩鞍	5~8	6
鲍尔环	5~10	6
阶梯环	8~15	6
环矩鞍	8~15	6

② 规整填料的分段　对于规整填料，填料层分段高度可按式(4-60)确定：

$$h=(15\sim20)HETP \tag{4-60}$$

式中　h——规整填料分段高度，m；

$HETP$——规整填料的等板高度，mm。

亦可按表 4-23 推荐的分段高度推荐值确定。

表 4-23　规整填料分段高度推荐值

填料类型	分段高度/m	填料类型	分段高度/m
250Y 板波纹填料	6.0	500(BX)丝网波纹填料	3.0
500Y 板波纹填料	5.0	700(CY)丝网波纹填料	1.5

4.3.4　填料层压降的计算

填料层压降通常用单位高度填料层的压降 $\Delta p/Z$ 表示。设计时，根据有关参数，由通用关联图(或压降曲线)先求得每米填料层的压降值，然后再乘以填料层高度，即得出填科层的压力降。

1）散装填料的压降计算

(1) 由埃克特通用关联图计算

散装填料的压降值可由埃克特通用关联图计算。计算时，先根据气液负荷及有关物性数据，求出横坐标$\dfrac{w_L}{w_V}\left(\dfrac{\rho_V}{\rho_L}\right)^{0.5}$值，再根据操作空塔气速 u 及有关物性数据，求出纵坐标$\dfrac{\mu^2\Phi_p\psi}{g}\left(\dfrac{\rho_V}{\rho_L}\right)\mu_L^{0.5}$值。通过作图得出交点，读出过交点的等压线数值，即得出每米填料层的压降值。

应予指出，用埃克特通用关联图计算压降时，所需的填料因子为操作状态下的湿填料因子，称为压降填料因子，以 Φ_p表示。压降填料因子 Φ_p与液体喷淋密度有关，为了工程计算的方便，常采用与液体喷淋密度无关的压降填料因子平均值。表 4-24 列出了部分散装填料的压降填料因子平均值，可供设计时参考。

表 4-24　散装填料的压降填料因子平均值

填料类型	填料因子/m^{-1}				
	*DN*16	*DN*25	*DN*38	*DN*50	*DN*76
金属鲍尔环	306	—	114	98	—
金属环矩鞍	—	138	93.4	71	36
金属阶梯环	—	—	118	82	—
塑料鲍尔环	343	232	114	125	62
塑料阶梯环	—	176	116	89	—
瓷矩鞍	700	215	140	160	—
瓷拉西环	1050	576	450	288	—

(2) 由填料压降曲线查得

散装填料压降曲线的横坐标通常以空塔气速 u 表示，纵坐标以单位高度填料层压降 $\Delta p/Z$ 表示，常见散装填料的 $u-\Delta p/Z$ 曲线可从有关填料手册中查得。

2）**规整填料的压降计算**

(1) 由填料的压降关联式计算

规整填料的压降通常关联成以下形式：

$$\frac{\Delta p}{Z}=\alpha\left(u\sqrt{\rho_V}\right)^{\beta} \tag{4-61}$$

式中 $\frac{\Delta p}{Z}$——每米填料层高度的压降，Pa；

u——空塔气速，m/s；

ρ_V——气体密度，kg/m^3；

α、β——关联式常数，可从有关填料手册中查得。

(2) 由填料压降曲线查得

规整填料压降曲线的横坐标通常以 F 因子表示，纵坐标以单位高度填料层压降 $\Delta p/Z$ 表示，常见规整填料的 $F-\Delta p/Z$ 曲线可从有关填料手册中查得。

4.3.5　气体和液体的进出口装置设计

1）**气体和液体进出口装置计算**

流体的进出口结构设计首先要确定的就是管口直径。根据管口所输送的气体或液体的流量大小，由式(4-62)计算管径：

$$d=\sqrt{\frac{4V_s}{\pi u}} \tag{4-62}$$

式中 V_s——流体的体积流量，m^3/s；

u——适宜的流体流速，m/s，常压塔气体进出管气速可取 10~20m/s(高压塔气速低于此值)；液体进出口速度可取 0.8~1.5m/s(必要时可加大些)，对高黏度流体可取 0.5~1.0m/s。

管径由所选气速决定后，应按标准管规格进行圆整，并按实际管径重新校核流速。

2）**气体和液体进出口装置设计**

(1) 气体进口装置

气体进口装置的设计应能防止淋下的液体进入管内，同时还要使气体分散均匀。因此不宜使气流直接由管接口或水平管冲入塔内，而应使气流的出口朝下方，使气流折转向上。

对于直径为 500mm 以下的小塔，可使进气管伸到塔的中心线位置，管端切成 45℃ 向下的斜口或直接向下的长方形切口；对于直径 1.5m 以下的塔，管的末端可以制成向下的喇叭形扩大口；对于更大的塔，应考虑盘管式的分布结构。

(2) 气体出口装置

气体出口装置要求既能保证气体畅通，又能尽量除去夹带的雾沫，可在气体出口前加装除沫挡板，当气体夹带较多雾滴时，需另装除沫器。

(3) 液体进口装置

液体进口管直接通向喷淋装置，若喷淋装置进塔出为直管，其有关尺寸见表 4-25。若喷淋装置为其他结构需根据具体情况而定。

表 4-25　接管尺寸

内管/(mm×mm)	外管/(mm×mm)	内管/(mm×mm)	外管/(mm×mm)
25×3	45×3.5	108×4	133×4
32×3.5	57×3.5	133×4	159×4.5
38×3.5	57×3.5	159×4.5	219×6
45×3.5	76×4	219×6	273×8
57×3.5	76×4	245×7	273×8
76×4	108×4	273×8	325×8
89×4	108×4		

(4) 液体出口装置

液体出口装置的设计应便于塔内液体排放，防止破碎的瓷环堵塞出口，并且要保证塔内有一定的封液高度，防止气体短路。

4.3.6　填料塔内件的类型与设计

1) 塔内件的类型

填料塔的内件主要有填料支撑装置、填料压紧装置、液体分布装置、液体收集及再分布装置等。合理地选择和设计塔内件，对保证填料塔的正常操作及优良的传质性能十分重要。

(1) 填料支撑装置

是用于支撑塔内的填料。常用的填料支撑装置有栅板形、孔管形、驼峰形等。对于散装填料，通常选用孔管形、驼峰形支撑装置；对于规整填料，通常选用栅板形支撑装置。设计中，为防止在填料支撑装置处压降过大至发生液泛，要求填料支撑装置的自由截面积应大于 75%。

(2) 填料压紧装置

为防止在上升气流的作用下填料床层发生松动或跳动，需在填料层上方设置填料压紧装置。填料压紧装置有压紧栅板、压紧网板、金属压紧器等不同的类型。对于散装填料，可选用压紧网板，也可选用压紧栅板，在其下方，根据填料的规格敷设一层金属网，并将其与压紧栅板固定；对于规整填料，通常选用压紧栅板。设计中，为防止在填料压紧装置处压降过大甚发生液泛，要求填料压紧装置的自由截面积应大于 70%。

为了便于安装和检修，填料压紧装置不能与塔壁采用连续固定方式，对于小塔可用螺钉固定于塔壁，而大塔则用支耳固定。

(3) 液体分布装置

液体分布装置的种类多样，有喷头式、盘式、管式、槽式及槽盘式等。工业应用以管式、槽式及槽盘式为主。

管式分布器由不同结构形式的开孔管制成。其突出的特点是结构简单。供气体流过的自由截面大，阻力小。但小孔易堵塞，操作弹性一般较小，管式液体分布器多用在中等以下液体负荷的填料塔中。在减压精馏及丝网波纹填料塔中，由于液体负荷较小，设计中通常用管式液体分布器。

槽式液体分布器是由分流槽(又称主槽或一级槽)、分布槽(又称副槽或二级槽)构成的。一级槽通过槽底开孔将液体初分成若干流股，分别加入其下方的液体分布槽，分布槽的槽底(或槽壁)上设有孔道(或导管)，将液体均匀分布于填料层上。槽式液体分布器具有较大的操作弹性和极好的抗污堵性，特别适合于大气液负荷及含有固体悬浮物、黏度大的液体的分离场合，应用范围非常广泛。

槽盘式分布器是近年来开发的新型液体分布器，它兼有集液、分液及分气 3 种作用，结构紧凑，气液分布均匀，阻力较小，操作弹性高达 10 : 1，适用于各种液体喷淋量。其近年来应用非常广泛，在设计中建议优先选用。

(4) 液体收集及再分布装置

为减小壁流现象，当填料层较高时需进行分段，故需设置液体收集及再分布装置。

最简单的液体再分布装置为截锥式再分布器。截锥式再分布器结构简单，安装方便，但它只起到将壁流向中心汇集的作用，无液体再分布的功能，一般用于直径小于 0.6m 的塔中。

在通常情况下，一般将液体收集器及液体分布器同时使用，构成液体收集及再分布装置。液体收集器的作用是将上层填料流下的液体收集，然后送至液体分布器进行液体再分布。常用的液体收集器为斜板式液体收集器。

前已述及，槽盘式液体分布器兼有集液和分液的功能，故槽盘式液体分布器是优良的液体收集及再分布装置。

2）塔内件的设计

(1) 液体分布器的设计

填料塔操作性能的好坏、传质效率的高低在很大程度上与塔内件的设计有关。在塔内件设计中，最关键的是液体分布器的设计，现对液体分布器的设计进行简要的介绍。

A 液体分布器设计的基本要求

① 液体分布均匀

评价液体分布均匀的标准：足够的分布点密度、分布点的几何均匀性、降液点间流量的均匀性。

(a) 分布点密度。液体分布器分布点密度的选取与填料类型及规格、塔径大小、操作条件等密切相关，各种文献推荐的值也相差很大。大致规律是：塔径越大，分布点密度越小；液体喷淋密度越小，分布点密度越大。对于散装填料，填料尺寸越大，分布点密度越小；对于规整填料，比表面积越大，分布点密度越大。表 4-26、表 4-27 分别列出了散装填料塔和规整填料塔的分布点密度推荐值，可供设计时参考。

表 4-26　Eckert 的散装填料塔分布点密度推荐值

塔径 D/mm	分布点密度/(点/m^{2}塔截面)
400	330
750	170
≥1200	42

表 4-27　苏尔寿公司的规整填料塔分布点密度推荐值

填料类型	分布点密度/(点/m^{2}塔截面)
250Y 孔板波纹填料	≥100
500(BX)丝网波纹填料	≥200
700(CY)丝网波纹填料	≥300

(b) 分布点的几何均匀性。分布点在塔截面上的几何均匀分布是较之分布点密度更为重要的问题。设计中，一般需通过反复计算和绘图排列，进行比较，选择较佳方案。分布点的排列可采用正方形、正三角形等不同方式。

(c) 降液点间流量的均匀性。为保证各分布点的流量均匀，需要分布器总体的合理设计、精细的制作和正确的安装。高性能的液体分布器，要求各分布点与平均流量的偏差小于6%。

② 操作弹性大　液体分布器的操作弹性是指液体的最大负荷与最小负荷之比。设计中，一般要求液体分布器的操作弹性为2~4，对于液体负荷变化很大的工艺过程，有时要求操作弹性达到10以上，此时，分布器必须进行特殊设计。

③ 自由截面积大　液体分布器的自由截面积是指气体通道占塔截面积的比值。根据设计经验，性能优良的液体分布器自由截面积为50%~70%。设计中，自由截面积最小应35%以上。

④ 其他　液体分布器应结构紧凑、占用空间小、制造容易、调整和维修方便。

B 液体分布器布液能力的计算

液体分布器布液能力的计算是液体分布器设计的重要内容。设计时，按其布液作用原理不同和具体结构特性、选用不同的公式计算。

① 重力型液体分布器布液能力计算　重力型液体分布器有多孔型和溢流型两种形式，工业上以多孔型应用为主，其布液工作的动力为开孔上方的液位高度。多孔型分布器布液能力的计算公式为

$$L_s = \frac{\pi}{4} d_0^2 n\varphi \sqrt{2g\Delta H} \tag{4-63}$$

式中 L_s——液体流量，m^3/s；

n——开孔数目(分布点数目)；

φ——孔流系数，通常取0.55~0.60；

d_0——孔径，m；

ΔH——开孔上方的液位高度，m。

② 压力型液体分布器布液能力计算　压力型液体分布器布液的动力为压力差(或压降)，其布液能力的计算公式为

$$L_s = \frac{\pi}{4} d_0^2 n\varphi \sqrt{2g\left(\frac{\Delta p}{\rho_L g}\right)} \tag{4-64}$$

式中 L_s——液体流量，m^3/s；

n——开孔数目(分布点数目)；

φ——孔流系数，通常取0.60~0.65；

d_0——孔径，m；

Δp——分布器的工作压力差(或压降)，Pa；

ρ_L——液体密度，kg/m^3。

设计中，液体流量L_s为已知，给定开孔上方的液位高度ΔH(或已知分布器的工作压力差Δp)，依据分布器布液能力计算公式，可设定开孔数目n，计算孔径d_0；亦可设定孔径d_0，计算开孔数目n。

（2）除沫器的设置

除沫器是用来除去填料层顶部逸出气体中的液滴，安排在液体分布器上方。当塔内气速不大，工艺过程又无严格要求时，一般可不设除沫器。常见的除沫器有折板除沫器和丝网除沫器。

① 折板除沫器

折板除沫器如图4-27所示，它是利用惯性原理设计的最简单的除沫器，气体流过曲折通道时，气流中夹带的液滴因惯性附于折流板壁后25mm。折板除沫器阻力较小，只能除去50μm以上的小液滴，压降一般为50~100Pa，但造价高。

② 丝网除沫器

如图4-28所示，丝网除沫器是一种分离效率高、阻力较小、重量较轻、所占空间不大的除沫器。它是由金属或塑料丝编织成网，卷成盘状而成。可除去大于5μm的雾滴，效率可达98%~99%，压降不超过250Pa。但不宜用于液滴中溶有固体物质的场合。丝网除沫器的计算如下。

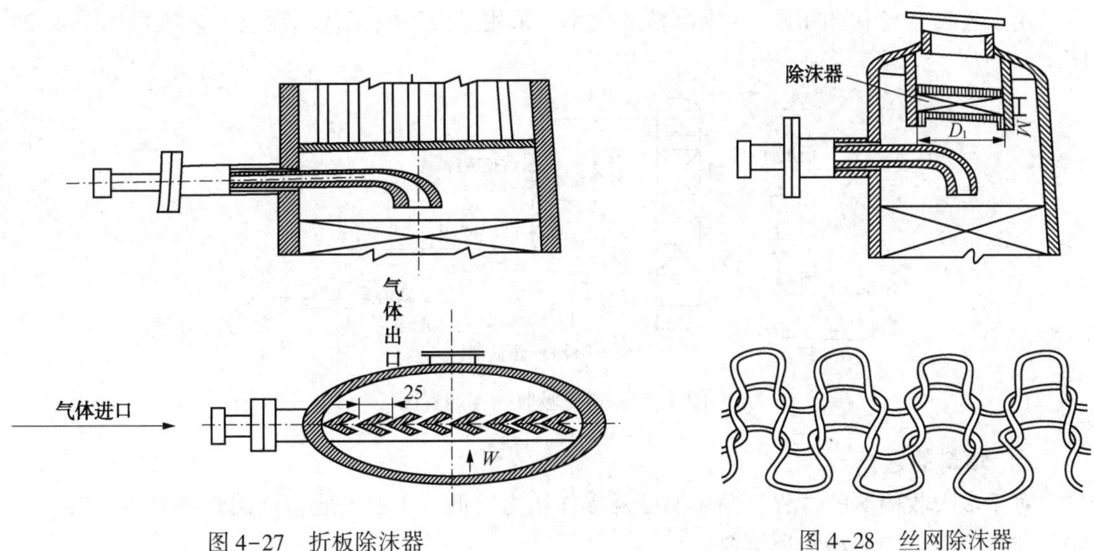

图4-27 折板除沫器　　图4-28 丝网除沫器

（a）设计气速的计算

气体通过除沫器的速度是影响除沫器取得高效率的重要因素，设计气速可通过下式求取。

$$u=K\sqrt{\frac{\rho_L-\rho_V}{\rho_V}}$$

式中 u——气速，m/s；

K——系数，可取0.08~0.11；

ρ_L、ρ_V——液体、气体的密度，kg/m^3。

（b）丝网盘的直径 D_1

$$D_1=\sqrt{\frac{4V_s}{\pi u}}$$

式中 V_s——气体处理量，m^3/s。

(c) 丝网层高度 H

对于金属丝网，当丝网直径为 0.076~0.4mm 时，在适宜气速下，丝网层的厚度取100~150mm；当合成纤维丝网直径为 0.005~0.03mm 时，丝网厚度一般取 50mm。

4.3.7 填料吸收塔设计示例

设计用水吸收丙酮常压填料塔，其任务及条件为：

① 混合气(空气，丙酮蒸气)处理量 1500m^3/h；

② 进塔混合气含丙酮 1.82%(体积分数)，相对湿度 70%，温度 35℃；

③ 进塔吸收剂(清水)的温度 25℃；

④ 丙酮回收率 88%；

⑤ 常压操作。

【设计计算】

1）吸收工艺流程的确定

用水吸收空气中的丙酮，为提高传质效率，采用逆流吸收工艺。吸收工艺流程如图 4-29 所示。

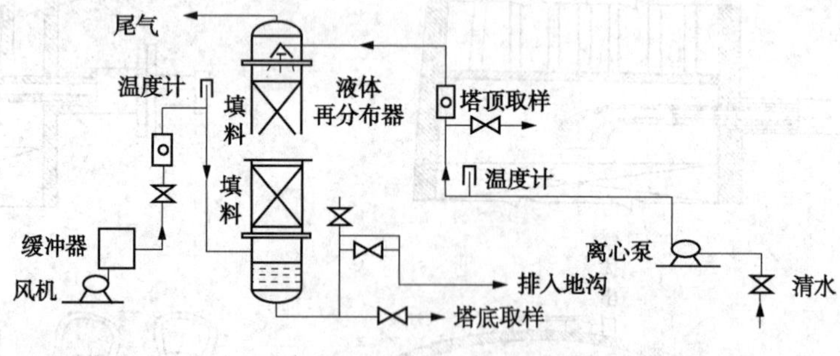

图 4-29 逆流吸收操作装置图

2）填料的选择

对于水吸收丙酮的过程，操作温度及操作压力较低，工业上通常选用塑料散装填料。在此，选用聚丙烯塑料鲍尔环填料。

3）基础物性数据

(1) 进塔混合气组成

① 进塔混合气中各组分的质量流量

近似取压强为 101.325kPa，故

$$\text{混合气摩尔流量} = 1500\times\frac{273}{273+35}\times\frac{1}{22.4} = 59.36(\text{kmol/h})$$

混合气中丙酮的摩尔流量 = 59.36×0.0182 = 1.08(kmol/h) 即质量流量 = 1.08×58 = 62.64(kg/h)

经查 35℃时饱和水蒸气压强为 5623.4Pa，则

每 kmol 相对湿度为 70%的混合气中含水蒸气的物质的量浓度为

$$= \frac{5623.4\times0.7}{101.3\times10^3 - 0.7\times5623.4} = 0.0404[\text{kmol 水蒸气/kmol(空气+丙酮)}]$$

$$\text{混合气中水蒸气的摩尔流量} = \frac{59.36\times0.0404}{1+0.0404} = 2.31(\text{kmol/h})\ \text{即质量流量} = 2.31\times18 = 41.58(\text{kg/h})$$

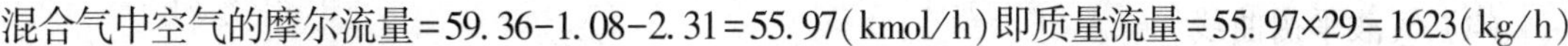

混合气中空气的摩尔流量=59.36−1.08−2.31=55.97(kmol/h)即质量流量=55.97×29=1623(kg/h)

② 混合气进出塔的摩尔组成

$$y_1=0.0182$$

$$y_2=\frac{1.08(1-0.88)}{55.97+2.31+1.08(1-0.88)}=0.00222$$

③ 混合气进出塔的比摩尔组成

若将空气与水蒸气视为惰气，则

惰气摩尔流量 V_B=55.97+2.31=58.28(kmol/h)即质量流量=1623+41.58=1664.6(kg/h)

$$Y_1=\frac{1.08}{58.28}=0.0185(\text{kmol 丙酮/kmol 惰气})$$

$$Y_2=\frac{1.08(1-0.88)}{58.28}=0.00222(\text{kmol 丙酮/kmol 惰气})$$

(2) 出塔混合气量

出塔混合气量=58.28+1.08×0.12=58.41(kmol/h)即质量流量=1664.6+62.64×0.12=1672.1(kg/h)

(3) 热量衡算

热量衡算为计算液相温度的变化以判断是否为等温吸收过程。假设丙酮溶于水放出的热量全被水吸收，且忽略气相温度变化及塔的散热损失(塔保温良好)。

查相关物性手册，丙酮的微分溶解热(丙酮蒸气冷凝热及对水的溶解热之和)：

$$H_{\text{d均}}=30230+10467.5=40697.5(\text{kJ/kmol})$$

吸收液(依水计)平均比热容 C_L=75.366kJ/(kmol·℃)，由

$$t_n=t_{n-1}+\frac{H_{\text{d均}}}{C_L}(x_n-x_{n-1})$$

对低浓度气体吸收，吸收液浓度很低时，依惰性组分及摩尔浓度计算较方便，故也可写为：

$$t_L=25+\frac{40697.6}{75.366}\Delta X$$

依上式，可在 X=0.000~0.008 之间，设系列 X 值，求出相应 X 浓度下吸收液的温度 t_L，计算结果列于表 4-28 第 1、2 列。由表中数据可见，液相浓度 X 变化 0.001 时，温度升高 0.54℃，依次求取平衡曲线。

表 4-28 各液相浓度下的吸收液温度及相平衡数据

X	t_L/℃	E/kPa	$m(=E/P)$	$Y^*\times10^{-3}$
0.000	25.00	211.5	2.088	0.000
0.001	25.54	217.6	2.148	2.148
0.002	26.08	223.9	2.210	4.420
0.003	26.62	230.1	2.272	6.816
0.004	27.16	236.9	2.338	9.352
0.005	27.70	243.7	2.406	12.025
0.006	28.24	250.6	2.474	14.844
0.007	28.78	257.7	2.544	17.808
0.008	29.32	264.96	2.616	20.928

注：1. 与气相浓度 Y_1 相平衡的液相浓度 X_1=0.0072，故取 X_m=0.008；

2. 平衡关系符合亨利定律，与液相平衡的气相浓度可用 $Y^*=mX$ 表示；

3. 吸收剂为清水，x=0，X=0；

4. 近似计算也可视为等温吸收。

(4) 气液平衡曲线

当$x<0.01$，$t=15\sim45$℃时，丙酮溶于水的亨利常数E可用下式计算：

$$\lg E=9.171-[2040/(t+273)]$$

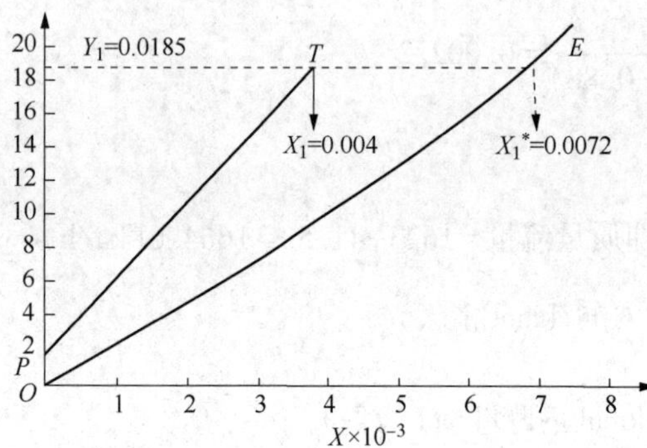

图 4-30　气液平衡线与操作线(丙酮-水)

由前设X值求出液体温度t_L，依上式计算出相应E值，且$m=E/P$，分别将相应E值及相平衡常数m值列于表4-27中的第3列、4列。由$Y^*=mX$求取对应m及X时的气相平衡浓度Y^*，结果列于表4-27的第5列。

根据$X-Y^*$数据，绘制$X-Y$平衡曲线OE，如图4-30所示。

(5) 吸收剂(水)的用量L_S

由图4-30查出，当$Y_1=0.0185$时，$X_1^*=0.0072$，可计算出最小吸收剂用量：

$$L_{S_{\min}}=V_B\frac{Y_1-Y_2}{X_1^*-X_2}=58.28\times\frac{0.0185-0.00222}{0.0072}=131.9(\text{kmol/h})$$

取安全系数为1.8，则$L_S=1.8\times131.9=237.4(\text{kmol/h})=237.4\times18=4273.2(\text{kg/h})$

(6) 塔底吸收液浓度X_1

根据物料衡算式：$V_B(Y_1-Y_2)=L_S(X_1-X_2)$

$$X_1=\frac{58.28\times(0.0185-0.00222)}{237.4}=0.004$$

(7) 操作线

根据操作线方程：$\bar{Y}=\frac{L_S}{V_B}X+\left(\bar{Y_2}-\frac{L_S}{V_B}X_2\right)=\frac{237.4}{58.28}X+0.00222$

$$Y=4.073X+0.0022$$

由上式求得操作线绘于图4-30中，如PT线所示。

4）塔径计算

塔底气液负荷大，依塔底条件：混合气35℃、101.325kPa，查表4-26，吸收液温度为27.16℃，以此计算。

$$D=\sqrt{\frac{V_S}{\frac{\pi}{4}u}}\qquad u=(0.6\sim0.8)u_F$$

采用Eckert通用关联图法计算泛点气速u_F。

(1) 有关数据计算

塔底混合气质量流量$V'=1623+62.64+41.58=1727(\text{kg/h})$

塔底吸收液质量流量$L'=4273+1.08\times0.88\times58=4328(\text{kg/h})$

进塔混合气密度$\rho_G=\frac{29}{22.4}\times\frac{273}{273+35}=1.15(\text{kg/m}^3)$(混合气浓度低，可近似为空气密度)

查得：吸收液密度$\rho_L=996.7\text{kg/m}^3$；吸收液黏度为$\mu_L=0.853\text{mPa·s}$。经比较，选

DN50 塑料鲍尔环，其填料因子 $\Phi=120\text{m}^{-1}$，其比表面积 $a_t=106.4\text{m}^2/\text{m}^3$。

（2）关联图的横坐标值

$$\frac{L'}{V'}\left(\frac{\rho_G}{\rho_L}\right)^{1/2}=\frac{4328}{1727}\left(\frac{1.15}{996.7}\right)^{1/2}=0.085$$

（3）由图 4-25 查得纵坐标值为 0.14，即：

$$\frac{u_F^2\Phi}{g}u_L^{0.2}=\frac{u_F^2\times120}{9.81}\times\frac{1.15}{996.7}\times0.854^{0.2}=0.0137u_F^2=0.14$$

故：

$$液泛气速\ u_F=\sqrt{\frac{0.14}{0.0137}}=3.197(\text{m/s})$$

（4）操作气速 $u=0.6u_F=0.6\times3.197=1.92(\text{m/s})$

（5）塔径 $D=\sqrt{\dfrac{V_S}{\dfrac{\pi}{4}u}}=\sqrt{\dfrac{1500}{3600\times0.785\times1.92}}=0.526(\text{m})=526(\text{mm})$

取塔径为 0.6m（600mm）

$$核算操作气速\ u=\frac{1500}{3600\times0.785\times0.6^2}=1.474(\text{m/s})$$

核算径比 $D/d=600/15=12$，满足鲍尔环的径比要求（表 4-29）。

表 4-29　填料与 D/d 比值的推荐值

填料种类	拉西环	鞍形填料	鲍尔环	阶梯环	环矩鞍
D/d 的推荐值	20~30	≥15	10~15	≥8	≥8

5）喷淋密度校核

依 Morris 等推荐，$d<75\text{mm}$ 的环形及其他填料的最小润湿速率（MWR）为 $0.08\text{m}^3/(\text{m}\cdot\text{h})$，由式得，最小喷淋密度为

$$L_{喷_{\min}}=(MWR)a_t=0.08\times106.4=8.512[\text{m}^3/(\text{m}^2\cdot\text{h})]$$

因 $L_{喷}=4273\text{kg/h}=\dfrac{4273}{996.7\times0.785\times0.6^2}=15.2[\text{m}^3/(\text{m}^2\cdot\text{h})]$，故满足最小喷淋密度要求。

6）填料层高度计算

根据填料层高度：$Z=H_{OG}N_{OG}=\dfrac{V_B}{K_{Ya}\Omega}\displaystyle\int_{Y_2}^{Y_1}\frac{dY}{Y-Y^*}$

传质单元高度 H_{OG} 计算 $H_{OG}=\dfrac{V_B}{K_{Ya}\Omega}$

其中 $K_{Ya}=K_{Ga}p$　　　　$\dfrac{1}{K_{Ga}}=\dfrac{1}{k_{Ga}}+\dfrac{1}{Hk_{La}}$

（1）计算 K_{Ga}

本设计采用恩田式计算填料润湿面积 a_W 作为传质面积 a，依改进的恩田式或有关公式分别计算 k_L 和 k_G，再合并为 k_{La} 和 k_{Ga}。

① 列出各关联式中的物性数据

气体性质(以塔底 35℃，101.3kPa 空气计)

$$\rho_L = 1.15\text{kg/m}^3$$

$$\mu_G = 0.01885 \times 10^{-3}\text{Pa} \cdot \text{s}$$

$$D_G = 1.09 \times 10^{-5}\text{m}^2/\text{s}$$

液体性质(以塔底 27.16℃水为准)

$$\rho_L = 996.7\text{kg/m}^3$$

$$\mu_L = 0.8543 \times 10^{-3}\text{Pa} \cdot \text{s}$$

依 $D_L = \dfrac{7.4 \times 10^{-12}(\beta m_S)^{0.5} T}{\mu_L V_A^{0.6}}$ 计算[14]

$$D_L = 1.344 \times 10^{-9}\text{m}^2/\text{s}$$

式中 V_A——溶质在常压沸点下的摩尔体积；

m_S——溶剂的相对分子质量；

β——溶剂的缔和因子。

查得[3] $\sigma_L = 71.6 \times 10^{-3}\text{N/m}$

气体与液体的质量流率：

$$L'_G = \frac{4273}{3600 \times 0.785 \times 0.6^2} = 4.2[\text{kg/(m}^2 \cdot \text{s)}]$$

$$V'_G = \frac{1727}{3600 \times 0.785 \times 0.6^2} = 1.7[\text{kg/(m}^2 \cdot \text{s)}]$$

DN50 塑料鲍尔环(乱堆)特性：

$$d_p = 50\text{mm} = 0.05\text{m}$$

$$a_t = 106.4\text{m}^2/\text{m}^3$$

$$\sigma_c = 40\text{dyn/cm} = 40 \times 10^{-3}\text{N/m}(\text{查表 4-17})$$

$$\psi = 1.45(\text{鲍尔环为开孔环，查表 4-18})$$

② 依式

$$\frac{a_w}{a_t} = 1 - \exp\left\{-1.45\left(\frac{\sigma_c}{\sigma}\right)^{0.75}\left(\frac{L'_G}{a_t\mu_L}\right)^{0.1}\left(\frac{L'^2_G a_t}{\rho_L^2 g}\right)^{-0.05}\left(\frac{L_G^2}{\rho_L \sigma a_t}\right)^{0.2}\right\}$$

$$\frac{a_w}{a_t} = 1 - \exp$$

$$\left\{-1.45\left(\frac{40 \times 10^{-3}}{71.6 \times 10^{-3}}\right)^{0.75}\left(\frac{4.2}{106.4 \times 0.8543 \times 10^{-3}}\right)^{0.1}\left(\frac{4.2 \times 106.4}{996.7^2 \times 9.81}\right)^{-0.05}\left(\frac{4.2^2}{996.7 \times 71.6 \times 10^{-3} \times 106.4}\right)^{0.2}\right\}$$

$$= 1 - \exp(-1.45 \times 0.646 \times 1.47 \times 1.65 \times 0.30)$$

$$= 1 - \exp(-0.681) = 0.494$$

故 $a_w = \dfrac{a_w}{a_t} \times a_t = 0.494 \times 106.4 = 52.6(\text{m}^2/\text{m}^3)$

③ 依式

$$k_L = 0.0095\left(\frac{L'_G}{a_w \mu_L}\right)^{2/3}\left(\frac{\mu_L}{\rho_L D_L}\right)^{-1/2}\left(\frac{\mu_L g}{\rho_L}\right)^{1/3}\psi^{0.4}$$

$$=0.0095\left(\frac{4.2}{52.6\times0.8543\times10^{-3}}\right)^{\frac{2}{3}}\left(\frac{0.8543\times10^{-3}}{996.7\times1.344\times10^{-9}}\right)^{-\frac{1}{2}}\left(\frac{0.8543\times10^{-3}\times9.81}{996.7}\right)^{\frac{1}{3}}(1.45)^{0.4}$$

$$=0.0095\times20.6\times0.0396\times0.02034\times1.16=1.83\times10^{-4}(\mathrm{m/s})$$

④ 依式

$$k_G=0.237\left(\frac{V'_G}{a_t\mu_G}\right)^{0.7}\left(\frac{\mu_G}{\rho_G D_G}\right)^{\frac{1}{3}}\left(\frac{a_t D_G}{RT}\right)\psi^{1.1}$$

$$=0.237\left(\frac{1.7}{106.4\times1.885\times10^{-5}}\right)^{0.7}\left(\frac{1.885\times10^{-5}}{1.15\times1.09\times10^{-5}}\right)^{\frac{1}{3}}\left(\frac{106.4\times1.09\times10^{-5}}{8.314\times308}\right)(1.45)^{1.1}$$

$$=0.237\times112.1\times1.146\times4.529\times10^{-7}\times1.505$$

$$=2.075\times10^{-5}[\mathrm{kmol/(m^2\cdot s\cdot kPa)}]$$

故

$$k_L a=k_L a_w=1.83\times10^{-4}\times52.6=9.62\times10^{-3}(\mathrm{s^{-1}})$$

$$k_G a=k_G a_w=2.075\times10^{-5}\times52.6=1.09\times10^{-3}[\mathrm{kmol/(m^2\cdot s\cdot kPa)}]$$

（2）计算 $K_Y a$

$$K_{Ya}=K_{Ga}P$$

而

$$\frac{1}{K_{Ga}}=\frac{1}{k_{Ga}}+\frac{1}{Hk_L a}$$

$$H=\frac{\rho_L}{EM_S}$$

由于在操作范围内，随液相浓度 X 和温度 t_L 的增加，$m(E)$ 亦变，故本设计分为两个液相区间，分别计算 $K_{Ga_{(1)}}$ 和 $K_{Ga_{(2)}}$，即

区间Ⅰ　　$X=0.004\sim0.002$（为 $K_{Ga_{(1)}}$）

区间Ⅱ　　$X=0.002\sim0$（为 $K_{Ga_{(2)}}$）

由表4-27知：

$$E_1=2.30\times10^2\mathrm{kPa}\qquad H_1=\frac{\rho_L}{E_1M_S}=\frac{996.7}{2.30\times10^2\times18}=0.241[\mathrm{kmol/(m^3\cdot kPa)}]$$

$$E_2=2.18\times10^2\mathrm{kPa}\qquad H_2=\frac{\rho_L}{E_2M_S}=\frac{996.7}{2.18\times10^2\times18}=0.254[\mathrm{kmol/(m^3\cdot kPa)}]$$

故

$$\frac{1}{K_{Ga_{(1)}}}=\frac{1}{1.09\times10^{-3}}+\frac{1}{0.241\times9.62\times10^{-3}}=0.917\times10^3+0.431\times10^3=1.348\times10^3$$

$$K_{Ga_{(1)}}=7.42\times10^{-4}[\mathrm{kmol/(m^3\cdot s\cdot kPa)}]$$

$$K_{Ya_{(1)}}=K_{Ga_{(1)}}P=7.42\times10^{-4}\times101.3=0.0752[\mathrm{kmol/(m^3\cdot s)}]$$

$$\frac{1}{K_{Ga_{(2)}}}=\frac{1}{1.09\times10^{-3}}+\frac{1}{0.254\times9.62\times10^{-3}}=0.917\times10^3+0.409\times10^3=1.326\times10^3$$

$$K_{Ga_{(2)}}=7.54\times10^{-4}[\mathrm{kmol/(m^3\cdot kPa)}]$$

$$K_{Ya_{(2)}}=K_{Ga_{(2)}}P=7.54\times10^{-4}\times101.3=0.0764[\mathrm{kmol/(m^3\cdot s)}]$$

（3）计算 H_{OG}

$$H_{OG(1)}=\frac{V_B}{K_{Ya_{(1)}}\Omega}=\frac{58.28/3600}{0.0752\times0.785\times0.6^2}=0.762(\mathrm{m})$$

$$H_{OG(2)}=\frac{V_B}{K_{Ya_{(2)}}\Omega}=\frac{58.28/3600}{0.0764\times0.785\times0.6^2}=0.750(\text{m})$$

（4）传质单元数 N_{OG} 计算

在上述两个区间内，可将平衡线视为直线，操作线系直线，故采用对数平均推动力法计算 N_{OG}。两个区间内对应的 X、$\overline{Y}$、$\overline{Y}^*$ 关系对应如表 4-30 所示。

表 4-30　X、$\overline{Y}$、$\overline{Y}^*$ 关系对应

	Ⅰ	Ⅱ
X	0.004～0.002	0.002～0
$\overline{Y}$	0.0185～0.0102	0.0102～0.00185
$\overline{Y}^*$	9.352×10^{-3}～4.42×10^{-3}	4.42×10^{-3}～0

依式

$$N_{OG}=\frac{\overline{Y}_1-\overline{Y}_2}{\Delta Y_m}$$

$$\Delta\overline{Y}_m=\frac{(\overline{Y}_1-\overline{Y}_1^*)-(\overline{Y}_2-\overline{Y}_2^*)}{\ln\dfrac{\overline{Y}_1-\overline{Y}_1^*}{\overline{Y}_2-\overline{Y}_2^*}}$$

$$\Delta\overline{Y}_{m(1)}=\frac{(0.0185-0.00935)-(0.0102-0.00442)}{\ln\dfrac{0.0185-0.00935}{0.0102-0.00442}}=7.34\times10^{-3}$$

$$N_{OG(1)}=\frac{0.0185-0.0102}{7.34\times10^{-3}}=1.13$$

$$\Delta\overline{Y}_{m(2)}=\frac{(0.0102-0.00442)-(0.00185-0)}{\ln\dfrac{0.0102-0.00442}{0.00185-0}}=3.45\times10^{-3}$$

$$N_{OG(2)}=\frac{0.0102-0.00185}{3.45\times10^{-3}}=2.42$$

（5）填料层高度 Z 的计算

$$Z=Z_1+Z_2=H_{OG(1)}N_{OG(1)}+H_{OG(2)}N_{OG(2)}=0.762\times1.13+0.750\times2.42=0.861+1.815=2.68(\text{m})$$

取 25%的富余量，则完成本设计任务需 *DN*50 塑料鲍尔环的填料层高度为：

$$Z=1.25\times2.68=3.4(\text{m})$$

7）填料层压降的计算

取通用压降关联式图 4-25 中横坐标值 0.087(前已计算)；用操作气速 $u'=1.474\text{m/s}$ 代替纵坐标中的 u_F，查表 4-22 得，*DN*50 塑料鲍尔环(米字筋)的压降填料因子 $\Phi=125$ 代替纵坐标中的 Φ，则纵坐标值为：

$$\frac{1.474^2\times125}{9.81}\times\frac{1.15}{996.7}\times0.8543^{0.2}=0.031$$

查通用压降关联式图 4-25，内插得 $\Delta p\approx24\times9.81=235.4(\text{Pa/m})$(填料)

全塔填料层压降 $\Delta p=3.5\times235.4=823.9(\text{Pa})$

8）**填料吸收塔的附属设备**

(1) 流体的进出口设计

流体的进出口结构设计首先要确定的就是管口直径。根据管口所输送的气体或液体的流量大小，由下式计算管径：

$$d=\sqrt{\frac{4V_S}{\pi u}}$$

式中　V_S——流体的体积流量，m^3/s；

u——适宜的流体流速，m/s，常压塔气体进出管气速可取 10~20m/s；液体进出口速度可取 0.8~1.5m/s(必要时可加大些)，对高黏度流体可取 0.5~1.0m/s。

管径由所选气速决定后，应按标准管规格进行圆整，并按实际管径重新校核流速。

① 气体进口装置

气体进口装置的设计应能防止淋下的液体进入管内，同时还要使气体分散均匀。因此不宜使气流直接由管接口或水平管冲入塔内，而应使气流的出口朝下方，使气流折转向上。

对于直径为 500mm 以下的小塔，可使进气管伸到塔的中心线位置，管端切成 45℃ 向下的斜口或直接向下的长方形切口；对于直径 1.5m 以下的塔，管的末端可以制成向下的喇叭形扩大口；对于更大的塔，应考虑盘管式的分布结构。

② 气体出口装置

气体出口装置要求既能保证气体畅通，又能尽量除去夹带的雾沫，可在气体出口前加装除沫挡板，当气体夹带较多雾滴时，需另装除沫器。

③ 液体进口装置

液体进口管直接通向喷淋装置，若喷淋装置进塔出为直管，其有关尺寸见表 4-31。若喷淋装置为其他结构需根据具体情况而定。

表 4-31　接管尺寸

内管/(mm×mm)	外管/(mm×mm)	内管/(mm×mm)	外管/(mm×mm)
25×3	45×3.5	108×4	133×4
32×3.5	57×3.5	133×4	159×4.5
38×3.5	57×3.5	159×4.5	219×6
45×3.5	76×4	219×6	273×8
57×3.5	76×4	245×7	273×8
76×4	108×4	273×8	325×8
89×4	108×4		

④ 液体出口装置

液体出口装置的设计应便于塔内液体排放，防止破碎的瓷环堵塞出口，并且要保证塔内有一定的封液高度，防止气体短路。

管径计算

根据管径计算公式 $d=\sqrt{\frac{4V_S}{\pi u}}$（进出口气速取 20m/s，液速取 1.5m/s）

进气口管径：$d_{g进}=\sqrt{\frac{4\times1500}{\pi\times20\times3600}}=0.1629(m)=162.9(mm)$

圆整取 219×6(mm×mm)

出气口管径：$d_{g出}=\sqrt{\dfrac{4\times58.41\times\dfrac{273+35}{273}\times22.4}{\pi\times20\times3600}}=0.16156(m)=161.56(mm)$

圆整取 219×6(mm×mm)

进液口管径 $d_{L进}=\sqrt{\dfrac{4\times4273/1000}{\pi\times1.5\times3600}}=0.03174(m)=31.74(mm)$

圆整取 38×3.5(mm×mm)

出液口管径 $d_{L出}=\sqrt{\dfrac{4\times4328/1000}{\pi\times1.5\times3600}}=0.03195(m)=31.95(mm)$

圆整取 38×3.5(mm×mm)。

(2) 除沫器的选用

经比较除沫器选用折板除沫器，如图 4-27 所示。

9） 填料塔设计结果(表 4-32)

表 4-32　设计结果一览表

项　目	数　据	项　目	数　据
混合气摩尔流率/(kmol/h)	59.36	全塔填料层压降/Pa	823.9
清水密度/(kg/m³)	996.7	塔底吸收液浓度	0.004
清水摩尔流量/(kmol/h)	237.4	相平衡常数	0.241(Ⅰ)　0.254(Ⅰ)
清水质量流量/(kg/h)	4328	传质单元数	1.13(Ⅰ)　2.42(Ⅱ)
空塔气速/(m/s)	1.474	气相传质单元高度/m	0.762(Ⅰ)　0.750(Ⅱ)
塔径/m	0.6	填料层高度/m	3.4
喷淋密度/(m³/m²h)	15.2		

4.3.8　填料精馏塔设计示例

在抗生素类药物生产过程中，需要用丙酮溶媒洗涤晶体，洗涤过滤后产生废丙酮溶媒，其组成为含丙酮 88%、水 12%(质量分数)。为使废丙酮溶媒重复利用，拟建立一套填料精馏塔，以对废丙酮溶媒进行精馏，得到含水量小于等于 0.5%(质量分数)的丙酮溶媒。设计要求废丙酮溶媒的处理量为 1200t/年，塔底废水中丙酮含量小于等于 0.5%(质量分数)。试设计该填料精馏塔。

【设计计算】

1） 设计方案的确定

本设计任务为分离丙酮-水混合物。对于二元混合物的分离，应采用连续精馏流程。设计中采用泡点进料，将原料液通过预热器加热至泡点后送入精馏塔内。丙酮常压下的沸点为 56.2℃，故可采用常压操作，用 30℃的循环水进行冷凝。塔顶上升蒸气采用全凝器冷凝，冷凝液在泡点下一部分回流至塔内，其余部分经产品冷却器冷却后送至储槽。因所分离物系的重组分为水，故选用直接蒸汽加热方式，釜残液直接排放。丙酮-水物系分离的难易程度适中，气液负荷适中，设计中选用 500Y 金属孔板波纹填料。

2）精馏塔的物料衡算

(1) 原料液及塔顶、塔底产品的摩尔分数

丙酮的摩尔质量　$M_A=58.03\text{kg/kmol}$

水的摩尔质量　$M_B=18.02\text{kg/kmol}$

$$x_F=\frac{0.88/58.03}{0.88/58.03+0.12/18.02}=0.695$$

$$x_D=\frac{0.995/58.03}{0.995/58.03+0.005/18.02}=0.984$$

$$x_W=\frac{0.005/58.03}{0.005/58.03+0.995/18.02}=0.002$$

(2) 原料液及塔顶、塔底产品的平均摩尔质量

$$M_F=0.695\times58.03+(1-0.695)18.02=45.83(\text{kg/kmol})$$

$$M_D=0.984\times58.03+(1-0.984)18.02=57.39(\text{kg/kmol})$$

$$M_W=0.002\times58.03+(1-0.002)18.02=18.10(\text{kg/kmol})$$

(3) 物料衡算

废丙酮溶媒的处理量为1200t/年，每年按300个工作日计。

原料处理量　$$F=\frac{1200000}{300\times24\times45.83}=3.64(\text{kmol/h})$$

总物料衡算　$$3.64=D+W$$

丙酮物料衡算　$$3.64\times0.695=0.984D+0.002W$$

联立解得　$$D=2.57\text{kmol/h}$$

$$W=1.07\text{kmol/h}$$

3）精馏塔的模拟计算

本示例采用计算机模拟计算法进行计算。模拟计算采用泡点法解MESH方程，其中气液平衡的计算采用NRTL模型，拟合精度达到1×10^{-4}。模拟计算结果如下：

操作回流比：　$R=4$

理论板数：　$N_T=21$

进料板序号：　$N_F=17$

塔顶温度：　$t_D=56.16℃$

塔釜温度：　$t_w=99.92℃$

进料板温度：　$t_F=77.81℃$

塔顶第1块板有关参数

气相流量：　$V_1=12.85\text{kmol/h}$

液相流量：　$L_1=10.26\text{kmol/h}$

气相组成：　$y_1=0.9841$

液相组成：　$X_1=0.9822$

气相平均摩尔质量：　$M_{V1}=57.39$

液相平均摩尔质量：　$M_{L1}=57.32$

气相密度：　$\rho_{V1}=2.125\text{kg/m}^3$

液相密度：　$\rho_{L1}=750.23\text{kg/m}^3$

液相黏度：$\mu_{L1}=0.2412\text{mPa}\cdot\text{s}$

进料板(第 17 块板)有关参数

气相流量：$V_1=12.85\text{kmol/h}$

液相流量：$L_{17}=13.51\text{kmol/h}$

气相组成：$y_{17}=0.7430$

液相组成：$X_{17}=0.6358$

气相平均摩尔质量：$M_{V17}=47.75$

液相平均摩尔质量：$M_{L17}=43.46$

气相密度：$\rho_{V17}=1.649\text{kg/m}^3$

液相密度：$\rho_{L17}=753.29\text{kg/m}^3$

液相黏度：$\mu_{L17}=0.2531\text{mPa}\cdot\text{s}$

4） 精馏塔的塔体工艺尺寸计算

(1) 塔径计算

采用气相负荷因子法计算适宜的空塔气速。

① 精馏段塔径计算

精馏段塔径按第 1 块板的数据近似计算。

液相质量流量为

$$w_L=10.26\times57.32=588.1(\text{kg/h})$$

气相质量流量为

$$w_V=12.85\times57.39=737.5(\text{kg/h})$$

流动参数为

$$\psi=\frac{w_L}{w_V}\left(\frac{\rho_V}{\rho_L}\right)^{0.5}=\frac{588.1}{737.5}\times\left(\frac{2.125}{750.23}\right)^{0.5}=0.0424$$

查图 4-26 得

$$C_{s_{max}}=0.078$$

$$C_s=0.8C_{s_{max}}=0.8\times0.078=0.0624$$

$$C_s=u\sqrt{\frac{\rho_V}{\rho_L-\rho_V}}$$

$$u=\frac{C_s}{\sqrt{\dfrac{\rho_V}{\rho_L-\rho_V}}}=\frac{0.0624}{\sqrt{\dfrac{2.125}{750.23-2.125}}}=1.171(\text{m/s})$$

$$D=\sqrt{\frac{4V_s}{\pi u}}=\sqrt{\frac{4\times\dfrac{737.5}{2.125\times3600}}{3.14\times1.171}}=0.324(\text{m})$$

② 提馏段塔径计算

提馏段塔径按进料板(第 17 块板)的数据近似计算，计算方法同精馏段。计算结果为

$$D=0.321\text{m}$$

比较精馏段与提馏段计算结果，二者基本相同。圆整塔径，取 $D=350\text{mm}$。

(2) 液体喷淋密度及空塔气速核算

精馏段液体喷淋密度为[式(4-45)]

$$U=\frac{588.1/750.23}{0.785\times0.35^2}=8.15[m^3/(m^2\cdot h)]>0.2[m^3/(m^2\cdot h)]$$

精馏段空塔气速为

$$u=\frac{737.5/2.125}{0.785\times0.35^2\times3600}=1.003(m/s)$$

提馏段液体喷淋密度为

$$U=\frac{587.1/753.29}{0.785\times0.35^2}=8.10[m^3/(m^2\cdot h)]>0.2[m^3/(m^2\cdot h)]$$

提馏段空塔气速为

$$u=\frac{613.6/1.649}{0.785\times0.35^2\times3600}=1.075(m/s)$$

(3) 填料层高度计算

填料层高度计算采用理论板当量高度法。

对500Y金属孔板波纹填料，查得每米填料理论板数为4~4.5块，取$n_t=4$。则

$$HETP=\frac{1}{n_t}=\frac{1}{4}=0.25(m)$$

由$Z=N_T\cdot HETP$，精馏段填料层高度为

$$Z_{精}=16\times0.25=0.4(m)$$

$$Z'_{精}=1.25\times4=5(m)$$

提馏段填料层高度为

$$Z_{提}=5\times0.25=1.25(m)$$

$$Z'_{提}=1.25\times1.25=1.56(m)$$

设计取精馏段填料层高度为5m，提馏段填料层高度为1.6m。

根据式(4-60)，取填料层的分段高度为

$$h=16\times HETP=16\times0.25=4(m)$$

故精馏段需分为2段，每段高度为2.5m，提馏段不需分段。

(4) 填料层压降计算

对500Y金属孔板波纹填料，查得每米填料层压降为

$$\Delta p/Z=4.0\times10^{-4}(MPa/m)$$

精馏段填料层压降为

$$\Delta p_{精}=5\times4.0\times10^{-4}=2\times10^{-3}(MPa)$$

提馏段填料层压降为

$$\Delta p_{提}=1.6\times4.0\times10^{-4}=6.4\times10^{-4}(MPa)$$

填料层总压降为

$$\Delta p=2\times10^{-3}+6.4\times10^{-4}=2.64\times10^{-3}(MPa)=2.64(kPa)$$

(5) 液体分布器简要设计

① 液体分布器的选型

该精馏塔塔径较小，故选用管式液体分布器。

② 分布点密度计算

该精馏塔塔径较小，且 500Y 孔板波纹填料的比表面积较大，故应选取较大的分布点密度。设计中取分布点密度为 200 点/m^2。

布液点数为

$$n=0.785\times0.35^2\times200=19.23(\text{点})\approx20(\text{点})$$

按分布点几何均匀与流量均匀的原则，进行布点设计。设计结果：主管直径为 $\phi38\times3.5$mm，支管直径为 $\phi18\times3$mm，采用 5 根支管，支管中心距为 65mm，采用正方形排列，实际布点数为 $n=21$，布液点示意如图 4-31 所示。

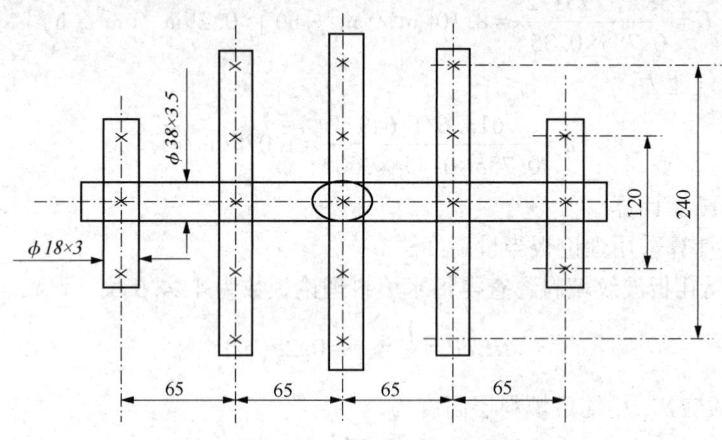

图 4-31　管式液体分布器的布液点示意

③ 布液计算

$$L_s=\frac{\pi}{4}d_0^2n\varphi\sqrt{2g\Delta H}$$

取 $\varphi=0.60$，$\Delta H=160$mm。

$$d_0=\left(\frac{4L_s}{\pi n\varphi\sqrt{2g\Delta H}}\right)^{1/2}$$

$$=\left(\frac{4\times588.1/750.23\times3600}{3.14\times21\times0.6\sqrt{2\times9.81\times0.16}}\right)^{1/2}=0.0035$$

设计取 $d_0=3.5$mm。

液体再分布器形式与液体分布器相同，设计原则也相同，设计计算过程略。

参 考 文 献

[1] 柴诚敬. 化工原理课程设计[M]. 天津：天津科学技术出版社，1994.
[2] 贾绍义，柴诚敬. 化工传质与分离过程[M]. 第 2 版. 北京：化学工业出版社，2007.
[3] 夏清，陈常贵. 化工原理：下册[M]. 修订版. 天津：天津大学出版社，2005.
[4] 匡国柱，史启才. 化工单元过程及设备课程设计[M]. 北京：化学工业出版社，2002.
[5]《化学工程手册》编辑委员会. 化学工程手册——气液传质设备[M]. 北京：化学工业出版社，1989.
[6] 刘乃鸿. 工业塔新型规整填料应用手册[M]. 天津：天津大学出版社，1993.
[7] 王树楹. 现代填料塔技术指南[M]. 北京：中国石化出版社，1998.

[8] 徐崇嗣. 塔填料产品及技术手册. 北京：化学工业出版社，1995.

[9] 兰州石油机械研究所. 现代塔器技术[M]. 第2版. 北京：中国石化出版社，2005.

[10] 魏兆灿. 塔设备设计[M]. 上海：上海科学技术出版社，1988.

[11] STRIGLE R. F. Random Packings and Packed Tower Design and Applications[M]. Houston：Gulf Publishing Company，1987.

[12] 吴德荣. 化工工艺设计手册[M]. 北京：化学工业出版社，2009.

[13] 马沛生，夏淑倩，夏清. 化工物性简明手册[M]. 北京：化学工业出版社，2013.

[14] 吴俊，宋孝勇，韩粉女，等. 化工原理课程设计[M]. 上海：华东理工大学出版社，2011.

[15] 时钧，汪国鼎，余国琮，等. 化学工程手册[M]. 北京：化学工业出版社，1996.

下　篇

化工原理实验

第5章　化工原理实验要求

5.1　化工原理实验特征

化工原理是化工类专业与化工领域实际生产密切联系，实践性很强的一门技术基础课，化工原理实验则是学习、掌握和应用该门课程必不可少的重要实践环节。化工原理实验与一般实验不同之处在于它具有明显的工程特点。面对众多工程中的多种复杂因素，很难仅从理论上找出反映各单元操作过程本质的共同规律，为此，工程上一般采用两种研究方法解决实际工程问题，即实验研究法和数学模型法，这是化工原理实验的重要特征。

5.2　化工原理实验目的

(1) 初步掌握化工工程问题的研究方法。通过化工原理实验，进一步理解化工原理的实验特点，认真体会和初步掌握处理工程问题的研究方法，在实践中加深理解与认识并将其初步应用。

(2) 巩固和深化化工原理课程中的理论知识，巩固和加深对各单元操作理论知识的认识和理解，验证相关化工单元操作的理论基础。

(3) 熟悉各单元操作主要实验装置的结构、性能和流程及其相关仪表，掌握一定的化工实验技能和设备基本操作方法，培养分析理解实验现象、处理一般工程问题的能力。

(4) 通过对实验数据的分析、整理及关联处理，培养学生编写实验报告、进行科学研究的初步能力。

(5) 培养学生团队合作、组织协调能力，观察分析问题能力，动手操作能力，初步掌握工程技能及提升实践创新能力。

5.3　实验预习报告

实验预习报告不能与实验报告等同代替，每次实验前必须将实验预习报告交给实验指导教师检查合格后方能进行实验。

实验预习报告要求阅读实验资料后，用自己的语言方式简明表达：

(1) 实验目的及内容——做什么？

(2) 实验意义及原理——为什么做？

(3) 实验操作步骤：用自己能读懂的简捷方式表示(如方框图)——如何做？

(4) 实验中必须读取哪些数据，列出数据记录简表——得到什么？

(5) 实验中可能出现的实验现象及状况——会遇到什么问题及如何处理？

(6) 该实验采用哪些实验方法及其理论知识——如何进行科研?

5.4 实验阶段要求

(1) 进入实验室后，详细了解实验装置的结构、工艺流程、仪器、仪表使用方法、实验步骤、数据测取方法。

(2) 实行实验组长负责制，实验组长组织、协调、安排各组员岗位职责，实验小组团结合作完成实验。

(3) 实验过程中，认真操作，细心观察各种实验现象，深入思考，以科学的态度认真分析实验现象。

(4) 实验记录要满足实验要求：如大气压、室温、物料物性、设备尺寸等，必须清晰记录于表格中，以免事后混淆。以科学严谨的态度测取实验数据，考虑数据的合理性。

(5) 实验结束后，实验人员在原始记录上签名，经指导老师审阅签字后方可。

(6) 实验注意事项

① 遵守实验室的各项规章制度，听从指导教师的安排。

② 爱护实验室各种仪器设备，不要动用与本实验无关的仪器。

③ 对实验中损坏的仪器应及时登记，并报告指导教师，等待处理。

④ 特别注意水、电、气的使用，防止触电及热灼伤发生。

⑤ 保持实验室卫生，实验完毕，一切使用过的物品应恢复原样。

⑥ 实验数据与记录经指导教师签字后方可离开实验室。

5.5 实验报告要求

实验报告行文力求简明，书写清楚，正确使用标点符号，图表使用应规范，插图附在适当位置，并装订成册。

实验报告应包括下列内容：

(1) 实验目的和内容。

(2) 实验基本原理。

(3) 实验装置流程示意图。

(4) 实验操作要点及注意事项。

(5) 原始数据记录。

(6) 数据处理及计算过程举例：用文字、表格、图形将数据表示出来，以某一组原始数据为例，列出一个完整的计算过程和结果，以说明整理数据的结果来源。

(7) 实验结果分析与讨论：对实验方法和结果进行综合分析研究是工程实验报告的重要内容之一。将实验结果用图形或关系式表示(计算结果一览表及图)，其主要内容有：①从理论上对实验所得结果进行分析和解释，说明其必然性；②对实验中的异常现象进行分析讨论，说明影响实验的主要因素；③分析误差的大小和原因，指出提高实验结果准确度的途径；④将实验结果与前人或他人的结果对比，说明异同，并解释之；⑤对本实验结果提出进

一步的研究方法或对实验方法及装置提出改进建议等。

(8) 实验结论：分析实验结果，联系理论知识，得出实验结论。

(9) 思考题。

(10) 体会和设计：就实验设备装置、实验方法、实验组织过程等谈谈自己的体会及其创新性建议。

第 6 章　实验部分

6.1　伯努利方程实验

6.1.1　实验目的

（1）通过实验静止和流动的流体中各项压头及其相互转换，验证流体静力学原理和伯努利方程。

（2）通过实测流速的变化与之相应的压头损失的变化（测定文氏管的孔流系数 C_v），确定两者之间的关系。

（3）观察流体流经收缩、扩大管段时，各截面上静压的关系。

6.1.2　实验原理

流动的流体具有 3 种机械能：位能、动能和静压能，这 3 种能量可以相互转化。在没有摩擦损失且不输入外功的情况下，流体在稳定流动中流过的各截面上的机械能总和是相等的；在有摩擦没有外功输入时，任意两截面间机械能的差即为摩擦损失。

机械能可用测压管中液柱的高度来表示。

取任意两测试点，列出能量衡算式：

$$Z_1g+\frac{u_1^2}{2}+\frac{P_1}{\rho}=Z_2g+\frac{u_2^2}{2}+\frac{P_2}{\rho}+\sum h_f \tag{6-1}$$

式中　Z_1、Z_2——两测试点距基准面的高度，m；

u_1、u_2——两点的流速，m/s；

$\sum h_f$——两点的阻力损失，J/kg。

对于水平测试管，$Z_1=Z_2$，则

$$\frac{u_1^2}{2}+\frac{P_1}{\rho}=\frac{u_2^2}{2}+\frac{P_2}{\rho}+\sum h_f \tag{6-2}$$

（1）有阻力损失情况下，若 $u_1=u_2$，则 $P_2<P_1$。

（2）不考虑阻力损失的情况下，即 $\sum h_f=0$，若 $u_1\neq u_2$，则 $P_1\neq P_2$；静止状态下，即 $u_1=u_2=0$，则 $P_1=P_2$。

6.1.3　实验装置

装置如图 6-1 所示，一个液面高度保持不变的水箱（低位槽），与管径不均匀的玻璃实验管连接，实验管上取有不同的测试点。水的流量由入口阀和出口阀门调节，出口阀关闭时流体静止。

图中，$d_E=d_A=25\text{mm}$，$d_B=d_D=15\text{mm}$，$d_C=7\text{mm}$。

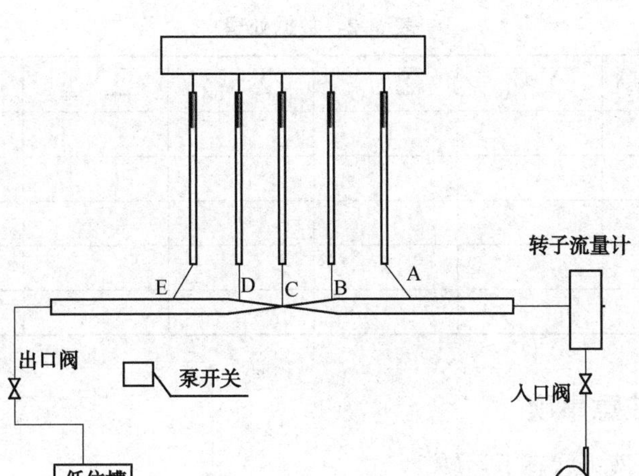

图 6-1 伯努利方程实验装置图

6.1.4 实验步骤

(1) 向水箱注入清洁的水至 2/3 左右。

(2) 检查出口阀和入口阀是否关闭。(正确为关闭)

(3) 接通电源，按电源开关启动水泵后，立即打开入口阀使流量到 160L/h，让水充满测试管并排尽管内的空气(包括测压管内)。(为什么?)

(4) 缓慢打开出口阀，使各点的测压液柱控制在标尺范围内(约 2/3 的高度)，稳定后，记录各测压管的读数。

(5) 逐步调节入口阀和出口阀，改变管道内的流量，仔细观察不同导管截面处产生的不同静压强变化规律，测取若干流量下，动能与静压能的变化规律并加以计算。

(6) 实验结束，关入口阀后，马上关电源按钮。清理现场，填写实验记录。

6.1.5 实验数据处理

(1) 实验记录

按实验过程中的真实数据，准确填入表 6-1 中。

表 6-1 实验记录

序 号	流量/(L/h)	h_A/cm	h_B/cm	h_C/cm	h_D/cm	h_E/cm
1	160					
2	120					
3	80					
4	40					
5	20					

(2) 数据处理

依照前文给出的实验计算公式，计算后将结果填入表 6-2。

表 6-2 数据处理

序 号	流量/(m^3/s)	$\sum h_{f_{AB}}$	$\sum h_{f_{AC}}$	$\sum h_{f_{DE}}$	$\sum h_{f_{CE}}$	Re	C_v
1							
2							
3							
4							
5							

6.1.6 实验注意事项

(1) 严禁泵在无液体状态下运转。

(2) 必须将管中存在的气体排净。

6.1.7 思考题

(1) 如果 C 截面变得更小，那么 h_C 会如何变化?

(2) 测定孔流系数 C_v，对其有何理解?

(3) 关闭入口阀，观察各测压管内液位是否相同，为什么?

6.2 雷诺演示实验

6.2.1 实验目的

1. 观察流体在管内流动的两种不同流动类型;

2. 测定临界雷诺数。

6.2.2 基本原理

流体流动有两种不同流动类型，即层流(滞流)和湍流(紊流)。流体作层流流动时，流体质点作平行于管轴的直线运动，且在径向无脉动；流体作湍流流动时，流体质点除沿管轴方向向前运动外，还在径向作脉动运动，在宏观上显示出紊乱地向各个方向作不规则的运动。

流体流动型态可用雷诺准数来判断，若流体在圆管内流动，则雷诺准数可用式(6-3)表示:

$$Re=\frac{du\rho}{\mu} \tag{6-3}$$

式中 Re——雷诺准数，无因次;

d——管子内径，m;

u——流体在管内的平均流速，m/s;

ρ——流体密度，kg/m^3;

μ——流体黏度，Pa·s。

对于一定温度的流体，在特定的圆管内流动，雷诺准数仅与流体流速有关。本实验通过改变流体在管内的速度，观察在不同雷诺准数下流体的流动类型。一般认为 $Re\leqslant2000$ 时，流动类型为层流；$Re\geqslant4000$ 时，流动类型为湍流；$2000<Re<4000$ 时，流动类型为过渡流。

6.2.3 实验装置及流程

实验装置如图 6-2 所示。主要由玻璃实验管、流量计、流量调节阀、低位储水槽、循环水泵、溢流稳压槽、缓冲水槽(图 6-2 中溢流稳压槽右侧)等部分组成。

实验前，先将水充满低位储水槽，关闭流量计后的流量调节阀，然后启动循环水泵。待水充满溢流稳压槽后，开启流量计后的流量调节阀。水由溢流稳压槽流经缓冲槽、实验管和转子流量计，最后流回低位储水槽。水流量的大小，可由流量计和调节阀调节。

示踪剂采用红色墨水，它由红墨水储瓶经连接管和细孔喷嘴，注入实验管。细孔玻璃注射管(或注射针头)位于实验管入口的轴线部位。

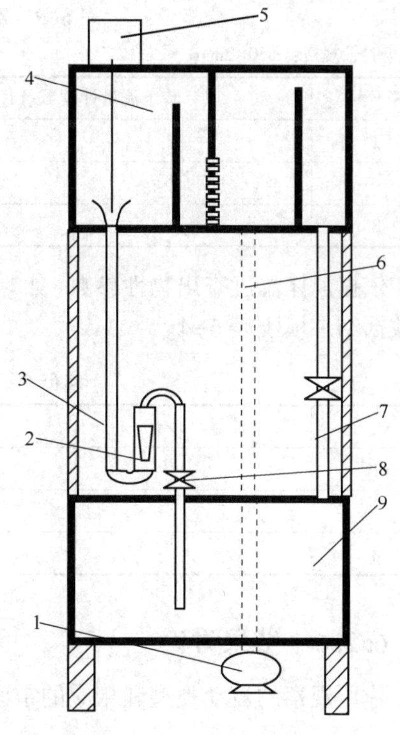

图 6-2 流体流型演示实验

1—循环水泵；2—流量计；3—玻璃实验管；4—溢流稳压槽；5—红墨水储瓶；6—上水管；7—溢流回水管；8—流量调节阀；9—低位储水槽

6.2.4 演示操作

(1) 层流流动

实(试)验时，先少许开启调节阀，将流速调至所需要的值。再调节红墨水储瓶的下口旋塞，并作精细调节，使红墨水的注入流速与实验管中主体流体的流速尽量相适应，一般略低于主体流体的流速为宜。待流动稳定后，记录主体流体的流量。此时，在实验管的轴线上，就可观察到一条平直的红色细流，好像一根拉直的红线一样。

(2) 湍流流动

缓慢地加大调节阀的开度，使水流量平稳地增大。玻璃导管内的流速也随之平稳地增大。可观察到：玻璃导管轴线上呈直线流动的红色细流，开始发生波动。随着流速的增大，红色细流的波动程度也随之增大，最后断裂成一段段的红色细流。当流速继续增大时，红墨水进入实验管后。立即呈烟雾状分散在整个导管内，进而迅速与主体水流混为一体，使整个管内流体染为红色，以致无法辨别红墨水的流线。

注意：实验用的水应清洁，红墨水的密度应与水相当，装置要放置平稳，避免震动。

6.2.5 实验数据记录与处理

雷诺演示实验数据的原始记录填入表 6-3。

表 6-3 雷诺演示实验数据原始记录表

实验管规格：$\phi 20\times 2$mm　　　　温度：

序　号	转子流量计读数/(L/h)	现　　象
1		
……		
8		

依据流体温度查出物性参数(如黏度和密度)，结合流量计算出相应的雷诺数，并把处理数据结果填于表 6-4。

表 6-4 雷诺演示实验数据处理结果

序　号	流量/(L/h)	雷诺数	现象	流动类型
1				
……				
8				

6.2.6 结果讨论

你所观察的流动类型和相应的雷诺数与理论一致吗？如不，是什么原因导致的？

6.2.7 思考题

(1) 说明雷诺数的物理意义，为何雷诺数能反映流体的流动类型。

(2) 对设备设计有何改进性方案。

6.3 流体流动阻力的测定

6.3.1 实验目的

(1) 掌握测定流体流经直管、管件和阀门时阻力损失的一般实验方法。

(2) 测定直管摩擦系数 λ 与雷诺准数 Re 的关系，验证在一般湍流区内 λ 与 Re 的关系曲线。

(3) 测定流体流经管件、阀门时的局部阻力系数 ξ。

(4) 学会涡轮流量计的使用方法。

(5) 识辨组成管路的各种管件、阀门，并了解其作用。

6.3.2 基本原理

流体通过由直管、管件(如三通和弯头等)和阀门等组成的管路系统时，由于黏性剪应力和涡流应力的存在，要损失一定的机械能。流体流经直管时所造成机械能损失称为直管阻力损失。流体通过管件、阀门时因流体运动方向和速度大小改变所引起的机械能损失称为局部阻力损失。

(1) 直管阻力摩擦系数 λ 的测定

流体在水平等径直管中稳定流动时，阻力损失：

$$h_f=\frac{\Delta p_f}{\rho}=\frac{p_1-p_2}{\rho}=\lambda\ \frac{l}{d}\frac{u^2}{2} \tag{6-4}$$

即

$$\lambda=\frac{2d\Delta p_f}{\rho l u^2} \tag{6-5}$$

式中　λ——直管阻力摩擦系数，无因次；

d——直管内径，m；

Δp_f——流体流经 lm 直管的压力降，Pa；

h_f——单位质量流体流经 lm 直管的机械能损失，J/kg；

ρ——流体密度，kg/m^3；

l——直管长度，m；

u——流体在管内流动的平均流速，m/s。

滞流(层流)时：

$$\lambda=\frac{64}{Re} \tag{6-6}$$

$$Re=\frac{du\rho}{\mu} \tag{6-7}$$

式中　Re——雷诺准数，无因次；

μ——流体黏度，kg/(m·s)。

湍流时 λ 是雷诺准数 Re 和相对粗糙度(ε/d)的函数，须由实验确定。

由式(6-5)可知，欲测定 λ，需确定 l、d，测定 Δp_f、u、ρ、μ 等参数。l、d 为装置参数(装置参数表格中给出)，ρ、μ 通过测定流体温度，再查有关手册而得，u 通过测定流体流量，再由管径计算得到。

本装置采用涡轮流量计和二次仪表显示流量 V；采用差压变送器和二次仪表显示压差 Δp_f。根据实验装置结构参数 l、d，流体温度 t_0(查流体物性 ρ、μ)，及实验时测定的流量 V 和 Δp_f 通过式(6-7)和式(6-5)求取 Re 和 λ，再将 Re 和 λ 标绘在双对数坐标图上。

(2) 局部阻力系数 ξ 的测定

局部阻力损失通常有两种表示方法，即当量长度法和阻力系数法。

① 当量长度法

流体流过某管件或阀门时造成的机械能损失看作与某一长度为 l_e 的同直径的管道所产生的机械能损失相当，此折合的管道长度称为当量长度，用符号 l_e 表示。这样，就可以用直管阻力的公式来计算局部阻力损失，而且在管路计算时可将管路中的直管长度与管件、阀门的当量长度合并在一起计算，则流体在管路中流动时的总机械能损失 $\sum h_f$ 为：

$$\sum h_f=\lambda\ \frac{l+\sum l_e}{d}\frac{u^2}{2} \tag{6-8}$$

② 阻力系数法

流体通过某一管件或阀门时的机械能损失表示为流体在小管径内流动时平均动能的某一倍数，局部阻力的这种计算方法，称为阻力系数法。即：

$$h'_f=\frac{\Delta p'_f}{\rho}=\xi\ \frac{u^2}{2} \tag{6-9}$$

故
$$\xi=\frac{2\Delta p'_f}{\rho u^2} \tag{6-10}$$

式中 ξ——局部阻力系数，无因次；

$\Delta p'_f$——局部阻力压强降，Pa；（本装置中，所测得的压降应扣除两测压口间直管段的压降，直管段的压降根据直管阻力实验结果计算）

ρ——流体密度，kg/m^3；

g——重力加速度，$9.81m/s^2$；

u——流体在小截面管中的平均流速，m/s。

待测的管件和阀门由现场指定。本实验采用阻力系数法表示管件或阀门的局部阻力损失。

根据连接管件或阀门两端管径中小管的直径 d，流体温度 t_0(查流体物性 ρ、μ)，及实验时测定的流量 V 和局部阻力压强降 $\Delta p'_f$，通过式(6-10)求取管件或阀门的局部阻力系数 ξ。

6.3.3 实验装置与流程

(1) 实验装置

实验装置如图 6-3 所示。

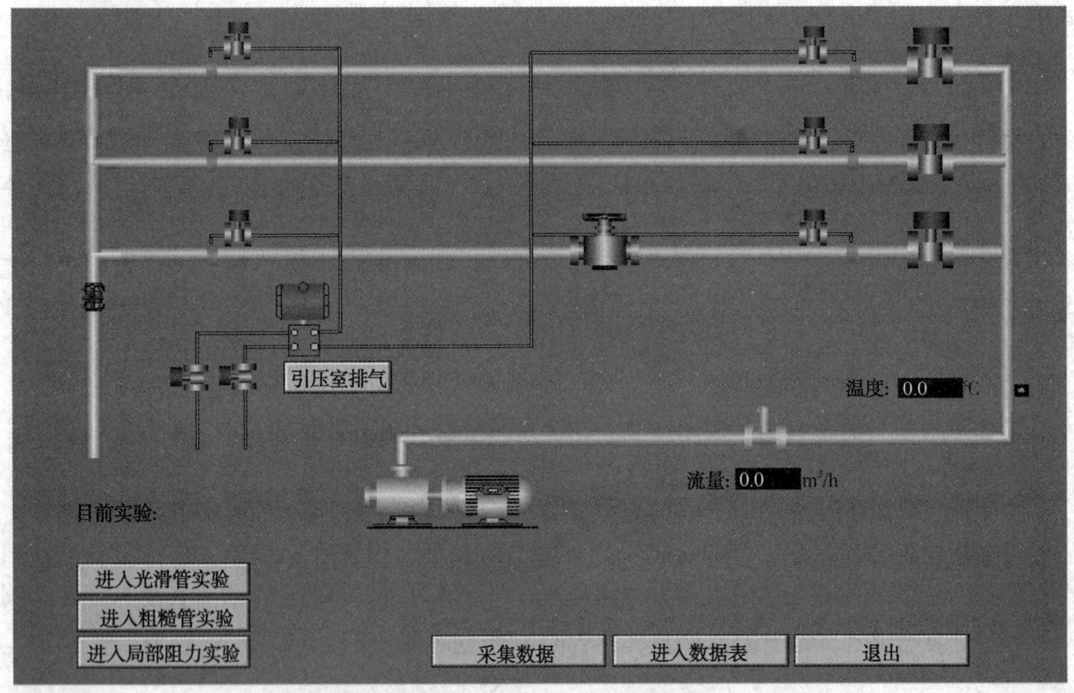

图 6-3 实验装置流程示意图

(2) 实验流程

实验对象部分是由储水箱，离心泵，不同管径、材质的水管，各种阀门、管件，涡轮流量计和差压变送器等所组成的。管路部分有三段并联的长直管，分别为用于测定局部阻力系数，光滑管直管阻力系数和粗糙管直管阻力系数。测定局部阻力部分使用不锈钢管串联局部阻力待测的管件(闸阀长度为 5cm)；光滑管直管阻力的测定同样使用不锈钢管，而粗糙管直管阻力的测定对象为管道内壁较粗糙的镀锌管。水的流量使用涡轮流量计测量，管路和管件的阻力采用差压变送器将差压信号传递给无纸记录仪。

（3）装置参数

装置参数如表 6-5 所示。

表 6-5　装置参数

	名称	材质	管内径/mm		测量段长度/cm
			管路号	管内径	
装置 1	局部阻力	闸阀	1A	20.0	100
	光滑管	不锈钢管	1B	20.0	100
	粗糙管	镀锌铁管	1C	20.0	100

6.3.4　实验步骤

（1）泵启动：首先对水箱进行灌水，然后关闭出口阀，打开总电源和仪表开关，启动水泵，待电机转动平稳后，把出口阀缓缓开到最大。

（2）实验管路选择：选择实验管路，把对应的进口阀打开，出口阀最大开度，保持全流量流动 5min。

（3）排气：打开排气阀、引压阀排气。

（4）引压：打开对应实验管路的引压阀，则差压变送器检测该管路压差。

（5）流量调节：在手动状态下，通过改变变频器输出值调节流量，流量从 $2m^3/h$ 左右开始，建议每次增加 $0.3 \sim 0.5m^3/h$，共 10 个流量值左右。每次改变流量，待流动达到稳定后，记下对应的流量、压差值和温度。对另两个管路也同样处理。

（6）计算：装置确定时，根据压差和流量的实验测定值，可计算 λ 和 ξ。雷诺数 $Re = du\rho/\mu$，因此只要调节管路流量，即可得到一系列 $\lambda \sim Re$ 的实验点，从而绘出 $\lambda \sim Re$ 曲线。

（7）实验结束：关闭出口阀，关闭水泵和仪表电源，清理装置。

6.3.5　实验数据处理

填写下面空格，并将测量数据填入表 6-6 中。

表 6-6　测量数据记录表

实验日期：______　实验人员：______　学号：______　温度：______　装置号：______

直管基本参数：光滑管径______　粗糙管径______　局部阻力管径______

光滑管			粗糙管			局部阻力		
序号	流量/(m^3/h)	压差/kPa	序号	流量/(m^3/h)	压差/kPa	序号	流量/(m^3/h)	压差/kPa
1								
…								

6.3.6　实验报告

（1）根据粗糙管实验结果，在双对数坐标纸上标绘出 $\lambda \sim Re$ 曲线，对照化工原理教材上有关曲线图，即可估算出该管的相对粗糙度和绝对粗糙度。

（2）根据光滑管实验结果，对照柏拉修斯方程，计算其误差。

（3）根据局部阻力实验结果，求出闸阀全开时的平均 ξ 值。

（4）对实验结果进行分析讨论。

6.3.7 思考题

（1）在对装置做排气工作时，是否一定要关闭流程尾部的出口阀？为什么？

（2）如何检测管路中的空气已经被排除干净？

（3）以水做介质所测得的 $\lambda \sim Re$ 关系能否适用于其他流体？如何应用？

（4）在不同设备上（包括不同管径）、不同水温下测定的 $\lambda \sim Re$ 数据能否关联在同一条曲线上。

（5）对实验设备有何改进性见解。

6.4 离心泵特性曲线测定

6.4.1 实验目的

（1）了解离心泵结构与特性，熟悉离心泵的使用；

（2）掌握离心泵特性曲线测定方法；

（3）了解电动调节阀的工作原理和使用方法。

6.4.2 基本原理

离心泵的特性曲线是选择和使用离心泵的重要依据之一，其特性曲线是在恒定转速下泵的扬程 H、轴功率 N 及效率 η 与泵的流量 Q 之间的关系曲线，它是流体在泵内流动规律的宏观表现形式。由于泵内部流动情况复杂，不能用理论方法推导出泵的特性关系曲线，只能依靠实验测定。

（1）扬程 H 的测定与计算

取离心泵进口真空表和出口压力表处为 1、2 两截面，列机械能衡算方程：

$$z_1 + \frac{p_1}{\rho g} + \frac{u_1^2}{2g} + H = z_2 + \frac{p_2}{\rho g} + \frac{u_2^2}{2g} + \sum h_f \tag{6-11}$$

由于两截面间的管长较短，通常可忽略阻力项 $\sum h_f$；由于两截面处管径相同，速度平方差为零，则有

$$H = (z_2 - z_1) + \frac{p_2 - p_1}{\rho g} \tag{6-12}$$

式中 H——扬程，m；

ρ——流体密度，kg/m^3；

g——重力加速度，m/s^2；

p_1、p_2——截面 1、2 的压强，Pa；

u_1、u_2——截面 1、2 的流速，m/s；

z_1、z_2——截面1、2的高度，m。

z_2-z_1为两截面的高度差。通常两截面距离很近，相对于扬程来说，两截面高度差可以忽略不计，即 $z_2-z_1\approx 0$。所以式(6-12)可以简化如下：

$$H=\frac{p_2-p_1}{\rho g} \tag{6-13}$$

由式(6-13)可知，只要直接读出真空表和压力表上的压强数值，就可计算出泵的扬程。

(2) 轴功率 N 的测量与计算

$$N=N_{电}\times k \tag{6-14}$$

式中　$N_{电}$——电功率表显示值；

k——电机传动效率，可取 $k=0.95$。

(3) 效率 η 的计算

泵的效率 η 是泵的有效功率 N_e 与轴功率 N 的比值。有效功率 N_e 是单位时间内流体经过泵时所获得的实际功，轴功率 N 是单位时间内泵轴从电机得到的功，两者差异反映了水力损失、容积损失和机械损失的大小。

泵的有效功率 N_e 可用式(4-5)计算：

$$N_e=HQ\rho g \tag{6-15}$$

故泵效率：

$$\eta=\frac{HQ\rho g}{N}\times 100\% \tag{6-16}$$

(4) 转速改变时的换算

泵的特性曲线是在定转速下的实验测定所得。但是，实际上感应电动机在转矩改变时，其转速会有变化，这样随着流量 Q 的变化，多个实验点的转速 n 将有所差异，因此在绘制特性曲线之前，须将实测数据换算为某一定转速 n'下(可取离心泵的额定转速2900r/min)的数据。换算关系如下：

流量：

$$Q'=Q\,\frac{n'}{n} \tag{6-17}$$

扬程：

$$H'=H\left(\frac{n'}{n}\right)^2 \tag{6-18}$$

轴功率：

$$N'=N\left(\frac{n'}{n}\right)^3 \tag{6-19}$$

效率：

$$\eta'=\frac{Q'H'\rho g}{N'}=\frac{QH\rho g}{N}=\eta \tag{6-20}$$

6.4.3　实验装置与流程

离心泵特性曲线测定装置流程图如图6-4所示。

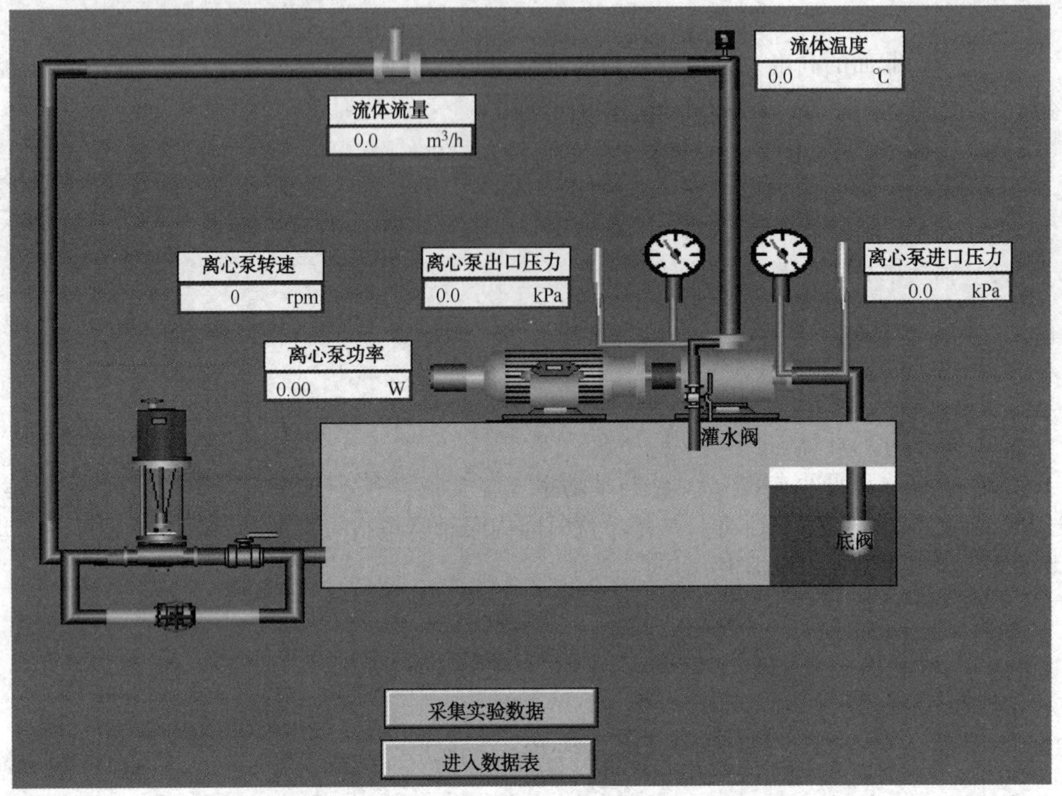

图 6-4 离心泵特性曲线测定实验装置流程示意图

6.4.4 实验步骤及注意事项

1）实验步骤

（1）清洗水箱，并加装实验用水。给离心泵灌水，排出泵内气体。

（2）检查电源和信号线是否与控制柜连接正确，检查各阀门开度和仪表自检情况，试开状态下检查电机和离心泵是否正常运转。

（3）实验时，逐渐打开调节阀以增大流量，待各仪表读数显示稳定后，读取相应数据。(离心泵特性实验部分，主要获取实验参数为：流量 Q、泵进口压力 p_1、泵出口压力 p_2、电机功率 $N_{电}$、泵转速 n 及流体温度 t)。

（4）测取 15 组左右数据后，可以停泵，同时记录下设备的相关数据(如离心泵型号、额定流量、扬程和功率等)。

2）注意事项

（1）一般每次实验前，均需对泵进行灌泵操作，以防止离心泵气缚。同时注意定期对泵进行保养，防止叶轮被固体颗粒损坏。

（2）泵运转过程中，勿触碰泵主轴部分，因其高速转动，可能会缠绕并伤害身体接触部位。

6.4.5 数据处理

（1）记录实验原始数据如表 6-7 所示。

表 6-7　实验原始数据

实验日期：_____　实验人员：_____　学号：_____　装置号：_____
离心泵型号：_____　额定流量：_____　额定扬程：_____　额定功率：_____

序号	流量 Q/(m^3/h)	泵转速 n/(r/min)	泵进口压力 p_1/kPa	泵出口压力 p_2/kPa	电机功率 $N_{电}$/kW	温度 t/℃	水密度 ρ/(kg/m^3)
1							
…							
15							

（2）根据原理部分的公式，按比例定律校合转速后，计算各流量下的泵扬程、轴功率和效率，如表 6-8 所示。

表 6-8　转速校正后的数据

序号	流量 Q'/(m^3/h)	扬程 H'/m	轴功率 N'/kW	泵效率 η'/%
1				
…				
15				

6.4.6　实验结果

（1）分别绘制一定转速下的 H'-Q'、N'-Q'、η'-Q'曲线；

（2）分析实验结果，判断泵最为适宜的工作范围。

6.4.7　思考题

（1）试从所测实验数据分析，离心泵在启动时为什么要关闭出口阀门？

（2）启动离心泵之前为什么要引水灌泵？如果灌泵后依然启动不起来，你认为可能的原因是什么？

（3）为什么用泵的出口阀门调节流量？这种方法有什么优缺点？是否还有其他方法调节流量？

（4）泵启动后，出口阀如果不开，压力表读数是否会逐渐上升？为什么？

（5）正常工作的离心泵，在其进口管路上安装阀门是否合理？为什么？

（6）试分析，用清水泵输送密度为 1200kg/m^3 的盐水，在相同流量下你认为泵的压力是否变化？轴功率是否变化？

6.5　恒压过滤参数的测定

6.5.1　实验目的

（1）了解板框压滤机的构造、过滤工艺流程和操作方法。

（2）掌握恒压过滤常数 K、q_e、θ_e 的测定方法，加深对 K、q_e、θ_e 的概念和影响因素的理解。

(3) 学习滤饼的压缩性指数 s 和物料特性常数 k 的测定方法。

(4) 学习$\frac{d\theta}{dq}$-q 一类关系的实验确定方法。

6.5.2 实验内容

测定不同压力下恒压过滤的过滤常数 K、q_e、θ_e。

6.5.3 实验原理

过滤是利用过滤介质进行液-固系统的分离过程，过滤介质通常采用带有许多毛细孔的物质如帆布、毛毯、多孔陶瓷等。含有固体颗粒的悬浮液在一定压力的作用下液体通过过滤介质，固体颗粒被截留在介质表面上，从而使液固两相分离。

在过滤过程中，由于固体颗粒不断地被截留在介质表面上，滤饼厚度增加，液体流过固体颗粒之间的孔道加长，而使流体流动阻力增加。故恒压过滤时，过滤速率逐渐下降。随着过滤进行，若得到相同的滤液量，则过滤时间增加。

恒压过滤方程

$$(q+q_e)^2=K(\theta+\theta_e) \tag{6-21}$$

式中 q——单位过滤面积获得的滤液体积，m^3/m^2；

q_e——单位过滤面积上的虚拟滤液体积，m^3/m^2；

θ——实际过滤时间，s；

θ_e——虚拟过滤时间，s；

K——过滤常数，m^2/s。

将式(6-21)进行微分可得：

$$\frac{d\theta}{dq}=\frac{2}{K}q+\frac{2}{K}q_e \tag{6-22}$$

这是一个直线方程式，于普通坐标上标绘$\frac{d\theta}{dq}$-q 的关系，可得直线。其斜率为$\frac{2}{K}$，截距为$\frac{2}{K}q_e$，从而求出 K、q_e。θ_e 可由式(6-23)求出：

$$q_e^{\,2}=K\theta_e \tag{6-23}$$

当各数据点的时间间隔不大时，$\frac{d\theta}{dq}$可用增量之比$\frac{\Delta\theta}{\Delta q}$来代替。

过滤常数的定义式：

$$K=2k\Delta p^{1-s} \tag{6-24}$$

两边取对数

$$\lg K=(1-s)\lg\Delta p+\lg(2k) \tag{6-25}$$

因 $k=\frac{1}{\mu r'\nu}$=常数，故 K 与 Δp 的关系在对数坐标上标绘时应是一条直线，直线的斜率为 $1-s$，由此可得滤饼的压缩性指数 s，然后代入式(6-24)求物料特性常数 k。

6.5.4 实验装置

(1) 本实验流程如图 6-5 所示，滤浆槽内放有已配制有一定浓度的 $CaCO_3$-水悬浮液。

用电动搅拌器进行搅拌使滤浆浓度均匀(但不要使流体旋涡太大，使空气被混入液体的现象)，用真空泵使系统产生真空，作为过滤推动力。滤液在计量瓶内计量。

（2）不同滤浆槽内滤浆的浓度不同。

（3）过滤介质1、2分别指真空吸滤器(玻璃漏斗)G2、G3(G2、G3是玻璃漏斗的型号，出厂时标注在漏斗上)。真空吸滤器的过滤面积为0.00385m^2。

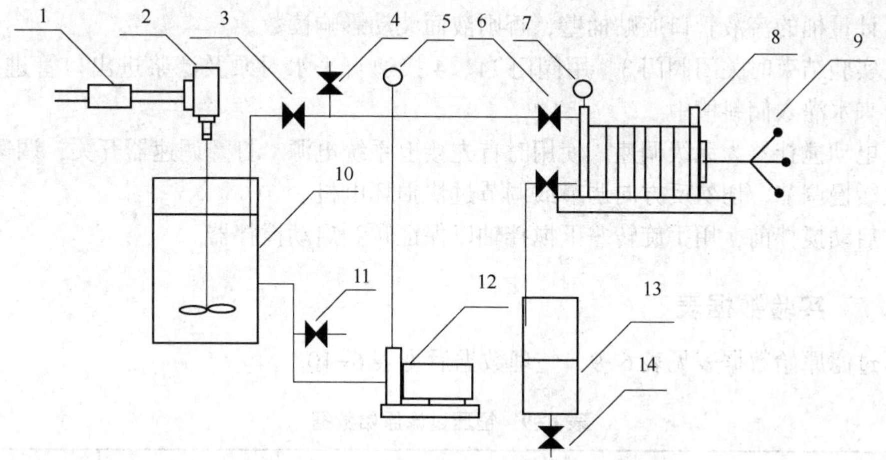

图6-5　恒压过滤实验流程示意图

1—调速器；2—电动搅拌器；3、4、6、11、14—阀门；5、7—压力表；8—板框过滤机；9—压紧装置；10—滤浆槽；12—旋涡泵；13—计量桶

主要仪器技术参数：

过滤板：160mm×180mm×11mm

滤布：过滤面积0.0475m^2。

计量桶：长225mm、宽330mm。

6.5.5　实验的操作步骤

（1）在滤浆槽中加入$CaCO_3$和一定量的水，配成$CaCO_3$质量分数为2%～4%的滤浆。系统接上电源，打开搅拌器电源开关，启动电动搅拌器2。将滤浆槽10内浆液搅拌均匀。

（2）排好板和框的位置和顺序，装好滤布，压紧板框待用。排列顺序为：固定头-非洗涤板-框-洗涤板-框-非洗涤板-可动头。

（3）使阀门3处于全开、阀4、6、11处于全关状态。启动旋涡泵12，调节阀门3使压力表5达到规定值。

（4）待压力表5稳定后，打开过滤入口阀6过滤开始。当计量桶13内见到第一滴液体时按表计时。记录滤液每增加高度20mm时所用的时间。当计量桶13读数为160mm时停止计时，并立即关闭入口阀6。

（5）打开阀门3使压力表5指示值下降。开启压紧装置卸下过滤框内的滤饼并放回滤浆槽内，将滤布清洗干净。放出计量桶内的滤液并倒回槽内，以保证滤浆浓度恒定。

（6）改变压力，从步骤2开始重复上述实验。

（7）每组实验结束后应用洗水管路对滤饼进行洗涤，测定洗涤时间和洗水量。

（8）实验结束时阀门11接上自来水、阀门4接通下水，关闭阀门3对泵及滤浆进出口管进行冲洗。

6.5.6 注意事项

(1) 过滤板与框之间的密封垫应注意放正，过滤板与框的滤液进出口对齐。用摇柄把过滤设备压紧，以免漏液。

(2) 计量桶的流液管口应贴桶壁，否则液面波动影响读数。

(3) 实验结束时关闭阀门3。用阀门11、4接通自来水对泵及滤浆进出口管进行冲洗。切忌将自来水灌入储料槽中。

(4) 电动搅拌器为无级调速。使用时首先接上系统电源，打开调速器开关，调速钮一定由小到大缓慢调节，切勿反方向调节或调节过快损坏电机。

(5) 启动搅拌前，用手旋转一下搅拌轴以保证顺利启动搅拌器。

6.5.7 实验数据表

恒压过滤原始数据表见表6-9，整理数据后见表6-10。

表6-9 恒压过滤原始数据

过滤压差 / 滤液量		压差 ΔP_1/MPa	压差 ΔP_2/MPa	压差 ΔP_3/MPa	压差 ΔP_4/MPa
滤液高度 h/mm	滤液体积 V/mL	过滤时刻 θ/s	过滤时刻 θ/s	过滤时刻 θ/s	过滤时刻 θ/s
0	0	0	0	0	0

表6-10 整理数据

序号	滤液量 mL	q m³/m²	Δq m³/m²	$\bar{q}$ m³/m²	ΔP_1			ΔP_2			ΔP_3			ΔP_4		
					θ/s	$\Delta\theta$/s	$\Delta\theta/\Delta q$	θ/s	$\Delta\theta$/s	$\Delta\theta/\Delta q$	θ/s	$\Delta\theta$/s	$\Delta\theta/\Delta q$	θ/s	$\Delta\theta$/s	$\Delta\theta/\Delta q$
	0															

6.5.8 计算步骤

以压差为给定值时为例：

(1) q 的计算；

(2) Δq 的计算；

（3）$\bar{q}$ 的计算；

（4）$\Delta\theta$ 的计算；

（5）$\Delta\theta/\Delta q$ 的计算；

（6）由图解法在对数坐标纸上画图并求出 K、q_e、θ_e；

（7）恒压过滤常数测定值的汇总(表 6-11)；

表 6-11　恒压过滤常数测定值的汇总

过滤压差/MPa				
K				
q_e				
θ_e				

（8）由 $K\sim\Delta P$ 图求算 s 和 k。

6.5.9　思考题

（1）过滤压差由小到大时，实验测得的 K、q_e、θ_e 值的变化规律的特点是什么？为什么？

（2）若过滤压强增加 1 倍时，得到同样的滤液量所需的时间是否也减小一半？

（3）滤浆浓度和过滤压强对 K 有何影响？

6.6　空气-水蒸气对流传热系数测定

6.6.1　实验目的

（1）了解间壁式传热元件，掌握对流传热系数测定的实验方法。

（2）掌握对流传热系数测定的实验数据处理方法。

（3）观察水蒸气在水平管外壁上的冷凝现象。

（4）了解热电阻测温的方法。

（5）了解影响给热系数的因素和强化传热的途径。

6.6.2　基本原理

在工业生产过程中，大量情况下，冷、热流体系通过固体壁面(传热元件)进行热量交换，称为间壁式换热。如图 6-6 所示，间壁式传热过程由热流体对固体壁面的对流传热，固体壁面的热传导和固体壁面对冷流体的对流传热所组成。

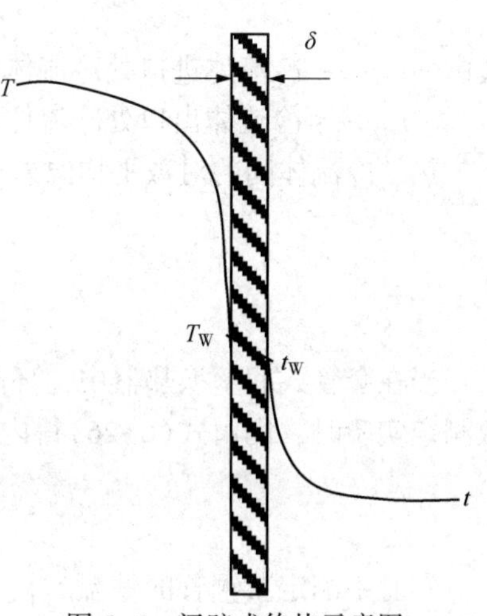

图 6-6　间壁式传热示意图

达到传热稳定时，有

$$\begin{aligned} Q &= q_{m1}c_{p1}(T_1-T_2)=q_{m2}c_{p2}(t_2-t_1) \\ &=\alpha_1 A_1(T-T_W)_M=\alpha_2 A_2(t_W-t)_m \\ &=KA\Delta t_m \end{aligned} \tag{6-26}$$

式中　Q——传热量，J/s；

q_{m1}——热流体的质量流率，kg/s；

c_{p1}——热流体的比热容，J/(kg·℃)；

T_1——热流体的进口温度，℃；

T_2——热流体的出口温度，℃；

q_{m2}——冷流体的质量流率，kg/s；

c_{p2}——冷流体的比热容，J/(kg·℃)；

t_1——冷流体的进口温度，℃；

t_2——冷流体的出口温度，℃；

α_1——热流体与固体壁面的对流传热系数，W/(m^2·℃)；

A_1——热流体侧的对流传热面积，m^2；

$(T-T_W)_m$——热流体与固体壁面的对数平均温差，℃；

α_2——冷流体与固体壁面的对流传热系数，W/(m^2·℃)；

A_2——冷流体侧的对流传热面积，m^2；

$(t_W-t)_m$——固体壁面与冷流体的对数平均温差，℃；

K——以传热面积 A 为基准的总对流传热系数，W/(m^2·℃)；

Δt_m——冷热流体的对数平均温差，℃。

热流体与固体壁面的对数平均温差可由式(6-27)计算：

$$(T-T_W)_m=\frac{(T_1-T_{W1})-(T_2-T_{W2})}{\ln\dfrac{T_1-T_{W1}}{T_2-T_{W2}}} \tag{6-27}$$

式中　T_{W1}——热流体进口处热流体侧的壁面温度，℃；

T_{W2}——热流体出口处热流体侧的壁面温度，℃。

固体壁面与冷流体的对数平均温差可由式(6-28)计算：

$$(t_W-t)_m=\frac{(t_{W1}-t_1)-(t_{W2}-t_2)}{\ln\dfrac{t_{W1}-t_1}{t_{W2}-t_2}} \tag{6-28}$$

式中　t_{W1}——冷流体进口处冷流体侧的壁面温度，℃；

t_{W2}——冷流体出口处冷流体侧的壁面温度，℃。

热、冷流体间的对数平均温差可由式(6-29)计算：

$$\Delta t_m=\frac{(T_1-t_2)-(T_2-t_1)}{\ln\dfrac{T_1-t_2}{T_2-t_1}} \tag{6-29}$$

当在套管式间壁换热器中，环隙通以水蒸气，内管管内通以冷空气或水进行对流传热系数测定实验时，则由式(6-26)得内管内壁面与冷空气或水的对流传热系数：

$$\alpha_2=\frac{m_2c_{p2}(t_2-t_1)}{A_2\ (t_W-t)_M} \tag{6-30}$$

实验中测定紫铜管的壁温 t_{W1}、t_{W2}；冷空气或水的进出口温度 t_1、t_2，实验用紫铜管的长度 l、内径 d_2，$A_2=\pi d_2 l$ 和冷流体的质量流量，即可计算 α_2。

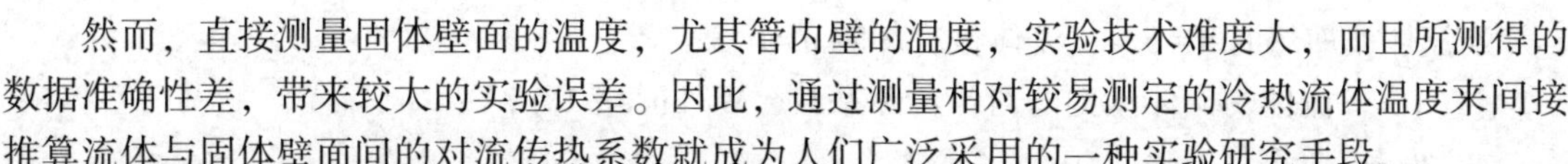

然而，直接测量固体壁面的温度，尤其管内壁的温度，实验技术难度大，而且所测得的数据准确性差，带来较大的实验误差。因此，通过测量相对较易测定的冷热流体温度来间接推算流体与固体壁面间的对流传热系数就成为人们广泛采用的一种实验研究手段。

由式(6-26)得：

$$K=\frac{q_{m2}c_{p2}(t_2-t_1)}{A\Delta t_m} \tag{6-31}$$

实验测定 m_2、t_1、t_2、T_1、T_2、并查取 $t_{平均}=\frac{1}{2}(t_1+t_2)$ 下冷流体对应的 c_{p2}、换热面积 A，即可由上式计算得总对流传热系数 K。

下面通过两种方法来求对流传热系数。

1）近似法求算对流传热系数 α_2

以管内壁面积为基准的总对流传热系数与对流传热系数间的关系：

$$\frac{1}{K}=\frac{1}{\alpha_2}+R_{S2}+\frac{bd_2}{\lambda d_m}+R_{S1}\frac{d_2}{d_1}+\frac{d_2}{\alpha_1 d_1} \tag{6-32}$$

式中：d_1——换热管外径，m；

d_2——换热管内径，m；

d_m——换热管的对数平均直径，m；

b——换热管的壁厚，m；

λ——换热管材料的导热系数，W/(m·℃)；

R_{S1}——换热管外侧的污垢热阻，m^2·K/W；

R_{S2}——换热管内侧的污垢热阻，m^2·K/W。

用本装置进行实验时，管内冷流体与管壁间的对流给热系数约为几十到几百 W/(m^2·K)；而管外为蒸汽冷凝，冷凝对流传热系数 α_1 可达 10^4W/(m^2·K)左右，因此冷凝传热热阻 $\frac{d_2}{\alpha_1 d_1}$ 可忽略，同时蒸汽冷凝较为清洁，因此换热管外侧的污垢热阻 $R_{S1}\frac{d_2}{d_1}$ 也可忽略。实验中的传热元件材料采用紫铜，导热系数为 383.8W/(m·K)，壁厚为 2.5mm，因此换热管壁的导热热阻 $\frac{bd_2}{\lambda d_m}$ 可忽略。若换热管内侧的污垢热阻 R_{S2} 也忽略不计，则由式(6-32)得：

$$\alpha_2 \approx K \tag{6-33}$$

由此可见，被忽略的导热热阻与冷流体侧对流传热热阻相比越小，此法所得的准确性就越高。

2）传热准数式求算对流传热系数 α_2

对于流体在圆形直管内作强制湍流对流传热时，对流传热的准数方程：

$$Nu=0.023\,Re^{0.8}Pr^n \tag{6-34}$$

式中　Nu——努塞尔数，$Nu=\frac{\alpha d}{\lambda}$，无因次；

Re——雷诺数，$Re=\frac{du\rho}{\mu}$，无因次；

Pr——普兰特数，$Pr=\frac{c_p\mu}{\lambda}$，无因次；

当流体被加热时 $n=0.4$，流体被冷却时 $n=0.3$；

α——流体与固体壁面的对流传热系数，W/(m^2·℃)；

d——换热管内径，m；

λ——流体的导热系数，W/(m·℃)；

u——流体在管内流动的平均速度，m/s；

ρ——流体的密度，kg/m^3；

μ——流体的黏度，Pa·s；

c_p——流体的比热容，J/(kg·℃)。

对于空气在管内强制对流被加热时，可将式(6-34)改写为：

$$\frac{1}{\alpha_2}=\frac{1}{0.023}\times\left(\frac{\pi}{4}\right)^{0.8}\times d_2^{1.8}\times\frac{1}{\lambda_2 Pr_2^{0.4}}\times\left(\frac{\mu_2}{q_{m2}}\right)^{0.8} \tag{6-35}$$

令

$$m=\frac{1}{0.023}\times\left(\frac{\pi}{4}\right)^{0.8}\times d_2^{1.8} \tag{6-36}$$

$$X=\frac{1}{\lambda_2 Pr_2^{0.4}}\times\left(\frac{\mu_2}{q_{m2}}\right)^{0.8} \tag{6-37}$$

$$Y=\frac{1}{\alpha_2} \tag{6-38}$$

$$C=R_{S2}+\frac{bd_2}{\lambda d_m}+R_{S1}\frac{d_2}{d_1}+\frac{d_2}{\alpha_1 d_1} \tag{6-39}$$

则式(6-32)可写为：

$$Y=mX+C \tag{6-40}$$

当测定管内不同流量下的对流传热系数时，由式(6-39)计算所得的 C 值为一常数。管内径 d_2 一定时，m 也为常数。因此，实验时测定不同流量所对应的 t_1、t_2、T_1、T_2，由式(6-29)、式(6-31)、式(6-37)、式(6-38)求取一系列 X、Y 值，再在 $X\sim Y$ 图上作图或将所得的 X、Y 值回归成一直线，该直线的斜率即为 m。任一冷流体流量下的对流传热系数 α_2 可用下式求得：

$$\alpha_2=\frac{\lambda_2 Pr_2^{0.4}}{m}\times\left(\frac{q_{m2}}{\mu_2}\right)^{0.8} \tag{6-41}$$

3）冷流体质量流量的测定

用孔板流量计测冷流体的流量，则

$$m_2=\rho V \tag{6-42}$$

式中　V——冷流体进口处流量计读数；

ρ——冷流体进口温度下对应的密度。

冷流体物性与温度的关系可从相关物性手册查取。

6.6.3　实验装置与流程

1）实验装置

实验装置如图 6-7 所示。

来自蒸汽发生器的水蒸气进入玻璃套管换热器环隙，与来自风机的空气在套管换热器内进行热交换，冷凝水经疏水器排入地沟。冷空气经孔板流量计进入套管换热器内管(紫铜管)，热交换后排出装置外。

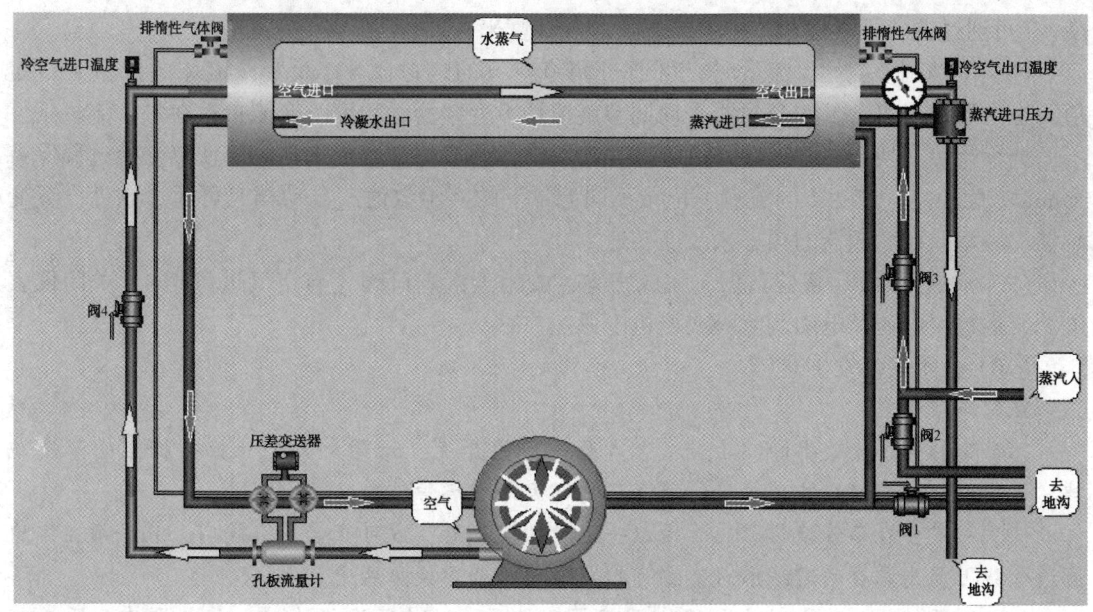

图 6-7 水蒸气-空气换热流程图

2）设备与仪表规格

(1) 紫铜管规格：直径 ϕ21×2. 5mm，长度 L=1000mm；

(2) 外套不锈钢管规格：直径 ϕ100×5mm，长度 L=1000mm；

(3) 压差变送器：BP8001kPa；

(4) 智能温度、流量显示仪；

(5) 压力表规格：0~0. 1MPa。

6.6.4 实验步骤

(1) 关闭蒸汽发生器排污阀，打开进水阀，检查水箱是否储满水，如是，打开电源开关。

(2) 打开控制台上的总电源开关，蒸汽发生器电源开关，打开仪表开关，使仪表通电预热。

(3) 打开控制台上的风机电源开关，让风机工作，同时打开阀 4，让套管换热器里充有一定量的空气。

(4) 打开阀 1，注意开度适中，开度太大会使换热桶中的蒸汽跑掉，开度太小会使换热玻璃管里的蒸汽压力增大而导致玻璃管炸裂。

(5) 在做实验前，应将蒸汽发生器到实验装置之间管道中的冷凝水排除，否则夹带冷凝水的蒸汽会损坏压力表及压力变送器。具体排除冷凝水的方法是：关闭蒸汽进口阀门 3，打开装置下面的排冷凝水阀门 2，让蒸汽压力把管道中的冷凝水带走，当听到蒸汽响时关闭冷凝水排除阀 2，可进行实验。

(6) 刚开始通入蒸汽时，要仔细调节阀 3 的开度，让蒸汽徐徐流入换热器中，逐渐加热，由“冷态”转变为“热态”，不得少于10min，以防止玻璃管因突然受热、受压而爆裂。

(7) 当一切准备好后，打开蒸汽进口阀3，蒸汽压力调到0.01MPa，并保持蒸汽压力不变。(可通过调节不凝性气体排除阀以及阀3开度来实现)

(8) 手动调节空气流流量时，可通过调节空气的进口阀4，改变冷流体的流量到一定值，也可通过仪表台上的变频器手动调节旋钮调节变频器的频率改变流量。在每个流量条件下，均须待热交换过程稳定后方可记录实验数值，一般每个流量下至少应使热交换过程保持15min方为稳定；改变不同流量，记录不同流量下的实验数值。自动档时可通过软件设置变频器的频率改变变频器的频率来改变转速。

(9) 记录8~10组实验数据，完成实验，关闭蒸汽进口阀3与空气进口阀4，关闭仪表电源、巡检仪电源及电动调节阀或风机电源。

(10) 关闭蒸汽发生器。

注意事项：

(1) 先打开排冷凝水的阀1，注意只开一定的开度，开得太大会让换热桶里的蒸汽跑掉，开得太小会使换热玻璃管里的蒸汽压力增大而玻璃管炸裂。

(2) 一定要在套管换热器内管输以一定量的空气后，方可开启蒸汽阀门，且必须在排除蒸汽管线上原先积存的凝结水后，方可把蒸汽通入套管换热器中。

(3) 刚开始通入蒸汽时，要仔细调节阀3的开度，让蒸汽徐徐流入换热器中，逐渐加热，由“冷态”转变为“热态”，不得少于10min，以防止玻璃管因突然受热、受压而爆裂。

(4) 操作过程中，蒸汽压力一般控制在0.05MPa(表压)以下，否则可能造成玻璃观察孔爆裂和填料损坏。

(5) 确定各参数时，必须是在稳定传热状态下，随时注意惰性气体的排空和压力表读数的调整。

6.6.5 实验数据记录

空气-水蒸气换热及孔板流量计测流量数据记录如表6-12所示：

表6-12 实验数据记录

$l=$ m，$d_2=$ m，$t_0=$ ℃，$p_0=$ Pa

$q/(m^3/s)$	T_1/℃	T_2/℃	t_1/℃	t_2/℃

6.6.6 实验数据处理

依据冷流体进口温度查取其密度，计算 q_{m2}，依据冷流体进出口温度平均值查取密度、黏度、比热容、导热系数、普朗特数，计算 Δt_m、K、Re、Nu、α，并把数据处理结果列表。

6.6.7 实验报告

(1) 将两种数据处理方法求出的冷流体给热系数值列表比较，计算各点误差，并分析讨论。

(2) 冷流体给热系数的准数式：$Nu/Pr^{0.4}=A\ Re^{m}$，以 $\ln(Nu/Pr^{0.4})$ 为纵坐标，$\ln(Re)$ 为横坐标，由实验数据作图拟合曲线方程，确定式中常数 A 及 m。

(3) 将两种方法处理实验数据的结果标绘在图上，并进行比较。

6.6.8 思考题

(1) 实验中冷流体和蒸汽的流向，对传热效果有何影响？

(2) 在计算空气质量流量时所用到的密度值与求雷诺数时的密度值是否一致？它们分别表示什么位置的密度，应在什么条件下进行计算。

(3) 实验过程中，冷凝水不及时排走，会产生什么影响？如何及时排走冷凝水？如果采用不同压强的蒸汽进行实验，对 α 关联式有何影响？

6.7 筛板塔精馏实验

6.7.1 实验目的

(1) 了解筛板精馏塔及其附属设备的基本结构，掌握精馏过程的基本操作方法；

(2) 学会判断系统达到稳定的方法，掌握测定塔顶、塔釜溶液浓度的实验方法；

(3) 学会精馏塔效率、单板效率的测定方法；

(4) 了解回流比、进料热状况对精馏塔分离效率的影响；

(5) 观察精馏塔中各板的温度变化。

6.7.2 实验内容

(1) 测定全回流时精馏塔全塔效率和单板效率；

(2) 测定部分回流状态下全塔效率。

6.7.3 实验原理、方法和手段

1) 全塔效率 E_T

全塔效率又称总板效率，是指达到指定分离效果所需理论板数与实际板数的比值，即

$$E_T=\frac{N_T-1}{N_P} \tag{6-43}$$

式中 N_T——完成一定分离任务所需的理论塔板数，包括蒸馏釜；

N_P——完成一定分离任务所需的实际塔板数，本装置 $N_P=10$。

全塔效率简单地反映了整个塔内塔板的平均效率，说明了塔板结构、物性系数、操作状况对塔分离能力的影响。对于塔内所需理论塔板数 N_T，可由已知的双组分物系平衡关系，以及实验中测得的塔顶、塔釜出液的组成，回流比 R 和热状况 q 等，用图解法求得。

2）**单板效率 E_M**

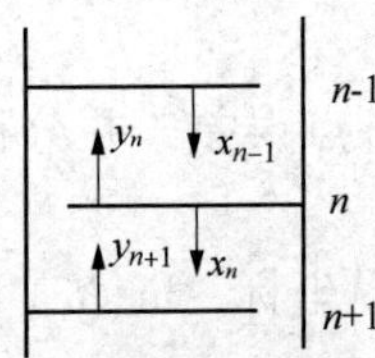

图 6-8 塔板气液流向示意图

单板效率又称莫弗里板效率，如图 6-8 所示，是指气相或液相经过一层实际塔板前后的组成变化值与经过一层理论塔板前后的组成变化值之比。

按气相组成变化表示的单板效率为

$$E_{MV}=\frac{y_n-y_{n+1}}{y_n^*-y_{n+1}} \tag{6-44}$$

按液相组成变化表示的单板效率为

$$E_{ML}=\frac{x_{n-1}-x_n}{x_{n-1}-x_n^*} \tag{6-45}$$

式中 y_n、y_{n+1}——离开第 n、$n+1$ 块塔板的气相组成，摩尔分数；

x_{n-1}、x_n——离开第 $n-1$、n 块塔板的液相组成，摩尔分数；

y_n^*——与 x_n 成平衡的气相组成，摩尔分数；

x_n^*——与 y_n 成平衡的液相组成，摩尔分数。

3）**图解法求理论塔板数 N_T**

图解法又称麦卡勃-蒂列(McCabe-Thiele)法，简称 M-T 法，其原理与逐板计算法完全相同，只是将逐板计算过程在 $y-x$ 图上直观地表示出来。

（1）全回流操作

在精馏全回流操作时，操作线在 $y-x$ 图上为对角线，如图 6-9 所示，根据塔顶、塔釜的组成在操作线和平衡线间作梯级，即可得到理论塔板数。

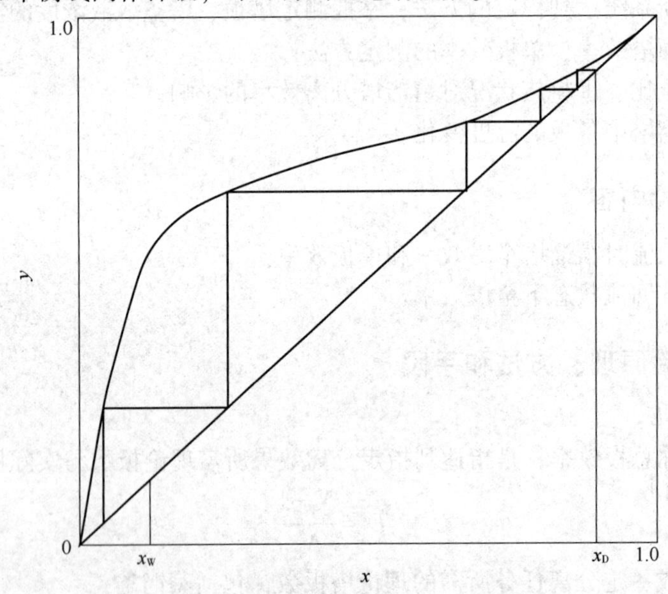

图 6-9 全回流时理论板数的确定

（2）部分回流操作

部分回流操作时，如图 6-10 所示，图解法的主要步骤为：

① 根据物系和操作压力在 $y-x$ 图上作出相平衡曲线，并画出对角线作为辅助线；

② 在 x 轴上定出 $x=x_D$、x_F、x_W 3 点，依次通过这 3 点作垂线分别交对角线于点 a、f、b；

③ 在 y 轴上定出 $y_C=x_D/(R+1)$ 的点 c，连接 a、c 作出精馏段操作线；

④ 由进料热状况求出 q 线的斜率 $q/(q-1)$，过点 f 作出 q 线交精馏段操作线于点 d；

⑤ 连接点 d、b 作出提馏段操作线；

⑥ 从点 a 开始在平衡线和精馏段操作线之间画阶梯，当梯级跨过点 d 时，就改在平衡线和提馏段操作线之间画阶梯，直至梯级跨过点 b 为止；

⑦ 所画的总阶梯数就是全塔所需的理论踏板数(包含再沸器)，跨过点 d 的那块板就是加料板，其上的阶梯数为精馏段的理论塔板数。

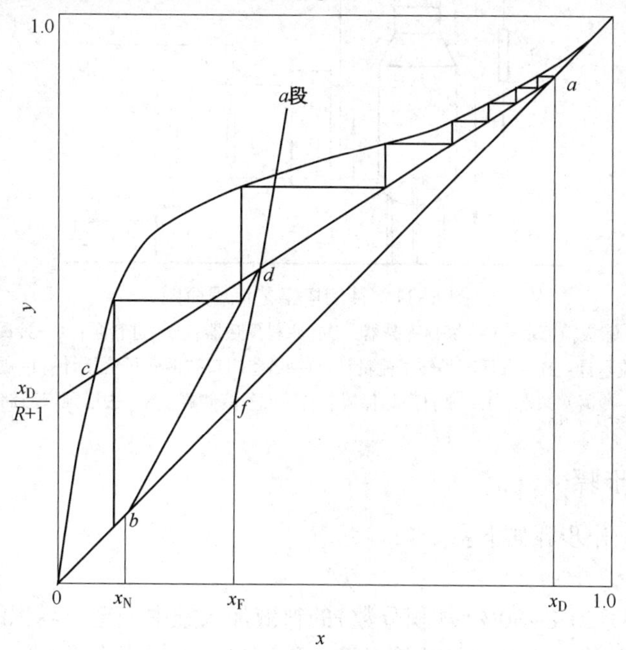

图 6-10 部分回流时理论板数的确定

6.7.4 实验装置与流程

本实验装置的主体设备是筛板精馏塔，配套的有加料系统、回流系统、产品出料管路、残液出料管路、加料泵和一些测量、控制仪表，如图 6-11 所示。

本实验料液为乙醇溶液，由进料泵输送进入塔内，釜内液体由电加热器产生蒸气逐板上升，经与各板上的液体传质后，进入盘管式换热器管程，壳层的乙醇蒸气全部冷凝成液体，再从集液器流出，一部分作为回流液从塔顶流入塔内，另一部分作为产品馏出，进入产品储罐；残液经釜液转子流量计流入釜液储罐。

筛板塔主要结构参数：塔内径 $D=68$mm，厚度 $\delta=2$mm，塔节 $\phi76\times4$mm，塔板数 $N=24$ 块，板间距 $H_T=100$mm。加料位置由下向上起数第 3 块和第 5 块。降液管采用弓形，齿形堰，堰长 56mm，堰高 7.3mm，齿深 4.6mm，齿数 9 个。降液管底隙 4.5mm。筛孔直径 $d_0=1.5$mm，正三角形排列，孔间距 $t=5$mm，开孔数为 74 个。塔釜为内电加热式，加热功率 2.5kW，有效容积为 10L。塔顶冷凝器、塔釜换热器均为盘管式。单板取样为自下而上第 1

块和第24块，斜向上为液相取样口，水平管为气相取样口。

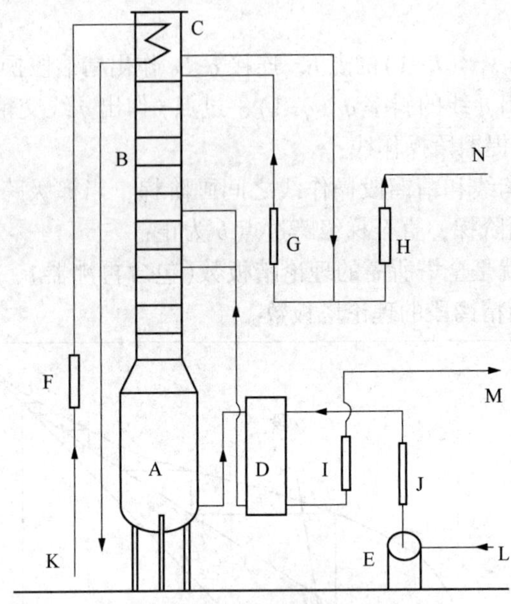

图6-11　精馏塔工艺流程简图

A—加热釜；B—筛板精馏塔；C—塔顶冷凝器；D—原料预热器；E—进料泵；F—冷凝水转子流量计；G—塔顶回流液转子流量计；H—塔顶产品转子流量计；I—塔釜出口残液转子流量计；J—原料进料转子流量计；K—冷凝水来源；L—来自原料储罐；M—去釜液储罐；N—去塔顶产品储罐

6.7.5　实验步骤

本实验的主要操作步骤如下：

(1) 全回流

① 配制酒精浓度20%~30%(体积分数)的料液加入釜中，至釜容积的2/3处。

② 检查各阀门位置，启动电加热管电源，使塔釜温度缓慢上升。

③ 打开冷凝器的冷却水，使其全回流。

④ 当塔顶温度、回流量和塔釜温度稳定后，并且可从视镜中观察到塔板上出现正常的鼓泡状态。此时，整个精馏塔已经达到稳定状态。分别取塔顶浓度 x_D 和塔釜浓度 x_W，并以注射器从两块塔板取样，一并送色谱分析仪分析。

(2) 部分回流

① 在储料罐中配制一定浓度的酒精-水溶液(约20%~30%)。

② 待塔全回流操作稳定时，打开进料阀，调节进料量至适当的流量。

③ 启动回流比控制器电源，调节回流比 $R(R=1\sim4)$。

④ 当塔顶、塔内温度读数稳定后即可取样。

(3) 取样与分析

① 进料、塔顶、塔釜从各相应的取样阀放出。

② 塔板取样用注射器从所测定的塔板中缓缓抽出，取1μL左右直接气相色谱进样分析。

6.7.6 实验结果处理

（1）将塔顶、塔底温度和物料组成以及各流量计读数等原始数据列入表 6-13 及表 6-14 中。

表 6-13 实验记录与结果 1

原始数据项目		全回流状态	部分回流状态
塔顶温度/℃			
塔底温度/℃			
进料温度/℃			
回流液温度/℃			
塔顶乙醇含量/%			
塔底乙醇含量/%			
进料乙醇含量/%			
第一块塔板乙醇含量/%	x_{n-1}		
	x_n		
第十块塔板乙醇含量/%	x_{n-1}		
	x_n		

表 6-14 实验记录与结果 2

塔底加热电流/A	塔底温度/℃	塔底加热电压/V	进料温度/℃	回流液温度/℃	1 点温度/℃	2 点温度/℃	3 点温度/℃	4 点温度/℃	5 点温度/℃	6 点温度/℃	7 点温度/℃	8 点温度/℃	9 点温度/℃	塔板状态	塔釜压强

（2）按全回流和部分回流分别用图解法计算理论板数。

（3）计算全塔效率和单板效率。

（4）分析并讨论实验过程中观察到的现象。

（5）其他说明

① 塔顶放空阀一定要打开，否则容易因塔内压力过大导致危险。

② 料液一定要加到设定液位 2/3 处方可打开加热管电源，否则塔釜液位过低会使电加热丝露出干烧致坏。

6.7.7 思考题

(1) 测定全回流和部分回流总板效率与单板效率时各需测几个参数？取样位置在何处？

(2) 全回流时测得板式塔上第 n、$n-1$ 层液相组成后，如何求得 x_n^*，部分回流时，又如何求 x_n^*？

(3) 在全回流时，测得板式塔上第 n、$n-1$ 层液相组成后，能否求出第 n 层塔板上的以气相组成变化表示的单板效率？

(4) 查取进料液的汽化潜热时定性温度取何值？

(5) 若测得单板效率超过100%，作何解释？

6.8 填料吸收塔的操作及吸收传质系数的测定

6.8.1 实验目的

(1) 了解填料塔吸收装置的基本结构及流程；

(2) 掌握吸收传质系数的测定方法；

(3) 了解操作条件改变对吸收率、平均推动力及传质系数的影响。

6.8.2 实验内容

(1) 测定丙酮、空气-水吸收系统在填料吸收塔内作逆流接触的吸收传质系数 $K_y a$ 或 $K_x a$；

(2) 分别改变吸收剂流量 L 和进口温度 $t_{1进}$，稳定操作后测定气体进、出口浓度 y_1、y_2，计算回收率和吸收传质系数 $K_y a$ 或 $K_x a$。

6.8.3 基本原理

吸收操作的目的是使进塔气体混合物中被吸收组分的出口浓度达到一定要求。影响 y_2 的因素：塔的结构、填料类型、吸收剂性能以及操作条件。

(1) 吸收传质速率方程式及传质系数

吸收传质速率：

$$N_A = K_y A \Delta y_m \tag{6-46}$$

式中 K_y——气相总传质系数，mol/(m^2·h)。

传质系数：

$$K_y a = \frac{G_1 y_1 - G_2 y_2}{\Omega \cdot Z \cdot \Delta y_m} \tag{6-47}$$

$$K_y a = \frac{1}{\dfrac{1}{k_y a} + \dfrac{m}{k_x a}} \tag{6-48}$$

$k_y a$——气相传质分系数，kmol/(m^3·h)；

$k_x a$——液相传质分系数，kmol/(m^3·h)；

Δy_m——塔顶、塔底气相平均推动力。

$$\Delta y_m = \frac{\Delta y_1 - \Delta y_2}{\ln \dfrac{\Delta y_1}{\Delta y_2}} \tag{6-49}$$

A——填料的有效接触面积，m^2：

$$A = a \cdot \Omega \cdot Z,\ \Omega = \frac{\pi}{4} D^2 \tag{6-50}$$

全塔物料衡算：

$$G_1 y_1 - G_2 y_2 = K_y a \cdot \Omega \cdot Z \cdot \Delta y_m \tag{6-51}$$

平均推动力：

$$\Delta y_m = \frac{\Delta y_1 - \Delta y_2}{\ln \dfrac{\Delta y_1}{\Delta y_2}} = \frac{(y_1 - m x_1) - (y_2 - m x_2)}{\ln \dfrac{y_1 - m x_1}{y_2 - m x_2}} \tag{6-52}$$

由文献可知：

$$K_y a = A G^a$$

$$k_x a = B L^b$$

显然：

$$k_y a = C G^a L^b \tag{6-53}$$

(2) 吸收塔的操作和调节

在塔结构、填料类型及吸收剂一定情况下，影响 y_2、$K_y a$、Δy_m 的因素主要是操作条件。

① G 不变时，当 $L \uparrow \Rightarrow y_2 \downarrow$

若气相阻力控制：$k_x a$ 不变，$k_y a$ 不变，$\Delta y_m \uparrow$，则 $y_2 \downarrow$；

若液相阻力控制：$k_x a \uparrow$，$k_y a \uparrow$，$\Delta y_m \uparrow$，则 $y_2 \downarrow$；

若两相阻力联合控制：$k_x a \uparrow$，$k_y a \uparrow$，$\Delta y_m \uparrow$，则 $y_2 \downarrow$。

② $t \downarrow \Rightarrow m \downarrow \Rightarrow y_2 \downarrow$

若气相阻力控制：$K_y a \approx k_y a$ 不变，$\Delta y_m \uparrow$，则 $y_2 \downarrow$；

若液相阻力控制：$k_y a \approx \dfrac{k_x a}{m} \uparrow$，$\Delta y_m \uparrow$，则 $y_2 \downarrow$；

若两相阻力控制：$k_y a \uparrow$，$\Delta y_m \uparrow$，则 $y_2 \downarrow$。

③ 吸收剂 $x_2 \downarrow \Rightarrow \Delta y_m \uparrow \Rightarrow y_2 \downarrow$ ($K_y a$ 不变)

应注意：当 $L/G<m$ 且塔底平衡时，$L \uparrow \rightarrow y_2 \downarrow$；

当 $L/G>m$ 且塔顶平衡时，$L \uparrow \rightarrow y_2$ 不变，$x_2 \downarrow \rightarrow y_2 \downarrow$。

6.8.4 实验装置及其设备主要尺寸

该实验装置包括：空气输送、丙酮汽化、气体混合、吸收剂供给及气液两相填料塔中逆流接触等部分，其流程图如图 6-12 所示。

填料吸收塔：塔径，ϕ41×3mm；塔高：500mm。填料：拉西环，尺寸：ϕ6×6mm×1mm (直径×高度×壁厚)；填料层高度：400mm。

空气转子流量计：LZJ-6(耐丙酮)，流量范围 100~1000L/h；

液体转子流量计：LZB-4，流量范围：1~10L/h。

恒压槽：长×宽×高=350mm×200mm×410mm；吸液管在槽中插入的深度：370mm；液体汽化器：有效容积2.5L。

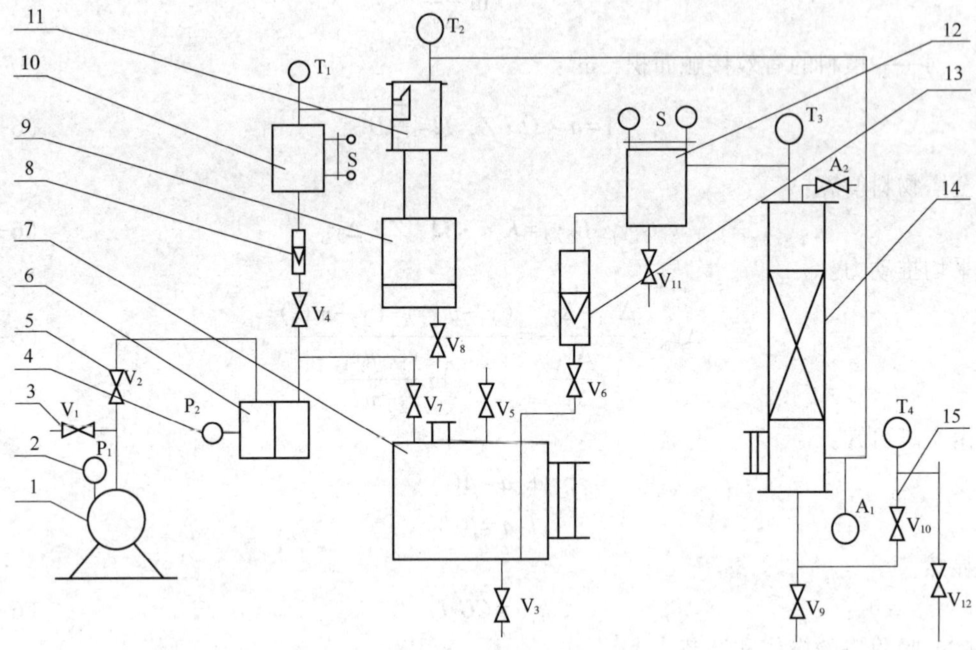

图6-12　丙酮、空气-水吸收实验流程图

1—空气压缩机；2、4—压力表；3—空气压缩就机旁路阀 V_1；5—空气压力调节阀 V_2；7—液体恒压槽；6—气动压力定值器；8—空气流量计；9—丙酮汽化器；10—空气加热器；11—丙酮蒸气-空气混合器；12—水加热器；13—转子流量计；14—吸收塔；15—液封；A_1、A_2—气体进出口取样口；T_1、T_2、T_3、T_4—温度计；V_4、V_6、V_{10}—流量调节阀；V_3、V_5、V_7、V_8、V_9、V_{11}、V_{12}—启闭阀

6.8.5　实验步骤

(1) 检查阀门的开关，打开阀 V_1、V_5、V_{10}、V_{12}和压力定值器阀，关闭阀 V_8、V_9。

(2) 关闭阀 V_3向恒压槽送水以槽内水装满而不溢出为度，关闭阀门 V_5。

(3) 将液体丙酮用漏斗加入丙酮汽化器中，液位的高度约为液位计的2/3以上。

(4) 启动空气压缩机，调节压缩机空气气包内的气体达到0.05~0.1MPa时，调节阀 V_1和阀 V_2，使气包内的气压稳定，然后调节气体压力定值器，使进入气体的压力恒定在0.03MPa。

(5) 打开阀 V_4和阀 V_7、V_6，关闭阀 V_5，调节空气流量为400~500L/h，调节水流量为2L/h(建议为2L/h、3L/h、5L/h、7L/h这几个点)。

(6) 开启电加热器使丙酮被加热至沸(开始调节器调至600W左右，接近沸腾 $T_1=56℃$，关小至200W左右)，进入混合器。当室压大于15MPa时，空气不需要加热，配制混合气体气相组成 y_1在12%~14%(摩尔分数)左右，如室内温度偏低，可预热空气，使 y_1达到要求。

(7) 改变吸收剂流量为6L/h，稳定10min后取样分析。

(8) 吸收剂流量为6L/h，改变吸收剂温度(开启水预热器1.5A，使进口温度 t_3小于35℃)，稳定10min取样分析，再按预先设计的的实验方案调节有关的参数。

(9) A_1为取样测 y_1，A_2为取样测 y_2。

(10) 阀门 V_{10}为控制塔底液面高度，以保证实验过程中有液封。实验完毕，关闭水预热器电源和丙酮汽化器电源，待 T_2、T_3降至室温，关闭空气压缩机。

6.8.6　实验结果与讨论

列表表示吸收剂流量和温度变化后 $K_y a$、η、Δy_m 的变化情况，可得到什么结论？

6.8.7　思考题

(1) 如何配制丙酮-空气混合气？

(2) 为什么要保证入口气浓度 y_1恒定？怎样保证 y_1恒定？通过什么衡量 y_1是否恒定？

(3) 填料吸收塔塔底为什么必须有液封装置？液封装置是如何设计的？

(4) 可否改变空气流量达到改变传质系数的目的？

(5) 维持吸收剂流量恒定的恒压槽的原理是什么？

(6) 气体转子流量计测定何种气体流量？怎样得到混合气流量？

附录 1

表 6-15　气相中丙酮浓度 y_1 配制参照表

室温/℃	空气流量/(L/h)	汽化器功率/W	混合气温度/℃	y_1
10	400	180	24	13
25	400	130	30	15

附录 2　计算方法及计算举例

空气流量：转子流量计读数 V_1 是在 20℃、1atm 下标定的，即 $P_1=1\text{atm}$，$t_1=20℃$

设使用压力为 P_2，温度为 t_2，则 V_2 为：

$$\frac{V_2}{V_1}=\sqrt{\frac{\rho_1}{\rho_2}}=\sqrt{\frac{P_1T_2}{P_2T_1}}$$

标准状态下，$P_0=1\text{atm}$，$t_0=0℃$，1kmol 气体体积为 22.4m^3

$$\frac{V_0}{V_2}=\frac{T_0}{T_2}\cdot\frac{P_2}{P_0}$$

$$\therefore\ \frac{V_0}{V_1}=\frac{T_0}{T_2}\cdot\frac{P_2}{P_0}\cdot\sqrt{\frac{P_1T_2}{P_2T_1}}=\frac{T_0}{P_0}\sqrt{\frac{P_1P_2}{T_1T_2}}$$

$$V_0=V_1\cdot\frac{T_0}{P_0}\sqrt{\frac{P_1P_2}{T_1T_2}}$$

混合气体流量：$V=V_0(1+Y_1)=V_0\left(1+\dfrac{y_1}{1-y_1}\right)$

液相出口浓度 X_1：稀溶液 $x_1=X_1$

$$V_0(Y_1-Y_2)=L(X_1-X_2)$$

$$x_1=\frac{V_0}{L}(Y_1-Y_2)$$

吸收率：
$$\eta=\frac{Y_1-Y_2}{Y_1}$$

平均推动力：
$$\Delta y_m=\frac{(y_1-mx_1)-(y_2-mx_2)}{\ln\frac{y_1-mx_1}{y_2-mx_2}}$$

传质系数：
$$K_y a=\frac{V_0(Y_1-y_2)}{\Omega\cdot Z\cdot\Delta y_m}\quad（近似值）$$

附录 3　TXT 型填料吸收塔

实验准备：

氢氧化钠，糠醛，硫酸，丙酮，水浴锅，分光光度计，移液管(1mL、5mL、10mL)，(25mL、50mL 各 10 个)容量瓶，滴管，烧杯，放在实验室

取 1mL 进出口空气与 0.2mL 出口溶液用 4%NaOH 定容到 50mL，分别取 0.5ml 按丙酮方法加入 0.2%糠醛，水浴 5min，再加入 2.5mL 硫酸，测试。

附录 4　环境空气-丙酮的测定——糠醛比色法

(1) 范围

本法检出限为 0.7μg/5mL，当采样体积为 15L(空气-丙酮混合气)时，10mL 样品溶液取 5mL 分析，检出下限浓度为 0.1mg/m^3，其测量范围为 0.2～1.5mg/m^3。

丙酮与其他酮类共存时，对本法有干扰，此时应选用气相色谱法进行测定。

对 1000 倍左右的丙烯醇、甲醇、环己烷、三乙醇胺、环氧氯丙烷、乙醇、乙酸乙酯、氯仿均无干扰。而 1000 倍左右的二甲苯、二硫化碳、甲醛、乙酸丙酮、乙醇胺、丁酮、甲基异丁基甲酮等有干扰，故在现场采样时，必须排除可能的干扰因素。

(2) 原理

空气中的丙酮被碱性水溶液吸收。加糠醛与之缩合，反应生成黄色化合物，加入硫酸后呈桔红色，根据颜色深浅，比色定量。

(3) 试剂

① 吸收液：4%氢氧化钠溶液，临用前配制。

② 0.2%糠醛溶液：用新蒸馏的糠醛配制。

③ 硫酸。

④ 标准溶液：临用前配制。于 25mL 容量瓶中加入 10mL 吸收液，盖塞，准确称量。加入 2 滴丙酮，盖塞，再准确称量。两次质量之差，即为丙酮的质量。再加吸收液至刻度。

⑤ 计算 1mL 溶液中丙酮含量(μg)。临用时用吸收液稀释成 1.00mL 含 10μg 丙酮的标准溶液。

(4) 仪器

① 多孔玻板吸收管普通型。

② 空气采样器：流量范围 0.2～1L/min，流量稳定。使用时，用皂膜流量计校准采样系列。

③ 在采样前和采样后的流量，流量误差应小于 5%。

④ 具塞比色管：10mL，刻度应校正。

⑤ 恒温水浴。

⑥ 分光光度计：用10mm比色皿，在波长520nm下，测定吸光度。

(5) 采样

串联二个各装8mL吸收液的多孔玻板吸收管，以0.5L/min的流量，采气15L。并记录采样时的温度和大气压力。

(6) 操作步骤

在做样品测定的同时绘制准曲线。

① 标准曲线的绘制

按表6-16制备标准色列管。

表6-16 标准曲线

	0	1	2	3	4	5
标准溶液/(V/mL)	0	0.20	0.40	0.60	0.80	1.00
吸收液/(V/mL)	5.0	4.8	4.6	4.4	4.2	4.0
丙酮含量/μg	0	2	4	6	8	10

各管加入1mL0.2%糠醛溶液，摇匀，于65℃水浴中加热5min取出放入冷水中冷却5min，并在冷却下沿壁慢慢加入2.5mL硫酸，边加边摇，待冷却后，在2h内用20mm比色皿，以水作参比，在波长520nm下，测定吸光度。以丙酮的含量(μg)为横坐标，吸光度为纵坐标，绘制标准曲线，并计算回归线的斜率，以斜率的倒数作为样品测定的计算因子B_s(μg)。

② 样品测定采样后，将吸收液分别移入两个比色管中，并用少量吸收液洗涤吸收管，倒入比色管中，使总体积各为10mL。然后，各取5mL样品溶液，按绘制标准曲线的操作步骤，测定吸光度。在每批样品测定的同时，用未采样的吸收液按相同的操作步骤作试剂空白测定。

(7) 结果计算

$$c=\frac{2[(A_1-A_0)+(A_2-A_0)]B_s}{V_0}$$

式中 c——空气中丙酮的浓 mg/m^3；

A_1——前管样品溶液吸光度；

A_2——后管样品溶液的吸光度；

A_0——试剂空白管的吸光度；

B_s——用标准溶液绘制标准曲线等到的计算因子，μg；

V_0——换算成标准状况下的采样体积，L。

(8) 精密度和准确度

当5mL吸收液含丙酮2μg时，重复测定的相对标准差为7%。

(9) 说明

① 采样效率：现场验证两管串联，前管的采样效率平均为70%，为确保吸收尽可能完全，必须串联采样。

② 本反应显现的桔红色在波长510nm比色时，吸光度不成正比，曲线线性不好。故应采用目视比色定量。

③ 由于加入的碱量不同，可直接影响到颜色的色泽，吸收液(4%氢氧化钠)用量低于

4.5mL 时，呈玫瑰红色；大于 5.5mL 时，呈淡黄色；而 5.0mL 时呈桔红色，色泽清亮。

④ 糠醛必须重新蒸馏，一次蒸馏仍显淡黄色时，可再蒸馏一次。

⑤ 糠醛与丙酮的缩合反应在 65℃水浴中进行为最佳温度。切勿在沸水浴加热。

附录 5　丙酮的基本性质

丙酮(CH_3COCH_3)为无色透明易燃液体，相对分子质量 58.08；具有特殊的辛辣气味。沸点 56.56℃；相对密度 0.792(20℃)；蒸气相对密度 2.0(对空气)；易溶于水、乙醇、乙醚及其他有机溶剂中。丙酮易挥发、化学性质较活泼。当空气中丙酮含量为 2.55%～12.80%(按体积)时，具有爆炸性。

丙酮以蒸气状态存在于空气中。丙酮属微毒类物质，其毒性主要对中枢神经系统的麻醉作用。其蒸气对黏膜有中等度的刺激作用。丙酮可经呼吸道、消化道、皮肤吸收。如果经肺和胃吸收，则较快；如果经皮肤吸收缓慢，而且吸收量低，但由于它毒性低和积存缓慢，因此极少发生急性中毒。长期吸入低浓度的丙酮，能引起头痛、失眠，不安、食欲减退和贫血。测定丙酮的方法有化学法和气相色谱法。化学法测定内酮早先根据 Buchwabd 方法，用碘仿反应进行滴定测量，后改用碘仿比混浊、糠醛比色法及盐酸羟胺快速比色法。碘仿比混浊虽然灵敏度高，但重现性很差，误差较大；用盐酸羟胺快速比色法时，酸碱干扰较明显。故化学法推荐糠醛比色法。气相色谱法测定丙酮比化学法灵敏、快速，并不受甲醇、乙醇、乙醛等共存物的干扰(见 F-HZ-HJ-DQ-0010)。

6.9　萃取塔实验

6.9.1　实验目的

(1) 了解往复筛板萃取塔的结构；

(2) 掌握萃取塔性能的测定方法；

(3) 了解萃取塔传质效率的强化方法。

6.9.2　实验内容

(1) 观察不同往复频率时，塔内液滴变化情况和流动状态。

(2) 固定两相流量，测定不同往复频率时萃取塔的传质单元数 N_{OE}、传质单元高度 H_{OE} 及总传质系数 K_{YEa}。

6.9.3　实验原理

往复筛板萃取塔是将若干层筛板按一定间距固定在中心轴上，由塔顶的传动机构驱动而作往复运动。往复筛板萃取塔的效率与塔板的往复频率密切相关。当振幅一定时，在不发生乳化和液泛的前提下，萃取效率随频率增加而提高。

萃取塔的分离效率可以用传质单元高度 H_{OE} 或理论级当量高度 h_e 表示。影响往复筛板萃取塔分离效率的因素主要有塔的结构尺寸、轻重两相的流量及往复频率和振幅等。对一定的实验设备(几何尺寸一定、类型一定)，在两相流量固定条件下，往复频率增加，传质单元

高度降低，塔的分离能力增加。对几何尺寸一定的往复筛板萃取塔来说，在两相流量固定条件下，从较低的往复频率开始增加时，传质单元高度降低，往复频率增加到某值时，传质单元将降到最低值，若继续增加往复频率，将会使传质单元高度反而增加，即塔的分离能力下降。

本实验以水为萃取剂，从煤油中萃取苯甲酸，苯甲酸在煤油中的浓度约为0.2%(质量分数)。水相为萃取相(用字母E表示，在本实验中又称连续相、重相)，煤油相为萃余相(用字母R表示，在本实验中又称分散相)。在萃取过程中苯甲酸部分地从萃余相转移至萃取相。萃取相及萃余相的进出口浓度由容量分析法测定之。考虑水与煤油是完全不互溶的，且苯甲酸在两相中的浓度都很低，可认为在萃取过程中两相液体的体积流量不发生变化。

(1) 按萃取相计算的传质单元数 N_{OE} 计算公式为：

$$N_{OE}=\int_{Y_{Et}}^{Y_{Eb}}\frac{dY_E}{(Y_E^*-Y_E)} \tag{6-54}$$

式中 Y_{Et}——苯甲酸在进入塔顶的萃取相中的质量比组成，kg苯甲酸/kg水，本实验中 $Y_{Et}=0$；

Y_{Eb}——苯甲酸在离开塔底萃取相中的质量比组成，kg苯甲酸/kg水；

Y_E——苯甲酸在塔内某一高度处萃取相中的质量比组成，kg苯甲酸/kg水；

Y_E^*——与苯甲酸在塔内某一高度处萃余相组成 X_R 成平衡的萃取相中的质量比组成，kg苯甲酸/kg水。

用 Y_E-X_R 图上的分配曲线(平衡曲线)与操作线可求得 $\frac{1}{(Y_E^*-Y_E)}$-Y_E 关系。再进行图解积分或用辛普森积分可求得 N_{OE}。

(2) 按萃取相计算的传质单元高度 H_{OE}

$$H_{OE}=\frac{H}{N_{OE}} \tag{6-55}$$

式中 H——萃取塔的有效高度，m；

H_{OE}——按萃取相计算的传质单元高度，m。

(3) 按萃取相计算的体积总传质系数

$$K_{YEa}=\frac{S}{H_{OE}\cdot\Omega} \tag{6-56}$$

式中 S——萃取相中纯溶剂的流量，kg水/h；

Ω——萃取塔截面积，m^2；

K_{YEa}——按萃取相计算的体积总传质系数，$\frac{\text{kg 苯甲酸}}{\left(m^3\cdot h\cdot\frac{\text{kg 苯甲酸}}{\text{kg 水}}\right)}$。

同理，本实验也可以按萃余相计算 N_{OR}、H_{OR} 及 K_{XRa}。

6.9.4 实验装置

流程示意图见图6-13。

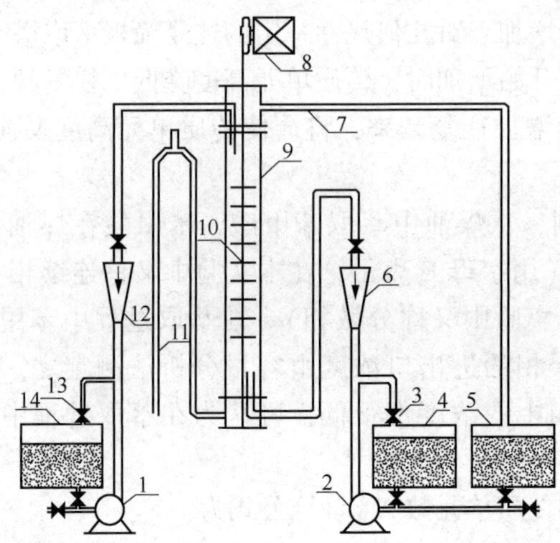

图 6-13　往复筛板萃取实验装置流程示意图

请写出流程图上每个数字标注的名称：

1___________；2___________；3___________；4___________；

5___________；6___________；7___________；8___________；

9___________；10___________；11___________；

12___________；13___________；14___________

主要设备的技术数据如下：

萃取塔的几何尺寸：

塔径 D=37mm　塔身高=1000mm　塔的有效高度 H=750mm　筛板间距=40mm　筛板数=16

流量计：LZB—4 型转子流量计　流量(1~10)L/h　精度 1.5 级

水泵、油泵：CQ 型磁力驱动泵　型号 16CQ-8

6.9.5　实验方法和步骤

(1) 在实验装置最右边的储槽内放满水，在中间的储槽内放满配制好的煤油，分别开动水相和煤油相泵的电闸，将两相的回流阀打开，使其循环流动。

(2) 全开水转子流量计调节阀，将重相(连续相)送入塔内。当塔内水面快上升到重相入口与轻相出口间中点时，将水流量调至指定值[(4~10)L/h]，并缓慢改变 π 形管高度使塔内液位稳定在轻相出口以下的位置上。

(3) 开动电动机，适当地调节变压器使其频率达到指定值。调节频率时应慢慢调节，绝不能调节过快致使马达产生“飞转”而损坏设备。

(4) 将轻相(分散相)流量调至指定值[(4~10)L/h]，并注意及时调节 π 形管的高度。在实验过程中，始终保持塔顶分离段两相的相界面位于轻相出口以下。

(5) 操作稳定半小时后用锥形瓶收集轻相进、出口的样品各约 40mL，重相出口样品约 50mL 备分析浓度之用。

(6) 取样后，即可改变条件进行另一操作条件下的实验。保持油相和水相流量不变，将往复频率调到另一定数值，进行另一条件下的测试。

(7) 用容量分析法测定各样品的浓度。用移液管分别取煤油相 10mL，水相 25mL 样品，

以酚酞做指示剂，用0.01N左右NaOH标准液滴定样品中的苯甲酸。在滴定煤油相时应在样品中加数滴非离子型表面活性剂醚磺化AES(脂肪醇聚乙烯醚硫酸脂钠盐)，也可加入其他类型的非离子型表面活性剂，并激烈地摇动滴定至终点。

提示：

苯甲酸与NaOH的化学反应式

$$C_6H_5COOH+NaOH=C_6H_5COONa+H_2O$$

由上式可知，到达滴定终点(化学计量点)时，被滴物的摩尔数$n_{C_6H_5COOH}$和滴定剂的摩尔数n_{NaOH}正好相等。即

$$n_{C_6H_5COOH}=n_{NaOH}=M_{NaOH}\cdot V_{NaOH}$$

式中　M_{NaOH}——NaOH溶液的体积摩尔浓度；

V_{NaOH}——NaOH溶液的体积，mL。

(8) 实验完毕后，关闭两相流量计，并将调压器调至零，切断电源。滴定分析过的煤油应集中存放回收。洗净分析仪器，一切复原，保持实验台面的整洁。

注意事项：

(1) 调节电压时一定要小心谨慎慢慢地升压，千万不能增速过猛使马达产生"飞转"损坏设备。最高电压为30V。

(2) 在操作过程中，要绝对避免塔顶的两相界面在轻相出口以上。因为这样会导致水相混入油相储槽。

(3) 由于分散相和连续相在塔顶、底滞留很大，改变操作条件后，稳定时间一定要足够长，大约要用半小时，否则误差极大。

(4) 煤油的实际体积流量并不等于流量计的读数。需用煤油的实际流量数值时，必须用流量修正公式对流量计的读数进行修正后方可使用。

(5) 煤油流量不要太小或太大，太小会使煤油出口的苯甲酸浓度太低，从而导致分析误差较大；太大会使煤油消耗增加。建议水流量取4L/h，煤油流量取6L/h。

6.9.6　实验结果与处理

以第________组数据为例：

(1) 塔底轻相入口浓度X_{Rb}

(2) 塔顶轻相出口浓度X_{Rt}

(3) 塔顶重相入口浓度Y_{Et}

(4) 塔底重相出口浓度Y_{Eb}

(5) 传质单元数N_{OE}

在画有平衡曲线的Y_E-X_R图上再画出操作线，因为操作线必然通过以下两点：

$X_{Rb}=$　　　　　　$Y_{Eb}=$

$X_{Rt}=$　　　　　　$Y_{Et}=$

所以，在Y_E-X_R图上找出以上两点，连结两点即为操作线。在$Y_{Et}\sim Y_{Eb}$之间，任取一系列Y_E值(一般取10等份)，可用操作线找出一系列的X_R值，再用平衡曲线找出一系列对应的Y_E^*值并计算出一系列的$\frac{1}{Y_E^*-Y_E}$值，见表6-17。利用表中数据，根据辛普森积分法可求出传质单元数。

（6）按萃取相计算的传质单元高度 H_{OE}

（7）按萃取相计算的体积总传质系数 K_{YEa}

表 6-17　Y_E 与 $\frac{1}{Y_E^*-Y_E}$ 的数据关系

序号	Y_E	X_R	Y_E^*	$\frac{1}{Y_E^*-Y_E}$
1				
2				
3				
4				
5				
6				
7				
8				
9				
10				
11				
12				

（8）平衡曲线和操作线

平衡曲线和操作线如图 6-14 所示。

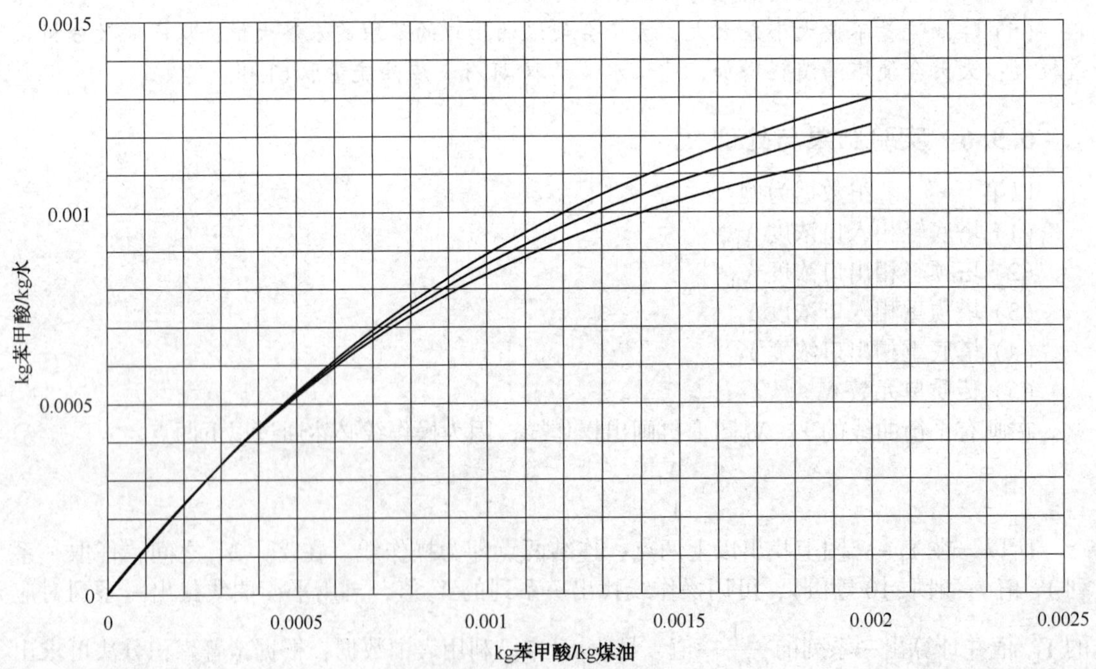

图 6-14　平衡曲线和操作线

(9) 实验数据(表 6-18)

表 6-18 往复筛板萃取塔性能测定数据表

<table>
<tr><td colspan="2">装置编号:</td><td>塔型:</td><td colspan="2">塔内径: 37mm</td></tr>
<tr><td colspan="2">溶质 A:</td><td>稀释剂 B:</td><td colspan="2">萃取剂 S: 水</td></tr>
<tr><td colspan="2">连续相:</td><td>分散相:</td><td colspan="2">水相密度:</td></tr>
<tr><td colspan="2">油相密度:</td><td>流量计转子密度 ρ_f:</td><td colspan="2"></td></tr>
<tr><td colspan="2">塔的有效高度:</td><td>塔内温度:</td><td colspan="2"></td></tr>
<tr><td colspan="3">项目 \ 实验序号</td><td></td><td></td></tr>
<tr><td colspan="3">往复频率电压 V</td><td></td><td></td></tr>
<tr><td colspan="3">水转子流量计读数/(L/h)</td><td></td><td></td></tr>
<tr><td colspan="3">煤油转子流量计读数/(L/h)</td><td></td><td></td></tr>
<tr><td colspan="3">校正得到的煤油实际流量/(L/h)</td><td></td><td></td></tr>
<tr><td rowspan="7">浓度分析</td><td colspan="2">NaOH 溶液浓度 N</td><td></td><td></td></tr>
<tr><td rowspan="2">塔底轻相 X_{Rb}</td><td>样品体积/mL</td><td></td><td></td></tr>
<tr><td>NaOH 用量/mL</td><td></td><td></td></tr>
<tr><td rowspan="2">塔顶轻相 X_{Rt}</td><td>样品体积/mL</td><td></td><td></td></tr>
<tr><td>NaOH 用量/mL</td><td></td><td></td></tr>
<tr><td rowspan="2">塔底重相 Y_{Bb}</td><td>样品体积/mL</td><td></td><td></td></tr>
<tr><td>NaOH 用量/mL</td><td></td><td></td></tr>
<tr><td rowspan="8">计算及实验结果</td><td>塔底轻相浓度 X_{Rb}</td><td>kgA/kgB</td><td></td><td></td></tr>
<tr><td>塔顶轻相浓度 X_{Rt}</td><td>kgA/kgB</td><td></td><td></td></tr>
<tr><td>塔底重相浓度 Y_{Bb}</td><td>kgA/kgB</td><td></td><td></td></tr>
<tr><td>水流量 S</td><td>kg/h</td><td></td><td></td></tr>
<tr><td>煤油流量 B</td><td>kg/h</td><td></td><td></td></tr>
<tr><td colspan="2">传质单元数 N_{OE}(图解积分)</td><td></td><td></td></tr>
<tr><td colspan="2">传质单元高度 H_{OE}</td><td></td><td></td></tr>
<tr><td>体积总传质系数 K_{YEa}</td><td>kgA/[m^3·h·(kgA/kgS)]</td><td></td><td></td></tr>
</table>

6.9.7 实验结果与分析

(1) 由实验结果得出，在其他条件不变时，增大往复频率，N_{OE}____________，H_{OE}____________，K_{YEa}____________。是否往复频率越大，传质效果越好?

(2) 在实验流程中水相出口接的 Π 形管起什么作用?

6.9.8 思考题

(1) 温度对于萃取分离效果有何影响? 如何选择萃取操作温度?

(2) 如何判断用某种溶剂进行萃取分离的难易与可能性?

参 考 文 献

[1] 崔九思，王钦源，王汉平．大气污染监测方法[M]．第 2 版．北京：化学工业出版社，1997.
[2] GB 11738—1989. 居住区大气中甲醇、丙酮卫生检验标准方法　气相色谱法[S].
[3] 孙金堂．化工原理实验[M]．武汉：华中科技大学出版社，2011.
[4] 李金龙，吕君，张浩．化工原理实验[M]．哈尔滨：哈尔滨工程大学出版社，2012.